SolidWorks 2010中文版
从入门到精通

张云杰　等编著

电子工业出版社
Publishing House of Electronics Industry
北京·BEIJING

内 容 简 介

  SolidWorks是世界上第一套基于Windows系统开发的三维CAD软件，该软件以参数化特征造型为基础，具有功能强大、易学易用等特点，SolidWorks 2010是其最新版本。本书从SolidWorks 2010的启动讲起，详细介绍了其基本操作、参考几何体、草图绘制、特征设计、零件形变特征、阵列和镜向特征、曲线和曲面设计、装配体设计、工程图设计、钣金设计、焊件设计、渲染输出和应力分析等内容。

  本书结构严谨、内容翔实、知识全面、可读性强，设计范例实用性强、专业性强、步骤明确，是广大读者快速掌握SolidWorks 2010中文版的自学实用指导书，也可作为大专院校计算机辅助设计课程的指导教材。

图书在版编目（CIP）数据

SolidWorks 2010中文版从入门到精通/张云杰等编著.—北京：电子工业出版社，2010.6
ISBN 978-7-121-10798-6

Ⅰ．①S… Ⅱ．①张… Ⅲ．①计算机辅助设计—应用软件，SolidWorks 2010 Ⅳ．①TP391.72

中国版本图书馆CIP数据核字（2010）第079470号

责任编辑：李红玉   wuyuan@phei.com.cn
文字编辑：姜 影
印 刷：北京天竺颖华印刷厂
装 订：三河市鑫金马印装有限公司
出版发行：电子工业出版社
     北京市海淀区万寿路173信箱 邮编：100036
     北京市海淀区翠微东里甲2号 邮编：100036
开 本：787×1092 1/16 印张：18.5 字数：470千字
印 次：2010年6月第1次印刷
定 价：36.00元

凡所购买电子工业出版社图书有缺损问题，请向购买书店调换。若书店售缺，请与本社发行部联系，联系及邮购电话：（010）88254888。
质量投诉请发邮件至zlts@phei.com.cn，盗版侵权举报请发邮件至dbqq@phei.com.cn。
服务热线：（010）88258888。

前 言

　　SolidWorks公司是一家专门从事三维机械设计、工程分析、产品数据管理软件研发和销售的国际性公司。其产品SolidWorks是世界上第一套基于Windows系统开发的三维CAD软件，它是一套完整的3D CAD产品设计解决方案，即在一个软件包中提供所有必要的机械设计、验证、运动模拟、数据管理和交流工具。该软件以参数化特征造型为基础，具有功能强大、易学易用等特点，是当前最优秀的三维CAD软件之一。在SolidWorks的最新版本SolidWorks 2010中文版中，针对多种功能进行了大量的补充和更新，使用户可以更加方便地进行设计。

　　为了使用户尽快掌握SolidWorks 2010的使用和设计方法，笔者集多年使用SolidWorks的设计经验，编写了本书。本书以SolidWorks的最新版本SolidWorks 2010中文版为平台，通过大量的范例讲解，诠释应用SolidWorks 2010中文版进行设计的方法和技巧。全书共分为12章，主要包括以下内容：SolidWorks 2010的入门、参考几何体、草图绘制、特征设计、零件形变特征、阵列和镜向特征、曲线和曲面设计、装配体设计、工程图设计、钣金设计、焊件设计、渲染输出和应力分析。笔者希望能够以点带面，展现出SolidWorks 2010中文版的精髓，使用户看到完整的设计过程，进一步加深对SolidWorks各模块的理解和认识，体会SolidWorks优秀的设计思想和设计功能，从而能够在以后的工程项目中熟练地应用SolidWorts。

　　本书结构严谨、内容丰富、语言规范，实例侧重于实际设计，实用性强，主要针对使用SolidWorks 2010中文版进行设计和加工的广大初、中级用户，可以作为设计实践的指导用书，也可作为立志学习SolidWorks进行产品设计和加工的用户的培训教程，还可作为大专院校计算机辅助设计课程的教材。

　　本书由云杰漫步多媒体科技CAX设计教研室策划，教研室主任张云杰编著，参加编写的还有尚蕾、张云静、郝利剑、赵罘、贺安、董闯、宋志刚、李海霞、焦淑娟等，在此感谢出版社的编辑和老师们的大力协助。

　　由于时间仓促，书中难免有疏忽之处，在此，笔者对广大读者表示歉意，望广大读者不吝赐教，对书中的不足之处予以指正。

　　为方便读者阅读，若需要本书配套资料，请登录"北京美迪亚电子信息有限公司"（http://www.medias.com.cn），在"资料下载"页面进行下载。

目　录

<V>

<VI>

<VII>

<IX>

第1章　SolidWorks 2010基础

SolidWorks是功能强大的三维CAD设计软件，是美国SolidWorks公司开发的以Windows操作系统为平台的设计软件。SolidWorks相对于其他CAD设计软件来说，简单易学，具有高效的、简单的实体建模功能。利用SolidWorks集成的辅助功能对设计的实体模型进行一系列计算机辅助分析，能够更好地满足设计需要，节省设计成本，提高设计效率。

SolidWorks已广泛应用于机械设计、工业设计、电装设计、消费品产品及通信器材设计、汽车制造设计、航空航天的飞行器设计等行业中。

本章是SolidWorks的基础，主要介绍该软件的基本概念、常用术语、操作界面、特征管理器和命令管理器，以及生成和修改参考几何体的方法。这些是用户使用SolidWorks必须要掌握的基础知识，是熟练使用该软件进行产品设计的前提。

1.1　SolidWorks概述和启动

下面对SolidWorks的背景、发展、主要设计特点及启动进行简单的介绍。

1.1.1　背景和发展

SolidWorks是由SolidWorks公司成功开发的一款三维CAD设计软件，它采用智能化参变量式设计理念及Microsoft Windows图形化用户界面，具有表现卓越的几何造型和分析功能。操作灵活，运行速度快，设计过程简单、便捷，被业界称为"三维机械设计方案的领先者"，并受到了广大用户的青睐，在机械制图和结构设计领域已成为三维CAD设计的主流软件。

利用SolidWorks，工程技术人员可以更有效地为产品建模及模拟整个工程系统，以缩短产品的设计和生产周期，完成更加富有创意的产品。在市场应用中，SolidWorks也取得了卓越的成绩。例如，利用SolidWorks及其集成软件COSMOSWorks设计制作的美国国家宇航局（NASA）"勇气号"飞行器的机器人臂，在火星上圆满完成了探测器的展开、定位及摄影等工作。负责该航天产品设计的总工程师Jim Staats表示，SolidWorks能够提供非常精确的分析测试及优化设计，既满足了应用的需求，又提高了产品的研发速度。又如，作为中国航天器研制、生产基地的中国空间技术研究院也选择了SolidWorks作为主要的三维设计软件，以最大限度地满足产品设计的高端要求。

1.1.2　主要设计特点

SolidWorks是一款参变量式CAD设计软件。与传统的二维机械制图相比，参变量式CAD设计软件具有许多优越的性能，是当前机械制图设计软件的主流和发展方向。参变量式CAD设计软件是参数式和变量式CAD设计软件的通称。其中，参数式设计是SolidWorks最主要的设计特点。所谓参数式设计，是将零件尺寸的设计用参数描述，并在设计修改的过程中通过修改参数的数值改变零件的外形。SolidWorks中的参数不仅代表了设计对象的相关外观尺寸，并且具有实质上的物理意义。例如，可以将系统参数（如体积、表面积、重心、三维坐标等）或者用户定义参数（即用户按照设计流程需求所定义的参数，如密度，厚度等具有设计意义的物理量或者字符）加入到设计构思中来表达设计思想。这不仅从根本上改变了设计理念，还将设计的便捷性向前推进了一大步。用户可以运用强大的数学运算方式，建立各个尺寸参数间的关系式，使模型可以随时自动计算出应有的几何外型。

下面对SolidWorks参数式设计进行简单介绍。

1. 模型的真实性

利用SolidWorks设计出的是真实的三维模型。这种三维实体模型弥补了传统面结构和线结构的不足，将用户的设计思想以最直观的方式表现出来。用户可以借助系统参数计算出产品的体积、面积、重心、重量以及惯性等参数，以便更清楚地了解产品的真实性，并进行组件装配等操作，在产品设计的过程中随时掌握设计重点，调整物理参数，省去人为计算的时间。

2. 特征的便捷性

初次使用SolidWorks的用户大多会对特征感到十分亲切。SolidWorks中的特征正是基于人性化理念而设计的。孔、开槽、圆角等均被视为零件设计的基本特征，用户可以随时对其进行合理的、不违反几何原理的修正操作（如顺序调整、插入、删除、重新定义等）。

3. 数据库的单一性

SolidWorks可以随时由三维实体模型生成二维工程图，并可自动标示工程图的尺寸数据。设计者在三维实体模型中对任何数据进行修正，其相关的二维工程图及其组合、制造等相关设计参数均会随之改变，这样既确保了数据的准确性和一致性，又避免了由于反复修正而耗费大量时间，有效地解决了人为改图产生的疏漏，减少了错误发生的机会。这种采用单一数据库、提供所谓双向关联性的功能，也正符合了现代产业中同步工程的指导思想。

1.1.3 启动SolidWorks 2010

SolidWorks 2010安装完成后，就可以启动该软件。在Windows操作环境下，选择【开始】|【程序】|【SolidWorks 2010】|【SolidWorks 2010】命令，或者双击桌面上的SolidWorks 2010的快捷方式图标，该软件就启动了，如图1-1所示为SolidWorks 2010的启动画面。

图1-1 SolidWorks 2010的启动画面

注意：在SolidWorks 2010启动时，启动画面上会随机产生一个三维装配体。

启动画面将持续一段时间，持续时间的长短由计算机的配置决定。持续一段时间后，系统将进入SolidWorks 2010初始界面，如图1-2所示。

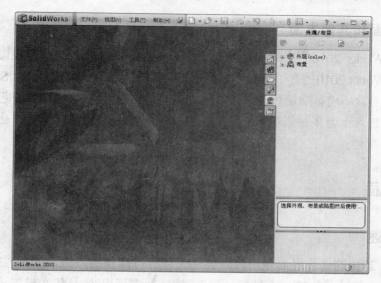

图1-2　SolidWorks 2010初始界面

1.2　SolidWorks 2010的主要新增功能

SolidWorks 2010在SolidWorks 2009的基础上进行了较大幅度的改进，下面介绍其主要的新增功能。

1.2.1　工程图方面和装配方面

（1）SolidWorks 2010大幅改善了工程图绘制功能，尺寸标注的操作更为简洁。这包括对多段文字可通过拖曳进行合并，多尺寸标注，自动实现等间距布局，零件明细表和公差尺寸标注的灵活编辑等。在装配图中，新版本提供了零部件详细信息可视化功能，重量、材质、是否外购件、价格等参数还可直接导入Excel进行输出。

（2）在SolidWorks 2010的装配环境下，允许进行零部件的精确镜面复制、运动干涉检查和参数化应力分析。

（3）在SolidWorks 2010中，随上一版本推出的SpeedPak技术也得到了进一步增强，该功能在保持图形完整细节与关联性的同时降低计算机内存使用率，无需调用大量内存便可高效地创建和使用大型装配体及工程图。

1.2.2　建模方面

（1）SolidWorks 2010的3D建模工具中增加了盆腔中段平面和相切平面的草图绘制功能，简化了高复杂度模型设计。

（2）SolidWorks 2010对直接导入的实体模型进行编辑，将大幅减少调用旧有设计时的工作量。

（3）SolidWorks 2010的编辑工具将修改产生的新特征记录于特征树中，因此能轻而易举地将导入模型恢复成原始状态。

1.2.3 用户界面和其他方面

（1）SolidWorks 2010的用户界面使用了Instant3D技术标尺，直接拖曳即可修改。

（2）SolidWorks 2010拥有了全新环保评估工具。该工具的研发代号为"Sage"，以PE International公司的一款环境影响量化工具GaBi为基础。GaBi用于量化材料、工艺、产品和基础结构的环境性能，包含十万多种影响模式，它能从环境影响、生命周期成本和社会影响等多个不同角度评估可持续性。

1.3 操作界面

1.3.1 界面概述

SolidWorks 2010的操作界面是用户对创建文件进行操作的基础，如图1-3所示为一个零件文件的操作界面，包括菜单栏、工具栏、管理器窗口、图形区域及状态栏等。装配体文件和工程图文件与零件文件的操作界面类似，本节以零件文件的操作界面为例，介绍SolidWorks 2010的操作界面。

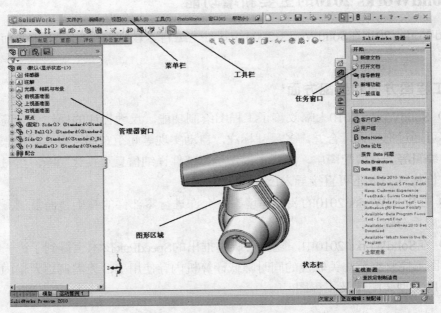

图1-3 SolidWorks 2010的操作界面

在SolidWorks 2010的操作界面中，菜单栏包括了所有的操作命令，工具栏一般显示常用的按钮，可以根据用户需要进行相应的设置，设置方法将在下一节进行介绍。

命令管理器可以将工具栏按钮集中起来使用，从而为图形区域节省空间。特征管理器设计树记录文件的创建环境以及每一步的操作，对于不同类型的文件，其管理器窗口有所差别。图形区域是用户绘图的区域，文件的所有草图及特征生成都在该区域中完成，特征管理器设计树和图形区域为动态链接，可在任一窗口中选择特征、草图、工程视图和构造几何体。状态栏显示文件目前的操作状态。

管理器窗口中的注解、材质和基准面是系统默认的，可根据实际情况对其进行修改。

1.3.2 菜单栏

在系统默认情况下，SolidWorks 2010的菜单栏是隐藏的，将鼠标移动到SolidWorks徽标上并单击它，菜单栏就会出现，将菜单栏中的图标█改为█打开状态，菜单栏就可以保持可见，如图1-4所示。SolidWorks 2010的菜单栏包括【文件】、【编辑】、【视图】、【插入】、【工具】、【窗口】和【帮助】等菜单，单击鼠标左键或者使用快捷键的方式可以将其打开并执行相应的命令。

文件(F)　编辑(E)　视图(V)　插入(I)　工具(T)　窗口(W)　帮助(H)

图1-4　菜单栏

下面对各菜单分别进行介绍。

1. 【文件】菜单

【文件】菜单包括【新建】、【打开】、【保存】和【打印】等命令，如图1-5所示。

2. 【编辑】菜单

【编辑】菜单包括【剪切】、【复制】、【粘贴】、【删除】、【压缩】及【解除压缩】等命令，如图1-6所示。

3. 【视图】菜单

【视图】菜单包括显示控制的相关命令，如图1-7所示。

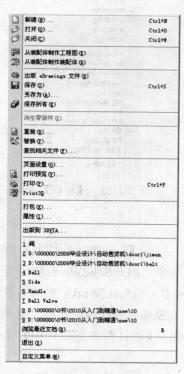

图1-5　【文件】菜单

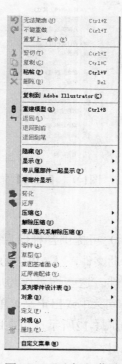

图1-6　【编辑】菜单

图1-7　【视图】菜单

4. 【插入】菜单

【插入】菜单包括【凸台/基体】、【切除】、【特征】、【阵列/镜向】（此处为与软件界面统一，使用"镜向"，下同）、【扣合特征】、【曲面】、【钣金】、【模具】等命令，如图1-8所示。

这些命令也可通过【特征】工具栏中相应的功能按钮来实现。具体操作将在以后的章节中陆续介绍，在此不做赘述。

5. 【工具】菜单

【工具】菜单包括多种命令，如【草图工具】、【几何关系】、【测量】、【质量特性】、【检查】等，如图1-9所示。

6. 【窗口】菜单

【窗口】菜单包括【视口】、【新建窗口】、【层叠】等命令，如图1-10所示。

图1-8 【插入】菜单

图1-9 【工具】菜单

图1-10 【窗口】菜单

7. 【帮助】菜单

【帮助】菜单（如图1-11所示）可提供各种信息查询，例如，【SolidWorks帮助】命令可展开SolidWorks软件提供的在线帮助文件，【API帮助主题】命令可展开SolidWorks软件提供的API（应用程序界面）在线帮助文件，这些均可作为用户学习中文版SolidWorks 2010的参考。

此外，用户还可通过快捷键访问菜单或自定义菜单命令。在SolidWorks中用鼠标右键单击，弹出与上下文相关的快捷菜单，如图1-12所示。可在图形区域、【特征管理器设计树】中使用快捷菜单。

图1-11 【帮助】菜单

图1-12 快捷菜单

1.3.3 工具栏

工具栏位于菜单栏的下方，一般分为两排，用户可自定义其位置和显示内容。

工具栏上排一般为【标准】工具栏，如图1-13所示。下排一般为【命令管理器】工具栏，如图1-14所示。用户可选择【工具】|【自定义】菜单命令，打开【自定义】对话框，自行定义工具栏。

图1-13 【标准】工具栏

图1-14 【命令管理器】工具栏

【标准】工具栏中的各按钮与菜单栏中对应命令的功能相同，其主要按钮与菜单命令对应关系如表1-1所示。

表1-1 【标准】工具栏主要按钮与菜单命令对应关系

图标	按钮	菜单命令
	新建	【文件】|【新建】
	打开	【文件】|【打开】
	保存	【文件】|【保存】
	打印	【文件】|【打印】
	从零件/装配体制作工程图	【文件】|【从零件制作工程图】（在零件窗口中）或【文件】|【从装配体制作工程图】（在装配体窗口中）
	从零件/装配体制作装配体	【文件】|【从零件制作装配体】（在零件窗口中）或【文件】|【从装配体制作装配体】（在装配体窗口中）
	编辑颜色	【编辑】|【外观】|【颜色】

1.3.4 状态栏

状态栏显示了正在操作对象的状态，如图1-15所示。

| 73.26mm | −80.81mm | 0mm | 欠定义 | 正在编辑：草图2 |

图1-15　状态栏

状态栏中提供的信息如下。

（1）当用户将鼠标指针拖动到工具栏的按钮上或单击菜单命令时进行简要说明。

（2）当用户对要求重建的草图或零件进行更改时，显示 ⑧【重建模型】图标。

（3）当用户进行草图相关操作时，显示草图状态及鼠标指针的坐标。

（4）对所选实体进行常规测量，如边线长度等。

（5）显示用户正在装配体中的编辑零件的信息。

（6）在用户使用【系统选项】对话框中的【协作】选项时，显示可访问【重装】对话框的 ◉图标。

（7）当用户选择了【暂停自动重建模型】命令时，显示"重建模型暂停"。

（8）显示或者关闭快速提示，可以单击 ❓、🛇、☒、▢等图标。

（9）如果保存通知以分钟进行，显示最近一次保存后至下次保存前的时间间隔。

1.3.5　管理器窗口

管理器窗口包括 ❀【特征管理器设计树】、☞【属性管理器】、🔁【配置管理器】（以下统称为【配置管理器】）和 ✢【公差分析管理器】4个选项卡，其中【特征管理器设计树】和【属性管理器】使用比较普遍，下面将进行详细介绍。

1.【特征管理器设计树】

【特征管理器设计树】提供激活的零件、装配体或者工程图的大纲视图，可用来观察零件或装配体的生成及查看工程图的图纸和视图，如图1-16所示。

图1-16　【特征管理器设计树】

【特征管理器设计树】与绘图区为动态链接，可在设计树的任意窗口中选择特征、草图、工程视图和构造几何体。

用户可分割【特征管理器设计树】，以显示出两个【特征管理器设计树】，或将【特征管理器设计树】与【属性管理器】或【配置管理器】进行组合。

2.【属性管理器】

当用户在【属性管理器】（如图1-17所示）窗口中用鼠标右键单击所定义的实体或命令时，弹出相应的属性管理器。【属性管理器】可显示草图、零件或特征的属性。

（1）【属性管理器】窗口中包含 ✔【确定】、📌【保持可见】等按钮。

（2）【信息】框：引导用户下一步的操作，常列举出实施下一步操作的各种方法，如图1-18所示。

（3）选项组框：包含一组相关参数的设置，带有组标题（如【方向 1】等），单击⊗或者⊗箭头图标，可以扩展或者折叠选项组，如图1-19所示。

图1-17 【属性管理器】

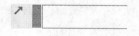

图1-18 【信息】框

图1-19 选项组框

（4）选择框：处于活动状态时，显示为粉红色，如图1-20所示。在其中选择某一项目时，所选项在图形区域中高亮显示。若要删除所选项目，用鼠标右键单击该项目，在弹出的菜单中选择【删除】命令（针对某一项目）或者选择【消除选择】命令（针对所有项目），如图1-21所示。

图1-20 处于活动状态的选择框

图1-21 删除选择项目的快捷菜单

（5）分隔条：分隔条可控制【属性管理器】窗口的显示，将【属性管理器】与图形区域分开。如果将其来回拖动，则分隔条在【属性管理器】显示的最佳宽度处捕捉到位。当用户生成新文件时，分隔条在最佳宽度处打开。用户可以拖动分隔条以调整【属性管理器】的宽度，如图1-22所示。

1.3.6 任务窗口

任务窗口包括【SolidWorks资源】、【设计库】、【文件检索器】、【搜索】、【查看调色板】等选项卡，如图1-23和图1-24所示。

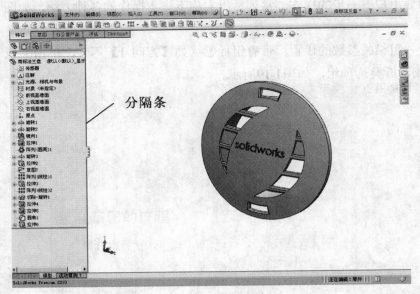

图1-22　分隔条

图1-23　任务窗口选
项卡图标

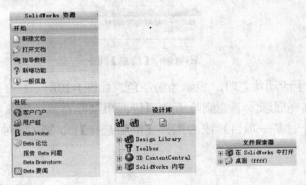

图1-24　任务窗口

1.4　文件基本操作

1.4.1　新建文件

创建新文件时，需要选择创建文件的类型。选择【文件】|【新建】菜单命令，或单击工具栏上的【新建】按钮，可以打开【新建SolidWorks文件】对话框，如图1-25所示。

不同类型的文件，其工作环境是不同的，SolidWorks提供了不同类型文件的默认工作环境，对应不同的文件模板。在【新建SolidWorks文件】对话框中有三个图标，分别是零件、装配体及工程图。单击对话框中需要创建文件类型的图标，然后单击【确定】按钮，就可以建立需要的文件，并进入默认的工作环境。

在SolidWorks 2010中，【新建SolidWorks文件】对话框有两个界面可供选择，一个是新手界面对话框，如图1-25所示；另一个是高级界面对话框，如图1-26所示。

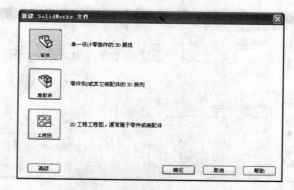

图1-25 【新建SolidWorks文件】对话框

图1-26 【新建SolidWorks文件】对话框的高级界面

单击如图1-25所示的【新建SolidWorks文件】对话框中的【高级】按钮，就可以进入高级界面；单击如图1-26所示的【新建SolidWorks文件】中的【新手】按钮，就可以进入新手界面。新手界面对话框中使用较简单的对话框，提供零件、装配体和工程图文档的说明；高级界面对话框的各个选项卡上显示模板图标，当选择某一文件类型时，模板预览出现在预览框中，在该界面中，用户可以保存模板并添加自己的选项卡，也可以单击【Tutorial】选项卡，切换到【Tutorial】选项卡来访问指导教程模板。

在如图1-26所示的对话框中有三个按钮，分别是：大图标、列表和列出细节。单击【大图标】按钮，左侧框中的零件、装配体和工程图将以大图标方式显示；单击【列表】按钮，左侧框中的零件、装配体和工程图将以列表方式显示；单击【列出细节】按钮，左侧框中的零件、装配体和工程图将以名称、文件大小及已修改的日期等细节方式显示。在实际使用中可以根据实际情况加以选择。

1.4.2 打开文件

打开已存储的SolidWorks文件，对其进行相应的编辑和操作。选择【文件】|【打开】菜单命令，或单击工具栏上的【打开】按钮，打开【打开】对话框，如图1-27所示。

【打开】对话框中各项功能如下。

（1）文件名：输入打开文件的文件名，或者单击文件列表中所需要的文件，文件名称会自动显示在【文件名】文本框中。

图1-27 【打开】对话框

（2）下拉箭头 （位于【打开】按钮右侧）：单击该按钮，会出现一个列表，如图1-28所示。各项的意义如下。

· 以只读打开：以只读方式打开选择的文件，同时允许另一用户有文件写入访问权。

· 添加到常用的：将所选文件的快捷方式添加到常用的文件夹中。

（3）**Description**（说明）：所选文件的说明，如果说明存在于文档属性中或者是在文档保存时添加，则在说明栏中出现说明文字。

（4）快速查看：启用该复选框可以快速查看所选的文件。

（5）参考：单击该按钮可显示当前所选装配体或工程图所参考的文件清单，文件清单显示在【编辑参考的文件位置】对话框中，如图1-29所示。

（6）缩略图：启用该复选框可以预览所选的文件。

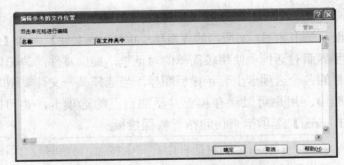

图1-28 下拉列表　　　　　图1-29 【编辑参考的文件位置】对话框

【打开】对话框中的【文件类型】下拉列表框用于选择显示文件的类型，显示的文件类型并不限于SolidWorks类型的文件，如图1-30所示。默认的选项是SolidWorks文件（*.sldprt、*.sldasm和*.slddrw）。

如果在【文件类型】下拉列表框中选择了其他类型的文件，SolidWorks软件还可以调用其他软件所形成的图形并对其进行编辑。

单击选取需要的文件，并根据实际情况进行设置，然后单击【打开】对话框中的【打开】按钮，就可以打开选择的文件，在操作界面中对其进行相应的编辑和操作。

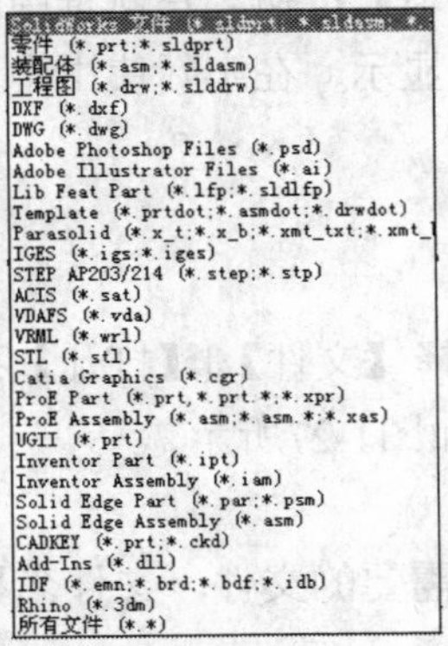

图1-30 【文件类型】下拉列表框

注意：打开早期版本的SolidWorks文件可能需要花费较长的时间，不过在打开并保存一次后，打开的时间将恢复正常。已转换为SolidWorks 2010格式的文件，将无法在旧版的SolidWorks软件中打开。

1.4.3　保存文件

将文件保存起来，在需要时打开该文件对其进行相应的编辑和操作。选择【文件】|【保存】菜单命令，或单击工具栏上的 🖫【保存】按钮，打开【另存为】对话框，如图1-31所示。

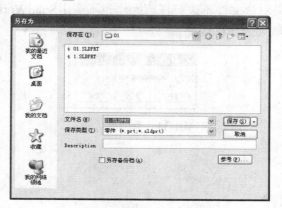

图1-31　【另存为】对话框

对话框中各项功能如下。

（1）保存在：用于选择文件存放的文件夹。

（2）文件名：在该下拉列表框中可输入自行命名的文件名也可以使用默认的文件名。

（3）保存类型：用于选择所保存文件的类型。通常，在不同的工作模式下，系统会自动设置文件的保存类型。保存类型并不限于SolidWorks类型的文件，如*.sldprt、*.sldasm和*.slddrw，还可以保存为其他类型的文件，方便其他软件对其调用并进行编辑。如图1-32所示为【保存类型】下拉列表框，可以看出 SolidWorks可以保存为其他文件的类型。

（4）参考：单击该按钮，会打开【带参考另存为】对话框，用于设置当前文件参考的文件清单，如图1-33所示。

图1-32　【保存类型】下拉列表框

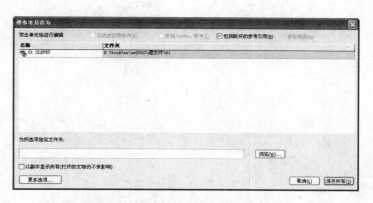

图1-33　【带参考另存为】对话框

1.4.4　退出SolidWorks 2010

文件保存完成后，用户可以退出SolidWorks 2010系统。选择【文件】|【退出】菜单命令，或单击操作界面右上角的 ✕【退出】按钮，可退出SolidWorks。

如果在操作过程中不小心执行了退出命令，或者对文件进行了编辑却没有保存就执行退出命令，系统会弹出如图1-34所示的提示框。如果要保存对文件的修改并退出SolidWorks系统，则单击提示框中的【是】按钮。如果不保存对文件的修改并退出SolidWorks系统，则单击提示框中的【否】按钮。如果对该文件不进行任何操作也不退出SolidWorks系统，则单击提示框中的【取消】按钮，回到原来的操作界面。

图1-34　系统提示框

第2章 参考几何体

本章主要介绍SolidWorks 2010中文版的参考几何体的创建方法。参考几何体由定义曲面或实体的形状组成，参考几何体包括基准面、基准轴、坐标系和点。灵活使用这些参考几何体，可以非常方便地进行特征设计。读者通过本章应学会并熟练掌握参考几何体的建立。

2.1 参考坐标系

SolidWorks使用带原点的坐标系，零件文件包含原有原点。当用户选择基准面或者打开一个草图并选择某一面时，将生成一个新的原点，与基准面或这个面对齐。原点可用作草图实体的定位点，并有助于定向轴心透视图。三维的视图引导可令用户快速定向到零件和装配体文件中的X、Y、Z轴方向。

参考坐标系的作用归纳起来有以下几点。

（1）方便CAD数据的输入与输出。当SolidWorks三维模型导出为IGES、FEA、STL等格式时，此三维模型需要设置参考坐标系；同样，当IGES、FEA、STL等格式模型被导入到SolidWorks中时，也需要设置参考坐标系。

（2）方便电脑辅助制造。当CAD模型被用于数控加工，在生成刀具轨迹和NC加工程序时需要设置参考坐标系。

（3）方便质量特征的计算。计算零部件的转动惯量、质心时需要设置参考坐标系。

提示：转动惯量，即刚体围绕轴转动惯性的度量。质心，即质量中心，指物质系统上被认为质量集中于此的一个假想点。

（4）在装配体环境中方便进行零件的装配。

2.1.1 原点

零件原点显示为蓝色，代表零件的（0，0，0）坐标。当草图处于激活状态时，草图原点显示为红色，代表草图的（0，0，0）坐标。可以将尺寸标注和几何关系添加到零件原点中，但不能添加到草图原点中。

（1）↳：蓝色，表示零件原点，每个零件文件中均有一个零件原点。

（2）↳：红色，表示草图原点，每个新草图中均有一个草图原点。

（3）↳：表示装配体原点。

（4）人：表示零件和装配体文件中的视图引导。

2.1.2 参考坐标系的属性设置

可定义零件或装配体的坐标系，并将此坐标系与测量质量特性工具一起使用，也可将SolidWorks文件导出为IGES、STL、ACIS、STEP、Parasolid、VDA等格式。

单击【参考几何体】工具栏中的 【坐标系】按钮（或选择【插入】|【参考几何体】|【坐标系】菜单命令），如图2-1所示，在【属性管理器】中弹出【坐标系】的属性管理器，如图2-2所示。

（1）【原点】：定义原点。单击其选择框，在绘图区中选择零件或者装配体中的1个顶点、点、中点或者默认的原点。

（2）【X轴】、【Y轴】、【Z轴】（此处为与软件界面统一，使用英文大写正体，下同）：定义各轴。单击其选择框，在绘图区中按照以下方法之一定义所选轴的方向。

- 单击顶点、点或者中点，则轴与所选点对齐。
- 单击线性边线或者草图直线，则轴与所选的边线或者直线平行。
- 单击非线性边线或者草图实体，则轴与在所选实体上选择的位置对齐。
- 单击平面，则轴与所选面的垂直方向对齐。

（3）【反转轴方向】：反转轴的方向。

图2-1　单击【坐标系】按钮或者
选择【坐标系】菜单命令

图2-2　【坐标系】的属性管理器

坐标系定义完成之后，单击【确定】按钮。

2.1.3　修改和显示参考坐标系

1. 将参考坐标系平移到新的位置

在【特征管理器设计树】中，用鼠标右键单击已生成的坐标系的图标，在弹出的菜单中选择【编辑特征】命令，在【属性管理器】中弹出【坐标系】的属性管理器，如图2-3所示。在【选择】选项组中，单击【原点】选择框，在图形区域中单击想将原点平移到的点或者顶点处，单击【确定】按钮，原点被移动到指定的位置上。

2. 切换参考坐标系的显示

要切换坐标系的显示，可以选择【视图】|【坐标系】菜单命令。菜单命令左侧的图标下沉，表示坐标系可见。

3. 隐藏或者显示参考坐标系

（1）在【特征管理器设计树】中用鼠标右键单击已生成的坐标系的图标。

（2）在弹出的菜单中选择【显示】（或【隐藏】）命令，如图2-4所示。

图2-3 【坐标系】的属性管理器　　　图2-4 选择【显示】命令

2.2 参考基准轴

　　参考基准轴是参考几何体的重要组成部分。在生成草图几何体或圆周阵列时常使用参考基准轴。

　　参考基准轴的用途较多，概括起来有以下3项。

　　（1）参考基准轴作为中心线。基准轴可作为圆柱体、圆孔、回转体的中心线。通常，拉伸一个草图绘制的圆得到一个圆柱体或通过旋转得到一个回转体时，SolidWorks会自动生成一个临时轴，但生成圆角特征时系统不会自动生成临时轴。

　　（2）作为参考轴，辅助生成圆周阵列等特征。

　　（3）基准轴作为同轴度特征的参考轴。当两个均包含基准轴的零件需要生成同轴度特征时，可选择各个零件的基准轴作为几何约束条件，使两个基准轴在同一轴上。

2.2.1 临时轴

　　每一个圆柱和圆锥面都有一条轴线。临时轴是由模型中的圆锥和圆柱隐含生成的，临时轴常被设置为基准轴。

　　可设置隐藏或显示所有临时轴。选择【视图】|【临时轴】菜单命令，如图2-5所示，表示临时轴可见，绘图区的显示如图2-6所示。

图2-5 选择【临时轴】菜单命令　　　图2-6 显示临时轴

2.2.2 参考基准轴的属性设置

　　单击【参考几何体】工具栏中的 【基准轴】按钮（或者选择【插入】|【参考几何体】|【基准轴】菜单命令），在【属性管理器】中弹出【基准轴】的属性管理器，如图2-7所示。

通过在【选择】选项组中的选择来生成不同类型的基准轴。

（1）　【一直线/边线/轴】：选择一条草图直线或边线作为基准轴，或双击选择临时轴作为基准轴，如图2-8所示。

图2-7　【基准轴】的属性管理器　　　　　　图2-8　选择临时轴作为基准轴

（2）　【两平面】：选择两个平面，利用两个面的交叉线作为基准轴。

（3）　【两点/顶点】：选择两个顶点、点或者中点之间的连线作为基准轴。

（4）　【圆柱/圆锥面】：选择一个圆柱或者圆锥面，利用其轴线作为基准轴。

（5）　【点和面/基准面】：选择一个平面（或者基准面），然后选择一个顶点（或者点、中点等），由此所生成的轴通过所选择的顶点（或者点、中点等）垂直于所选的平面（或者基准面）。

设置属性完成后，检查　【参考实体】选择框中列出的项目是否正确。

2.2.3　显示参考基准轴

选择【视图】|【基准轴】菜单命令，可以看到菜单命令左侧的图标下沉，如图2-9所示，表示基准轴可见（再次选择该命令，该图标恢复即为关闭基准轴的显示）。

图2-9　选择【基准轴】菜单命令

2.3　参考基准面

【特征管理器设计树】中默认提供前视、上视以及右视基准面，除了默认的基准面外，可以生成参考基准面。参考基准面用来绘制草图和为特征生成几何体。

在SolidWorks中，参考基准面的用途很多，总结为以下几项。

（1）作为草图绘制平面。三维特征的生成需要绘制二维特征截面，如果三维物体在空间中无合适的草图绘制平面可供使用，可以生成基准面作为草图绘制平面。

（2）作为视图定向参考。三维零部件的草图绘制正视方向需要定义两个相互垂直的平面才可以确定，基准面可以作为三维实体方向决定的参考平面。

（3）作为装配时零件相互配合的参考面。零件在装配时可能利用许多平面以定义配合、对齐等，这里的配合平面类型可以是SolidWorks初始定义的上视、前视、右视三个基准平面，可以是零件的表面，也可以是用户自行定义的参考基准面。

（4）作为尺寸标注的参考。在SolidWorks中开始零件的三维建模时，系统中已存在三个相互垂直的基准面，生成特征后进行尺寸标注时，如果可以选择零件上的面或者原来生成的任意基准面，则最好选择基准面，以免导致不必要的特征父子关系。

（5）作为模型生成剖面视图的参考面。在装配体或者复杂零件等模型中，有时为了看清模型的内部构造，必须定义一个参考基准面，并利用此基准面剖切壳体，得到一个视图以便观察模型的内部结构。

（6）作为拔摸特征的参考面。在型腔零件生成拔摸特征时，需要定义参考基准面。

2.3.1 参考基准面的属性设置

单击【参考几何体】工具栏中的 ◈【基准面】按钮（或者选择【插入】|【参考几何体】|【基准面】菜单命令），在【属性管理器】中弹出【基准面】的属性管理器，如图2-10所示，（此处为SolidWorks 2010新增功能）。

在【选择】选项组中，选择需要生成的基准面类型及项目。

（1）◈【平行】：通过模型的表面生成一个基准面，如图2-11所示。

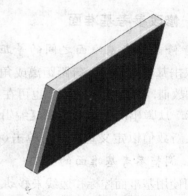

图2-10　【基准面】的属性管理器　　　　图2-11　通过平面生成一个基准面

（2）◢【重合】：通过一个点，线和面生成基准面。

（3）◩【两面夹角】：通过一条边线（或者轴线、草图线等）与一个面（或者基准面）成一定夹角生成基准面，如图2-12所示。

（4）◢【等距距离】：在平行于一个面（或基准面）指定距离处生成等距基准面。首先选择一个平面（或基准面），然后设置【距离】数值，如图2-13所示。

（5）【反向】：选择此选项，在相反的方向生成基准面。

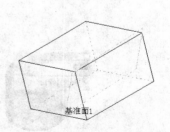

图2-12　两面夹角生成基准面

提示： 在SolidWorks中，等距距离平面有时也被称为偏置平面，以便与AutoCAD等软件里的偏置概念相统一。在混合特征中经常应用等距距离生成多个平行平面的构成方法。

（6） ⊥【垂直】：可生成垂直于一条边线、轴线或者平面的基准面，如图2-14所示。

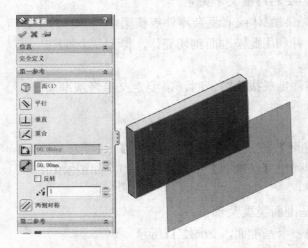

图2-13　生成等距距离基准面

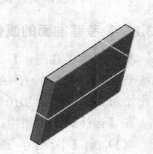

图2-14　垂直于曲线生成基准面

2.3.2　修改参考基准面

1. 修改参考基准面之间的等距距离或者角度

双击基准面，显示等距距离或角度。双击尺寸或角度数值，在弹出的【修改】对话框中输入新的数值，如图2-15所示；也可在【特征管理器设计树】中用鼠标右键单击已生成的基准面的图标，从弹出的菜单中选择【编辑特征】命令，在【基准面】属性管理器的【选择】选项组中输入新数值以定义基准面，单击 ✅【确定】按钮。

2. 调整参考基准面的大小

可使用基准面控标和边线来移动、复制基准面或者调整基准面的大小。要显示基准面控标，可在【特征管理器设计树】中单击已生成的基准面的图标或在图形区域中单击基准面的名称，也可选择基准面的边线，然后进行调整，如图2-16所示。

图2-15　在【修改】对话框中修改数值

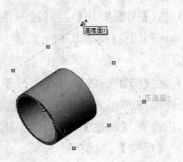

图2-16　显示基准面控标

利用基准面控标和边线可以进行以下操作。

（1）拖动边角或者边线控标以调整基准面的大小。

（2）拖动基准面的边线以移动基准面。

（3）通过在图形区域中选择基准面以复制基准面，然后按住Ctrl键并使用边线将基准面拖动至新的位置，生成一个等距基准面，如图2-17所示。

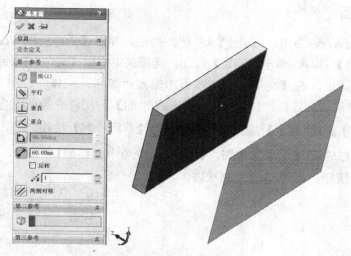

图2-17 生成等距基准面

2.4 基准点

SolidWorks可生成多种类型的基准点用作构造对象，还可在彼此间已指定距离分割的曲线上生成指定数量的基准点。通过选择【视图】|【点】菜单命令，切换基准点的显示。

单击【参考几何体】工具栏中的 ※ 【点】按钮（或者选择【插入】|【参考几何体】|【点】菜单命令），在【属性管理器】中弹出【点】的属性管理器，如图2-18所示。在【选择】选项组中，单击 ⬚ 【参考实体】选择框，在图形区域中选择用以生成点的实体；选择要生成的点的类型，可单击 ◉ 【圆弧中心】、⬚ 【面中心】、✗ 【交叉点】、⬚ 【投影】等按钮；单击 ※ 【沿曲线距离或多个基准点】按钮，可沿边线、曲线或草图线段生成一组基准点，输入距离或百分比数值（如果数值对于生成所指定的基准点数太大，会出现信息提示设置较小的数值）。

图2-18 【点】的属性管理器

（1）【距离】：按照设置的距离生成基准点数。

（2）【百分比】：按照设置的百分比生成基准点数。

（3）【均匀分布】：在实体上均匀分布的基准点数。

（4） ※ 【基准点数】：设置沿所选实体生成的基准点数。

属性设置完成后，单击 ✔ 【确定】按钮，生成基准点，如图2-19所示。

图2-19 生成基准点

2.5 参考几何体设计范例

下面讲解一个范例，该范例建立的参考几何体的模型如图2-20所示。下面几节具体介绍模型制作的过程。

2.5.1 建立基准面

（1）启动SolidWorks 2010。单击 🗋 （新建）按钮，弹出【新建SolidWorks文件】对话框，在模板中选择【零件】选项，单击【确定】按钮。选择菜单栏中【文件】|【另存为】菜单命令，弹出【另存为】对话框，在【文件名】文本框中输入"参考几何体"，单击【保存】按钮。

（2）单击【特征管理器设计树】中的【前视基准面】，使其成为草图绘制平面。单击【标准视图】工具栏中的 ⬆ 【正视于】按钮，并单击 ⬚草图绘制 【草图绘制】按钮，进入草图的绘制模式。使用【草图】工具栏的 ▣ 【矩形】按钮，以草图原点为中心绘制1个矩形，如图2-21所示。单击 ⬚ 【退出草图】按钮，退出草图绘制状态。

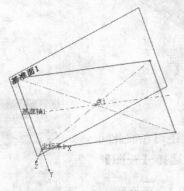

图2-20 参考几何体模型

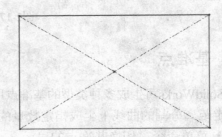

图2-21 画草图

（3）选择【插入】|【参考几何体】|【基准面】菜单命令，打开【基准面】属性管理器，选择【前视基准面】和【矩形草图】的一条边线，在【两面夹角】中输入"45"，如图2-22所示。单击【确定】按钮，生成基准面，如图2-23所示。

图2-22 【基准面】属性管理器

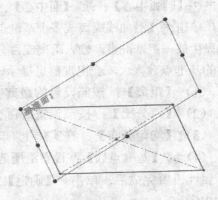

图2-23 生成基准面

2.5.2 建立基准轴

选择【插入】|【参考几何体】|【基准轴】菜单命令，打开【基准轴】属性管理器，选择【前视基准面】和【上视基准面】，如图2-24所示。单击【确定】按钮，生成基准轴，如图2-25所示。

图2-24 【基准轴】属性管理器

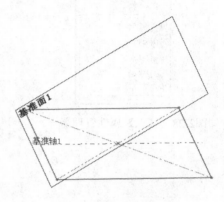

图2-25 生成基准轴

2.5.3 建立坐标系

选择【插入】|【参考几何体】|【坐标系】菜单命令，打开【坐标系】属性管理器，选择矩形草图的一个端点和两条边线，如图2-26所示。单击【确定】按钮，生成坐标系，如图2-27所示。

图2-26 【坐标系】属性管理器

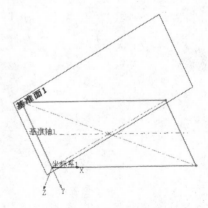

图2-27 生成坐标系

2.5.4 建立基准点

选择【插入】|【参考几何体】|【点】菜单命令，打开【点】属性管理器，选择矩形草图的两条中心线，如图2-28所示。单击【确定】按钮，生成基准点，如图2-29所示。

图2-28 【点】属性管理器

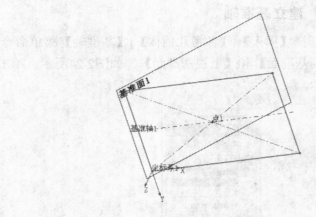

图2-29 生成基准点

第3章 草图绘制

使用SolidWorks软件进行设计是由绘制草图开始的，在草图基础上生成特征模型，进而生成零件等，因此，草图绘制对SolidWorks三维零件的模型生成非常重要，是使用该软件的基础。一个完整的草图包括几何形状、几何关系和尺寸标注等信息，草图绘制是SolidWorks进行三维建模的基础。本章将详细介绍草图绘制、草图编辑及其他生成草图的方法。

3.1 草图基本知识

在使用草图绘制命令前，首先要了解草图绘制的基本概念，以更好地掌握草图绘制和草图编辑的方法。本节主要介绍草图的基本操作、认识草图绘制工具栏，熟悉绘制草图时光标的显示状态。

3.1.1 图形区域

草图必须绘制在平面上，这个平面既可以是基准面，也可以是三维模型上的平面。初始进入草图绘制状态时，系统默认有三个基准面：前视基准面、右视基准面和上视基准面，如图3-1所示。由于没有其他平面，因此零件的初始草图绘制是从系统默认的基准面开始的。

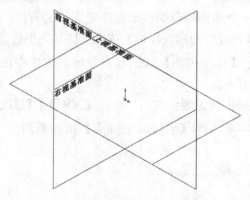

图3-1　系统默认的基准面

1.【草图】工具栏

【草图】工具栏中的工具按钮作用于图形区域中的整个草图，如图3-2所示。

图3-2　【草图】工具栏

2. 状态栏

当草图处于激活状态，图形区域底部的状态栏会显示草图的状态，如图3-3所示。

（1）绘制实体时显示鼠标指针位置的坐标。

（2）显示"过定义"、"欠定义"或者"完全定义"等草图状态。

（3）如果工作时草图网格线为关闭状态，提示处于绘制状态，例如："正在编辑：草图 *n*"（*n*为草图绘制时的标号）。

（4）当鼠标指针指向菜单命令或者工具按钮时，状态栏左侧会显示此命令或按钮的简要说明。

图3-3　状态栏

3. 草图原点

激活的草图其原点为红色，可通过原点了解所绘制草图的坐标。零件中的每个草图都有自己的原点，所以在一个零件中通常有多个草图原点。当草图打开时，不能关闭对其原点的显示。

3.1.2　绘制草图的流程

绘制草图的流程很重要，必须考虑先从哪里入手来绘制复杂草图，在基准面或平面上绘制草图时如何选择基准面等。下面介绍绘制草图的流程。

（1）生成新文件。单击【标准】工具栏中的 📄【新建】按钮或选择【文件】|【新建】菜单命令，打开【新建SolidWorks文件】对话框，单击【零件】图标，然后单击【确定】按钮。

（2）进入草图绘制状态。选择基准面或某一平面，单击【草图】工具栏中的 ✐【草图绘制】按钮或选择【插入】|【草图绘制】菜单命令，也可用鼠标右键单击【特征管理器设计树】中的草图或零件的图标，在弹出的菜单中选择【编辑草图】命令。

（3）选择基准面。进入草图绘制后，此时图形区域出现如图3-4所示的系统默认基准面，系统要求选择基准面。第一个选择的草图基准面决定零件的方位。在默认情况下，新草图在前视基准面中打开。也可在【特征管理器设计树】或图形区域选择任意平面作为草图绘制的平面，单击【视图】工具栏的 🔲▪【标准视图】按钮，在弹出的菜单中选择 ↧【正视于】命令，将视图切换至指定平面的法线方向。

（4）如果操作时出现错误或需要修改，可选择【视图】|【修改】|【视图定向】菜单命令，在弹出的【方向】对话框中单击 🔀【更新标准视图】按钮重新定向，如图3-5所示。

图3-4　系统默认基准面

图3-5　【方向】对话框

（5）选择切入点。在设计零件基体特征时常会面临这样的选择。在一般情况下，利用一个有复杂轮廓的草图生成拉伸特征，与利用一个具有较简单轮廓的草图生成拉伸特征、再添加几个额外的特征，具有相同的结果。

（6）使用各种草图绘制工具绘制草图实体，如直线、矩形、圆、样条曲线等。

（7）在【属性管理器】中对绘制的草图进行属性设置，或单击【草图】工具栏中的 ✐【智能尺寸】按钮和【尺寸－几何关系】工具栏中的 ⊥ 【添加几何关系】按钮，添加尺寸和几何关系。

（8）关闭草图。完成并检查草图绘制后，单击【草图】工具栏中的 ᵔ【退出草图】按钮，退出草图绘制状态。

3.1.3 草图选项

1. 设置草图的系统选项

选择【工具】|【选项】菜单命令，弹出【系统选项】对话框，选择【草图】选项并进行设置，如图3-6所示，单击【确定】按钮。

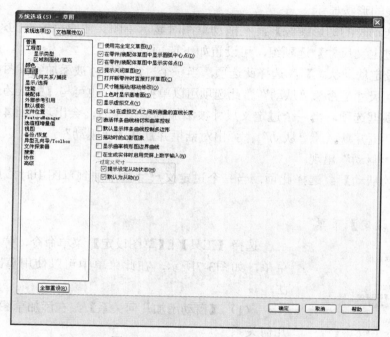

图3-6 【系统选项】对话框

（1）【使用完全定义草图】：选择此选项，必须完全定义用来生成特征的草图。

（2）【在零件/装配体草图中显示圆弧中心点】：选择此选项，草图中显示圆弧中心点。

（3）【在零件/装配体草图中显示实体点】：选择此选项，草图实体的端点以实心原点的方式显示。该原点的颜色反映草图实体的状态（即黑色为"完全定义"，蓝色为"欠定义"，红色为"过定义"，绿色为"当前所选定的草图"）。无论选项如何设置，过定义的点与悬空的点总是会显示出来。

（4）【提示关闭草图】：选择此选项，如果生成一个具有开环轮廓，且可用模型的边线封闭的草图，系统会弹出提示信息："封闭草图至模型边线?"。可选择用模型的边线封闭草图轮廓及方向。

（5）【打开新零件时直接打开草图】：选择此选项，新零件窗口在前视基准面中打开，可直接使用草图绘制工具在图形区域中绘制草图。

（6）【尺寸随拖动/移动修改】：选择此选项，可通过拖动草图实体或在【移动】、【复制】属性管理器中移动实体以修改尺寸值，拖动后，尺寸自动更新；也可选择【工具】|【草图设定】|【尺寸随拖动/移动修改】菜单命令。

（7）【上色时显示基准面】：选择此选项，在上色模式下编辑草图时，基准面被着色。

（8）【显示虚拟交点】：选择此选项，在两个实体的虚拟交点处生成一个草图点。即使实际交点已不存在（例如被移除圆角或者倒角部分），但虚拟交点处的尺寸和几何关系仍保持不变。

（9）【以3d在虚拟交点之间所测量的直线长度】：从虚拟交点处而不是三维草图中的端点测量直线长度。

（10）【激活样条曲线相切和曲率控标】：为相切和曲率显示样条曲线控标。

（11）【默认显示样条曲线控制多边形】：显示空间中用于操纵对象形状的一系列控制点以操纵样条曲线的形状显示。

（12）【拖动时的幻影图像】：在拖动草图时显示草图实体原有位置的幻影图像。

（13）【过定义尺寸】选项组，可设置如下选项。

· 【提示设定从动状态】：选择此选项，当一个过定义尺寸被添加到草图中时，会弹出对话框询问尺寸是否为"从动"。此选项可以单独使用，也可与【默认为从动】选项配合使用。根据选项，当一个过定义尺寸被添加到草图中时，会出现后面4种情况之一，即弹出对话框并默认为"从动"、弹出对话框并默认为"驱动"、尺寸以"从动"出现、尺寸以"驱动"出现。

· 【默认为从动】：选择此项，当一个过定义尺寸被添加到草图中时，尺寸默认为"从动"。

2. 【草图设定】菜单

图3-7　【草图设定】菜单

选择【工具】|【草图设定】菜单命令，弹出【草图设定】菜单，如图3-7所示，在此菜单中可以使用草图的各种设定方法。

（1）【自动添加几何关系】：在添加草图实体时自动建立几何关系。

（2）【自动求解】：在生成零件时自动求解草图几何体。

（3）【激活捕捉】：可激活快速捕捉功能。

（4）【移动时不求解】：可在不解出尺寸或几何关系的情况下，在草图中移动草图实体。

（5）【独立拖动单一草图实体】：可从实体中拖动单一草图实体。

（6）【尺寸随拖动/移动修改】：拖动草图实体或在【移动】、【复制】属性管理器中将其移动以覆盖尺寸。

3. 草图网格线和捕捉

当草图或者工程图处于激活状态时，可选择在当前的草图或工程图上显示网格线。由于SolidWorks是参变量式设计，所以草图网格线和捕捉功能并不像AutoCAD那么重要，在大多数情况下不需要使用该功能。

3.1.4　草图绘制工具

与草图绘制相关的工具有【草图工具】、【草图绘制实体】、【草图设定】等三种，可通过下列三种方法使用这些工具。

（1）在【草图】工具栏中单击需要的按钮。

（2）选择【工具】|【草图绘制实体】菜单命令。

（3）在草图绘制状态中使用快捷菜单。用鼠标右键单击时，只有适用的草图绘制工具和标注几何关系工具才会显示在快捷菜单中。

3.1.5 光标

在SolidWorks中绘制草图实体或者编辑草图实体时，光标会根据所选择的命令，在绘图时变为相应的图标。而且SolidWorks软件提供了自动判断绘图位置的功能，在执行命令时，自动寻找端点、中心点、圆心、交点、中点等，这样提高了鼠标定位的准确性和快速性，提高了绘制图形的效率。

执行不同命令时，光标会在不同草图实体及特征实体上显示不同的类型，光标既可以在草图实体上形成，也可以在特征实体上形成。在特征实体上的光标，只能在绘图平面的实体边缘产生。

下面为常见的光标类型。

- 【点】光标：执行绘制点命令时光标的显示。
- 【线】光标：执行绘制直线或者中心线命令时光标的显示。
- 【圆弧】光标：执行绘制圆弧命令时光标的显示。
- 【圆】光标：执行绘制圆命令时光标的显示。
- 【椭圆】光标：执行绘制椭圆命令时光标的显示。
- 【抛物线】光标：执行绘制抛物线命令时光标的显示。
- 【样条曲线】光标：执行绘制样条曲线命令时光标的显示。
- 【矩形】光标：执行绘制矩形命令时光标的显示。
- 【多边形】光标：执行绘制多边形命令时光标的显示。
- 【草图文字】光标：执行绘制草图文字命令时光标的显示。
- 【剪裁草图实体】光标：执行剪裁草图实体命令时光标的显示。
- 【延伸草图实体】光标：执行延伸草图实体命令时光标的显示。
- 【标注尺寸】光标：执行标注尺寸命令时光标的显示。
- 【圆周阵列草图】光标：执行圆周阵列草图命令时光标的显示。
- 【线性阵列草图】光标：执行线性阵列命令时光标的显示。

3.2 绘制草图

上一节介绍了草图绘制命令及其基本概念，本节将介绍草图绘制命令的使用方法。在SolidWorks建模过程中，大部分特征都需要先建立草图实体然后再执行特征命令，因此本节的学习非常重要。

3.2.1 直线

1. 绘制直线的方法

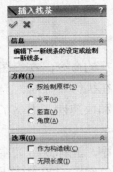

图3-8 【插入线条】的
属性管理器

（1）单击【草图】工具栏中的 \ 【直线】按钮或选择【工具】|【草图绘制实体】|【直线】菜单命令，在【属性管理器】中弹出【插入线条】的属性管理器，如图3-8所示，鼠标指针变为 ⬊ 形状。

（2）可按照下述方法生成单一线条或直线链。

生成单一线条：在图形区域中单击鼠标左键，定义直线起点的位置，将鼠标指针拖动到直线的终点位置后释放鼠标。

生成直线链：将鼠标指针拖动到直线的一个终点位置单击鼠标左键，然后将鼠标指针拖动到直线的第二个终点位置再次单击鼠标左键，最后单击鼠标右键，在弹出的菜单中选择【选择】命令或【结束链】命令后结束绘制。

（3）单击 ✔ 【确定】按钮，完成直线绘制。

2. 【插入线条】属性管理器

在【插入线条】属性管理器中可编辑直线的以下属性。

（1）【方向】选项组

- 【按绘制原样】：单击鼠标左键并拖动鼠标指针绘制出一条任意方向的直线后释放鼠标；也可在绘制一条任意方向的直线后，继续绘制其他任意方向的直线，然后双击鼠标左键结束绘制。
- 【水平】：绘制水平线，直到释放鼠标。
- 【竖直】：绘制竖直线，直到释放鼠标。
- 【角度】：以一定角度绘制直线，直到释放鼠标（此处的角度是相对于水平线而言）。

（2）【选项】选项组

图3-9 【线条属性】的
属性管理器

- 【作为构造线】：可以将实体直线转换为构造几何体的直线。
- 【无限长度】：生成一条可剪裁的无限长度的直线。

3. 【线条属性】属性管理器

在图形区域中选择绘制的直线，【属性管理器】中弹出【线条属性】的属性管理器，设置该直线属性，如图3-9所示。

（1）【现有几何关系】选项组

该选项组显示现有几何关系，即草图绘制过程中自动推理或使用【添加几何关系】选项组手动生成的现有几何关系。该选项组还显示所选草图实体的状态信息，如"欠定义"、"完全定义"等。

（2）【添加几何关系】选项组

该选项组可将新的几何关系添加到所选草图实体中，其中只列举了所选直线实体可使用的几何关系，如【水平】、【竖直】和【固定】等。

（3）【选项】选项组

· 【作为构造线】：可以将实体直线转换为构造几何体的直线。

· 【无限长度】：可以生成一条可剪裁的、无限长度的直线。

（4）【参数】选项组

· ✐ 【长度】：设置该直线的长度。

· ↖ 【角度】：相对于网格线的角度，水平角度为180°，竖直角度为90°，且逆时针为
正向。

（5）【额外参数】选项组

· ↗ 【开始X坐标】：开始点的x坐标。

· ↗ 【开始Y坐标】：开始点的y坐标。

· ↗ 【结束X坐标】：结束点的x坐标。

· ↗ 【结束Y坐标】：结束点的y坐标。

· ◿ 【Delta X】：开始点和结束点x坐标之间的偏移。

· ◹ 【Delta Y】：开始点和结束点y坐标之间的偏移。

3.2.2 圆

1. 绘制圆的方法

（1）单击【草图】工具栏中的 ⊙ 【圆】按钮或选择【工具】|
【草图绘制实体】|【圆】菜单命令，在【属性管理器】中弹出【圆】
属性管理器，如图3-10所示，鼠标指针变为 ✎ 形状。

（2）在【圆类型】选项组中，若选中 ⊙ 【圆】按钮，则在图
形区域中单击鼠标左键可放置圆心；若选中 ⊙ 【周边圆】按钮，在
图形区域中单击鼠标左键便可放置圆弧，如图3-11所示。

（3）拖动鼠标指针以定义半径。

（4）设置圆的属性，单击 ✔ 【确定】按钮，完成圆的绘制。

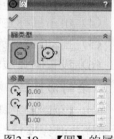

图3-10 【圆】的属
性管理器

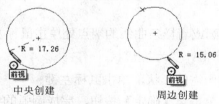

中央创建　　　　　　　周边创建

图3-11 选择两种不同的绘制方式

2. 【圆】属性管理器

在图形区域选择绘制的圆，在【属性管理器】中弹出【圆】的属性管理器，可设置其属性，
如图3-12所示。

（1）【现有几何关系】选项组

可显示现有几何关系及所选草图实体的状态信息。

图3-12 【圆】的属
性管理器

（2）【添加几何关系】选项组

可将新的几何关系添加到所选的草图实体圆中。

（3）【选项】选项组

可选择【作为构造线】选项，将实体圆转换为构造几何体的圆。

（4）【参数】选项组

用来设置圆心的位置坐标和圆的半径尺寸。

- 【X坐标置中】：设置圆心的x坐标。
- 【Y坐标置中】：设置圆心的y坐标。
- 【半径】：设置圆的半径。

3.2.3 圆弧

圆弧有【圆心/起/终点画弧】、【切线弧】和【3点圆弧】三种类型。

1. 圆心/起/终点画弧

（1）单击【草图】工具栏中的 【圆心/起/终点画弧】按钮或者选择【工具】|【草图绘制实体】|【圆心/起/终点画弧】菜单命令，鼠标指针变为 形状。

（2）确定圆心，在图形区域中单击鼠标左键放置圆弧圆心。

（3）拖动鼠标指针放置起点、终点。

（4）单击鼠标左键，显示圆周参考线。

（5）拖动鼠标指针确定圆弧的长度和方向，然后单击鼠标左键。

（6）设置圆弧属性，单击 【确定】按钮，完成圆弧的绘制。

2. 绘制切线弧

单击【草图】工具栏中的 【切线弧】按钮，可生成一条与草图实体（如直线、圆弧、椭圆或者样条曲线等）相切的弧线，也可利用自动过渡将绘制直线切换到绘制圆弧，而不必单击 【切线弧】按钮。

（1）单击【草图】工具栏中的 【切线弧】按钮或选择【工具】|【草图绘制实体】|【切线弧】菜单命令。

（2）在直线、圆弧、椭圆或者样条曲线的端点处单击鼠标左键，在【属性管理器】中弹出【圆弧】属性管理器，鼠标指针变为 形状。

（3）拖动鼠标指针绘制所需的形状，单击鼠标左键。

（4）设置圆弧的属性，单击 【确定】按钮，完成圆弧的绘制。

3. 绘制3点圆弧

（1）单击【草图】工具栏中的 【3点圆弧】按钮或者选择【工具】|【草图绘制实体】|【3点圆弧】菜单命令，在【属性管理器】中弹出【圆弧】的属性管理器，鼠标指针变为 形状。

（2）在图形区域单击鼠标左键确定圆弧的起点位置。

（3）将鼠标指针拖动到圆弧结束处，再次单击鼠标左键确定圆弧的终点位置。

（4）拖动圆弧设置圆弧的半径，必要时可更改圆弧的方向，单击鼠标左键。

（5）设置圆弧的属性，单击 【确定】按钮，完成圆弧的绘制。

4.【圆弧】属性管理器

在【圆弧】属性管理器中，可设置所绘制的【圆心/起/终点画弧】、【切线弧】和【3点圆弧】的属性，如图3-13所示。

（1）【现有几何关系】选项组

显示现有的几何关系，即在草图绘制过程中自动推理或使用【添加几何关系】选项组手动生成的几何关系（在列表中选择某一几何关系时，图形区域中的标注会高亮显示）；显示所选草图实体的状态信息，如"欠定义"、"完全定义"等。

（2）【添加几何关系】选项组

只列举所选实体可使用的几何关系，如【固定】等。

（3）【选项】选项组

选择【作为构造线】选项，可将实体圆弧转换为构造几何体的圆弧。

图3-13 【圆弧】的属性管理器

（4）【参数】选项组

如果圆弧不受几何关系约束，可指定以下参数中的任何适当组合以定义圆弧。当更改一个或多个参数时，其他参数会自动更新。

· 【X坐标置中】：设置圆心x坐标。

· 【Y坐标置中】：设置圆心y坐标。

· 【开始X坐标】：设置开始点x坐标。

· 【开始Y坐标】）：设置开始点y坐标。

· 【结束X坐标】）：设置结束点x坐标。

· 【结束Y坐标】）：设置结束点y坐标。

· 【半径】：设置圆弧的半径。

· 【角度】：设置端点到圆心的角度。

3.2.4 椭圆和椭圆弧

使用【椭圆（长短轴）】命令可生成一个完整椭圆，使用【部分椭圆】命令可生成一个椭圆弧。

1. 绘制椭圆

（1）选择【工具】|【草图绘制实体】|【椭圆（长短轴）】菜单命令，在【属性管理器】中弹出【椭圆】的属性管理器，鼠标指针变为 形状。

（2）在图形区域中单击鼠标左键放置椭圆中心。

（3）拖动鼠标指针并单击鼠标左键定义椭圆的长轴（或者短轴）。

（4）拖动鼠标指针并再次单击鼠标左键定义椭圆的短轴（或者长轴）。

（5）设置椭圆的属性，单击 【确定】按钮，完成椭圆的绘制。

2. 绘制椭圆弧

（1）选择【工具】|【草图绘制实体】|【部分椭圆】菜单命令，在【属性管理器】中弹出【椭圆】的属性管理器，鼠标指针变为 形状。

（2）在图形区域中单击鼠标左键放置椭圆的中心位置。

（3）拖动鼠标指针并单击鼠标左键定义椭圆的第一个轴。

（4）拖动鼠标指针并单击鼠标左键定义椭圆的第二个轴，保留圆周引导线。

（5）围绕圆周拖动鼠标指针定义椭圆弧的范围。

（6）设置椭圆弧属性，单击 ✔ 【确定】按钮，完成椭圆弧的绘制。

3. 【椭圆】属性管理器

在【椭圆】的属性管理器中编辑其属性，其中大部分选项组中的属性设置与【圆】属性管理器相似，如图3-14所示，在此不做赘述。

在【参数】选项组中，圆心、短轴、长轴后面的数值框，分别定义圆心的x、y坐标和短、长轴的长度。

（1） ⊘【X坐标置中】：设置椭圆圆心的x坐标。

（2） ⊘【Y坐标置中】：设置椭圆圆心的y坐标。

（3） ⊘【半径1】：设置椭圆长轴的半径。

（4） ⊘【半径2】：设置椭圆短轴的半径。

椭圆（长短轴）　　　　部分椭圆

图3-14　【椭圆】的属性管理器

3.2.5 矩形和平行四边形

使用【矩形】命令可生成水平或竖直的矩形，使用【平行四边形】命令可生成任意角度的平行四边形。

（1）单击【草图】工具栏中的 □【矩形】按钮或选择【工具】|【草图绘制实体】|【矩形】菜单命令，鼠标指针变为 ⤵ 形状。

（2）在图形区域中单击鼠标左键放置矩形的第一个顶点，拖动鼠标指针定义矩形。在拖动鼠标指针时，会动态显示矩形的尺寸，当矩形的大小和形状符合要求时释放鼠标。

（3）要更改矩形的大小和形状，可选择并拖动一条边或一个顶点。在【线条属性】或【点】属性管理器中，【参数】选项组定义其位置坐标、尺寸等，也可以使用 ◇ 【智能尺寸】按钮，定义矩形的位置坐标、尺寸等，单击 ✔ 【确定】按钮，完成矩形的绘制。

平行四边形的绘制方法与矩形类似，选择【工具】|【草图绘制实体】|【平行四边形】菜单命令即可。

如果需要改变矩形或平行四边形中单条边线的属性，选择该边线，在【线条属性】的属性管理器中编辑其属性。

3.2.6 抛物线

使用【抛物线】命令可生成各种类型的抛物线。

1. 绘制抛物线

（1）选择【工具】|【草图绘制实体】|【抛物线】菜单命令，鼠标指针变为 ⤳ 形状。

（2）在图形区域中单击鼠标左键放置抛物线的焦点，然后将鼠标指针拖动到起点处，沿抛物线轨迹绘制抛物线，在【属性管理器】中弹出【抛物线】的属性管理器。

（3）单击鼠标左键并拖动鼠标指针定义抛物线，设置抛物线属性，单击 ✔ 【确定】按钮，完成抛物线的绘制。

2. 【抛物线】属性管理器

（1）在图形区域中选择绘制的抛物线，当鼠标指针位于抛物线上时会变成 ⤳ 形状。在【属性管理器】中弹出【抛物线】的属性管理器，如图3-15所示。

（2）当选择抛物线顶点时，鼠标指针变成 ⤳。形状，拖动顶点可改变曲线的形状。

将顶点拖离焦点时，抛物线开口扩大，曲线展开。

将顶点拖向焦点时，抛物线开口缩小，曲线变尖锐。

要改变抛物线一条边的长度而不修改抛物线的曲线，则应选择一个端点进行拖动。

（3）设置抛物线的属性。

在图形区域中选择绘制的抛物线，然后在【抛物线】的属性管理器中编辑其属性。

图3-15 【抛物线】的属性管理器

- ⋂ 【开始X坐标】：设置开始点 x 坐标。
- ⋂ 【开始Y坐标】：设置开始点 y 坐标。
- ⋂ 【结束X坐标】：设置结束点 x 坐标。
- ⋂ 【结束Y坐标】：设置结束点 y 坐标。
- ⋂ 【X坐标置中】：将 x 坐标置中。
- ⋂ 【Y坐标置中】：将 y 坐标置中。
- ⋂ 【极点X坐标】：设置极点 x 坐标。
- ⋂ 【极点Y坐标】：设置极点 y 坐标。

其他属性与【圆】属性管理器相似，在此不做赘述。

3.2.7 多边形

使用【多边形】命令可以生成带有任何数量边的等边多边形。用内切圆或者外接圆的直径定义多边形的大小，还可指定旋转角度。

1. 绘制多边形

（1）选择【工具】|【草图绘制实体】|【多边形】菜单命令，鼠标指针变为 形状，在【属性管理器】中弹出【多边形】属性管理器。

（2）在【参数】选项组的 【边数】数值框中设置多变形的边数，或在绘制多边形之后修改其边数，选中【内切圆】或【外接圆】按钮，并在 【圆直径】数值框中设置圆直径数值。

（3）在图形区域中单击鼠标左键放置多边形的中心，然后拖动鼠标指针定义多边形。

（4）设置多边形的属性，单击 【确定】按钮，完成多边形的绘制。

2. 【多边形】属性管理器

完成多边形的绘制后，可通过编辑多边形属性来改变多边形的大小、位置、形状等。

（1）用鼠标右键单击多边形的一条边，在弹出的菜单中选择【编辑多边形】命令。

（2）在【属性管理器】中弹出【多边形】属性管理器，如图3-16所示，编辑多边形的属性。

3.2.8 点

使用【点】命令，可将点插入到草图和工程图中。

（1）单击【草图】工具栏中的 【点】按钮或选择【工具】|【草图绘制实体】|【点】菜单命令，鼠标指针变为 形状。

（2）在图形区域单击鼠标左键放置点，在【属性管理器】中弹出【点】的属性设置，如图3-17所示。【点】命令保持激活，可继续插入点。

要设置点的属性，选择绘制的点后在【点】的属性管理器中进行编辑。

图3-16　【多边形】的属性管理器

图3-17　【点】的属性管理器

3.2.9 中心线

利用【中心线】命令可绘制中心线作为草图镜像及旋转特征操作的旋转中心轴或构造几何体。

（1）单击【草图】工具栏中的┆【中心线】按钮或选择【工具】|【草图绘制实体】|【中心线】菜单命令，鼠标指针变为 ✎ 形状。

（2）在图形区域单击鼠标左键放置中心线的起点，在【属性管理器】中弹出【线条属性】的属性管理器。

（3）在图形区域中拖动鼠标指针并单击鼠标左键放置中心线的终点。

要改变中心线属性，可选择绘制的中心线，然后在【线条属性】的属性管理器中进行编辑。

3.2.10 样条曲线

样条曲线上的点可少至三个，中间为型值点（或者通过点），两端为端点。可通过拖动样条曲线的型值点或端点改变其形状，也可在端点处指定相切，还可在3D草图绘制中绘制样条曲线，新绘制的样条曲线默认为"非成比例的"。

1. 绘制样条曲线

（1）单击【草图】工具栏中的 ～【样条曲线】按钮或选择【工具】|【草图绘制实体】|【样条曲线】菜单命令，鼠标指针变为 ✎ 形状。

（2）在图形区域单击鼠标左键放置第一点，然后拖动鼠标指针以定义曲线的第一段。

（3）在图形区域中放置第二点，拖动鼠标指针以定义样条曲线的第二段。

（4）重复以上步骤直到完成样条曲线。完成绘制时，双击最后一个点即可。

2. 样条曲线的属性设置

在【样条曲线】属性管理器中进行设置，如图3-18所示。

图3-18 【样条曲线】的属性管理器

若样条曲线不受几何关系约束，则在【参数】选项组中指定以下参数定义样条曲线。

（1）～【样条曲线控制点数】：滚动查看样条曲线上的点时，曲线相应点的序数出现在框中。

（2）ƒx【X坐标】：设置样条曲线端点的x坐标。

（3）ƒy【Y坐标】：设置样条曲线端点的y坐标。

（4）✎【相切重量1】、✎【相切重量2】：相切量。通过修改样条曲线点处的样条曲线曲率度数来控制相切向量。

（5）✎【相切径向方向】：通过修改相对于X、Y、Z轴的样条曲线倾斜角度来控制相切方向。

（6）【相切驱动】：选择此选项，可以激活【相切重量1】、【相切重量2】和【相切径向方向】等参数。

（7）【重设此控标】：将所选样条曲线控标重返到其初始状态。

（8）【重设所有控标】：将所有样条曲线控标重返到其初始状态。

（9）【驰张样条曲线】：可显示控制样条曲线的多边形，然后拖动控制多边形上的任何节点以更改其形状，如图3-19所示。

（10）【成比例】：成比例的样条曲线在拖动端点时会保持形状，整个样条曲线会按比例调整大小，可为成比例样条曲线的内部端点标注尺寸和添加几何关系。

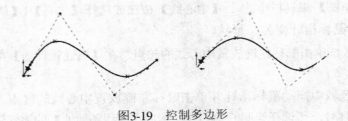

图3-19 控制多边形

3. 简化样条曲线

使用 ✍ 【简化样条曲线】命令可提高包含复杂样条曲线等的多种模型的性能。也可以通过单击【平滑】按钮或指定【公差】数值以减少样条曲线上点的数量。

（1）用鼠标右键单击样条曲线，在弹出的菜单中选择【简化样条曲线】命令或选择【工具】|【样条曲线工具】|【简化样条曲线】菜单命令，弹出【简化样条曲线】对话框，如图3-20所示。

（2）在【样条曲线型值点数】选项组的【在原曲线中】和【在简化曲线中】数值框中显示点的数量，在【公差】数值框中显示公差值（公差，即从原始曲线所产生的曲线的计划误差值）。如果要通过公差控制样条曲线点，则可在【公差】数值框中输入数值，然后按下Enter键，样条曲线点的数量可在图形区域中预览。

（3）单击【平滑】按钮，系统将调整公差并计算点数更少的新曲线。点的数量重新显示在【在原曲线中】和【在简化曲线中】数值框中，公差值显示在【公差】数值框中。原始样条曲线显示在图形区域中并显示平滑曲线的预览，如图3-21所示。

图3-20 【简化样条曲线】对话框

图3-21 简化样条曲线设置平滑曲线预览

（4）可继续单击【平滑】按钮，直到只剩两个点为止，单击 ✅ 【确定】按钮，完成操作。

4. 插入样条曲线型值点

与前面的功能相反，✐【插入样条曲线型值点】命令可为样条曲线增加一个或多个点。用该命令可完成以下操作。

（1）使用样条曲线型值点作为控标，将样条曲线调整为所需的形状。

（2）在样条曲线型值点之间或样条曲线型值点与其他实体之间标注尺寸。

（3）给样条曲线型值点添加几何关系。其步骤如下。

用鼠标右键单击所绘制的样条曲线，在弹出的菜单中选择【插入样条曲线型值点】命令（或选择【工具】|【样条曲线工具】|【插入样条曲线型值点】菜单命令），鼠标指针显示为 ↘ 形状。在样条曲线上单击鼠标左键定义一个或多个需要插入点的位置。

提示：如果要为样条曲线的内部点添加几何关系或尺寸标注，则样条曲线必须为"非成比例的"（"非成比例的"为默认值）。若正在处理的样条曲线是成比例的，则选择样条曲线，在【样条曲线】属性管理器中取消选择【成比例】选项。

5. 改变样条曲线

（1）改变样条曲线的形状。

选择样条曲线，控标出现在型值点和线段端点上，可用以下方法改变样条曲线。

- 拖动控标改变样条曲线的形状。
- 添加或移除样条曲线型值点改变样条曲线的形状。
- 用鼠标右键单击样条曲线，在弹出的菜单中选择【插入样条曲线型值点】命令。
- 在样条曲线上通过控制多边形改变样条曲线的形状。

控制多边形是空间中用于操纵对象形状的一系列控制点（即节点）。它可拖动控制点而不是令修改区域局部化的样条曲线点，使用户可更精确地控制样条曲线的形状。在打开的草图中，用鼠标右键单击样条曲线，在弹出的菜单中选择 ⟋ 【显示控制多边形】命令，就可显示出控制多边形。

（2）简化样条曲线。

用鼠标右键单击样条曲线，在弹出的菜单中选择 ⇄ 【简化样条曲线】命令。

（3）删除样条曲线型值点。

选择要删除的点后按下Delete键。

（4）改变样条曲线的属性。

从图形区域中选择样条曲线，在【样条曲线】属性管理器中编辑其属性。

3.3 编辑草图

草图绘制完毕后，需要对草图进一步进行编辑以符合设计的需要，本节介绍常用的草图编辑工具，如绘制圆角、绘制倒角、草图剪裁、草图延伸、镜向移动、线性阵列草图、圆周阵列草图、等距实体、转换实体引用等。

3.3.1 剪切、复制、粘贴草图

在草图绘制中，可在同一草图中或在不同草图间进行剪切、复制、粘贴一个或多个草图实体的操作，如复制整个草图并将其粘贴到当前零件的一个面或另一个草图、零件、装配体或工程图文件中（目标文件必须是打开的）。

要在同一文件中复制草图或将草图复制到另一个文件，可在【特征管理器设计树】中选择并拖动草图实体，同时按住Ctrl键。

要在同一草图内部移动，可在【特征管理器设计树】中选择并拖动草图实体，同时按住Shift键，也可按照以下步骤复制、粘贴一个或者多个草图实体。

（1）在【特征管理器设计树】中选择绘制完成的草图。

（2）选择【编辑】|【复制】菜单命令，或按下Ctrl+C键。

（3）在需要粘贴该图的草图或文件中单击鼠标左键。

（4）选择【编辑】|【粘贴】菜单命令，或按下Ctrl+V键，将草图实体的中心放置在单击鼠标的位置上。

3.3.2　移动、旋转、缩放、复制草图

如果要移动、旋转、按比例缩放、复制草图，可选择【工具】|【草图绘制工具】菜单命令，然后选择以下命令。

　　【移动】：移动草图。

　　【旋转】：旋转草图。

　　【缩放比例】：按比例缩放草图。

　　【复制】：复制草图。

下面进行详细的介绍。

1．移动和复制

使用　【移动】命令可将实体移动一定距离，或以实体上某一点为基准，将实体移动至已有的草图点。

选择要移动的草图，然后选择【工具】|【草图工具】|【移动】菜单命令，在【属性管理器】中弹出【移动】属性管理器。在【参数】选项组中，选中【从/到】单选按钮，再单击【起点】中　【基准点】选择框，在图形区域中选择移动的起点，拖动鼠标指针定义草图实体要移动到的位置，如图3-22所示。

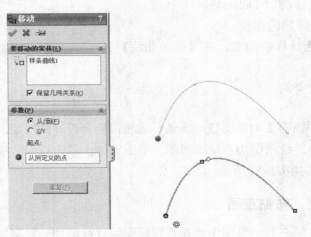

图3-22　移动草图

也可选中【X/Y】单选按钮，然后设置　【Delta X】和　【Delta Y】数值定义草图实体移动的位置。

（1）　【Delta X】：表示开始点和结束点x坐标之间的偏移。

（2）　【Delta Y】：表示开始点和结束点y坐标之间的偏移。

（3）如果单击【重复】按钮，将按照相同距离继续修改草图实体位置，单击　【确定】按钮，草图实体被移动。

【复制】命令的使用方法与【移动】相同，在此不做赘述。

提示：【移动】或【复制】操作不生成几何关系。如果需要在移动或者复制过程中保留现有几何关系，则选择【保留几何关系】选项；当取消选择【保留几何关系】选项时，只有在所选项目和未被选择的项目之间的几何关系被断开，所选项目之间的几何关系仍被保留。

2. 旋转

使用 ❖【旋转】命令可使实体沿旋转中心旋转一定角度。

（1）选择要旋转的草图。

（2）选择【工具】|【草图工具】|【旋转】菜单命令。

（3）在【属性管理器】中弹出【旋转】属性管理器。在【参数】选项组中，单击【旋转中心】中的的 ◉【基准点】选择框，然后在图形区域中单击鼠标左键放置旋转中心。在 ◉【基准点】选择框中显示【旋转所定义的点】，如图3-23所示。

（4）在 ⛰【角度】数值框中设置旋转角度，或将鼠标指针在图形区域中任意拖动，单击 ✅【确定】按钮，草图实体被旋转。

提示：拖动鼠标指针时，角度捕捉增量根据鼠标指针离基准点的距离而变化，在⛰【角度】数值框中会显示精确的角度值。

3. 按比例缩放

使用 📐【按比例缩放】命令可将实体放大或者缩小一定的倍数，或生成一系列尺寸成等比例的实体。

选择要按比例缩放的草图，选择【工具】|【草图工具】|【缩放比例】菜单命令，在【属性管理器】中弹出【比例】的属性管理器，如图3-24所示。

图3-23 【旋转】的属性管理器　　　　图3-24 【比例】的属性管理器

（1）【比例缩放点】：单击 ◉【基准点】选择框，在图形区域中单击草图的某个点作为比例缩放的基准点，在 ◉【基准点】选择框中显示为【缩放所定义的点】。

（2）🔘【比例因子】：比例因子按算术方法递增（不按几何体方法）。

（3）【复制】：选择此选项，设置 ❖【复制数】数值，可将草图按比例缩放并复制。

3.3.3 剪裁草图

使用 ✂【剪裁】命令可用来裁剪或延伸某一草图实体，使之与另一个草图实体重合，或者删除某一草图实体。

图3-25 【剪裁】的
属性管理器

单击【草图】工具栏中的 ✂ 【剪裁实体】按钮或选择【工具】|【草图工具】|【剪裁】菜单命令，在【属性管理器】中弹出【剪裁】的属性管理器，如图3-25所示。

在【选项】选项组中可以设置以下参数。

（1）✚ 【强劲剪裁】：剪裁草图实体。拖动鼠标指针时，剪裁一个或多个草图实体到最近的草图实体处。

（2）✚ 【边角】：修改所选两个草图实体，直到它们以虚拟边角交叉。沿其自然路径延伸一个或两个草图实体时就会生成虚拟边角。

控制【边角】选项的因素如下。

· 选择的草图实体可以不同（如直线和圆弧、抛物线和直线等）。

· 根据草图实体的不同，剪裁操作可以延伸一个草图实体而缩短另一个草图实体，或同时延伸两个草图实体。

· 受所选草图实体的末端影响，剪裁操作可能发生在所选草图实体两端的任一端。

· 剪裁行为不受选择草图实体顺序的影响。

· 如果所选的两个草图实体之间不可能有几何上的自然交叉，则剪裁操作无效。

（3）✚ 【在内剪除】：剪裁位于两个所选边界之间的草图实体，例如，椭圆等闭环草图实体将会生成一个边界区域，方式与选择两个开环实体作为边界相同。

控制此选项的因素如下。

· 作为两个边界实体的草图实体可以不同。

· 选择要剪裁的草图实体必须与每个边界实体交叉一次，或与两个边界实体完全不交叉。

· 剪裁操作将会删除所选边界内部全部的有效草图实体。

· 要剪裁的有效草图实体包括开环草图实体，不包括闭环草图实体（如圆等）。

（4）✚ 【在外剪除】：剪裁位于两个所选边界之外的开环草图实体。

控制此选项的因素如下。

· 作为两个边界实体的草图实体可以不同。

· 边界不受所选草图实体端点的限制，将边界定义为草图实体的无限延续。

· 剪除操作将会删除所选边界外全部的有效草图实体。

· 要剪裁的有效草图实体包括开环草图实体，但不包括闭环草图实体（如圆等）。

（5）✚ 【剪裁到最近端】：删除草图实体到与另一草图实体如直线、圆弧、圆、椭圆、样条曲线、中心线等或模型边线的交点。

控制此选项的因素如下。

· 删除所选草图实体，直到与其他草图实体的最近交点。

· 延伸所选草图实体。实体延伸的方向取决于拖动鼠标指针的方向。

在草图上移动鼠标指针 ✂，一直到希望剪裁（或者删除）的草图实体以红色高亮显示，然后单击该实体。如果草图实体没有和其他草图实体相交，则整个草图实体被删除。草图剪裁也可以删除草图实体余下的部分。

3.3.4　延伸草图

使用 ⊤【延伸】命令可以延伸草图实体以增加其长度，如直线、圆弧或中心线等。常用于将一个草图实体延伸到另一个草图实体。

（1）选择【工具】|【草图工具】|【延伸】菜单命令。

（2）将鼠标指针 ⊤ 拖动到要延伸的草图实体上，如直线、圆弧或者中心线等，所选草图实体显示为红色，绿色的直线或圆弧表示草图实体延伸的方向。

（3）单击该草图实体，草图实体延伸到与下一草图实体相交。

提示： 如果预览显示延伸方向出错，将鼠标指针拖动到直线或者圆弧的另一半上并再一次预览。

3.3.5　分割、合并草图

✗【分割实体】命令是通过添加分割点将一个草图实体分割成两个草图实体。

（1）打开包含需要分割实体的草图。

（2）选择【工具】|【草图工具】|【分割实体】菜单命令，或在图形区域中用鼠标右键单击草图实体，在弹出的菜单中选择【分割实体】命令。当鼠标指针位于被分割的草图实体上时，会变成 ↘ 形状。

（3）单击草图实体上的分割位置，该草图实体被分割成两个草图实体，这两个草图实体间会添加一个分割点，如图3-26所示。

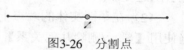

图3-26　分割点

3.3.6　派生草图

可从属于同一零件的另一草图派生草图，或从同一装配体中的另一草图派生草图。

从现有草图派生草图时，这两个草图将保持相同特性。对原始草图所做的更改将反映到派生草图中。通过拖动派生草图和标注尺寸，将草图定位在所选面上。派生的草图是固定链接的，它将作为单一实体被拖动。

不能在派生的草图中添加或者删除几何体，派生草图的形状总是与原始草图相同。但可用尺寸或者几何关系重新定义该草图。

更改原始草图时，派生的草图会自动更新。

如果要解除派生的草图与原始草图之间的链接，则在【特征管理器设计树】中用鼠标右键单击派生草图或零件的名称，然后在弹出的菜单中选择【解除派生】命令。链接解除后，即使对原始草图进行修改，派生的草图也不会再自动更新。

从同一零件的草图派生草图的步骤如下。

选择需要派生新草图的草图。按住Ctrl键并单击将放置新草图的面。选择【插入】|【派生草图】菜单命令，草图在所选面的基准面上出现。

从同一装配体中的草图派生草图的步骤如下。

用鼠标右键单击需要放置派生草图的零件。在弹出的菜单中选择【编辑零件】命令。在同一装配体中选择需要派生的草图。按住Ctrl键并单击鼠标左键放置新草图的面。选择【插入】|【派生草图】菜单命令，草图在选择面的基准面上出现，并可以进行编辑。

3.3.7 转换实体引用

使用【转换实体引用】命令可将其他特征上的边线投影到某草图平面上，此边线可以是作为等距的模型边线（包括一个或多个模型的边线、一个模型的面和该面所指定环的边线），也可以是作为等距的外部草图实体（包括一个或多个相连接的草图实体，或一个具有闭环轮廓线的草图实体等）。

（1）单击【标准】工具栏中的 ▷ 【选择】按钮，在图形区域中选择模型面或边线、环、曲线、外部草图轮廓线、一组边线、一组曲线等。

（2）单击【草图】工具栏中的 ⌂ 【草图绘制】按钮，进入草图绘制状态。

（3）单击【草图】工具栏中的 ⌐ 【转换实体引用】按钮或选择【工具】|【草图工具】|【转换实体引用】菜单命令，如图3-27所示，将模型面转换为草图实体，如图3-28所示。

图3-27　在草图工具栏中单击【转换实体引用】按钮

【转换实体引用】命令将自动建立以下几何关系。

（1）在新的草图曲线和草图实体之间的边线上建立几何关系，如果草图实体更改，曲线也会随之更新。

（2）在草图实体的端点上生成内部固定几何关系，使草图实体保持"完全定义"状态。当使用【显示/删除几何关系】命令时，不会显示此内部几何关系，拖动草图实体端点可移除几何关系。

3.3.8 等距实体

使用 ⅃ 【等距实体】命令可将其他特征的边线以一定的距离和方向偏移，偏移的特征可以是一个或多个草图实体、一个模型面、一条模型边线或外部草图曲线。

选择一个草图实体或者多个草图实体、一个模型面、一条模型边线或外部草图曲线等，单击【草图】工具栏中的 ⅃ 【等距实体】按钮或选择【工具】|【草图工具】|【等距实体】菜单命令，在【属性管理器】中弹出【等距实体】的属性管理器，如图3-29所示。

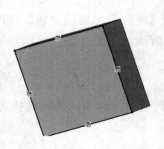

图3-28　将模型面转换为草图实体　　　　　　图3-29　【等距实体】的属性管理器

在【参数】选项组中设置以下参数。

（1）⌔ 【等距距离】：设置等距数值，或在图形区域中移动鼠标指针以定义等距距离。

（2）【添加尺寸】：在草图中添加等距距离，不会影响到原有草图实体中的任何尺寸。

（3）【反向】：更改单向等距的方向。

（4）【选择链】：生成所有连续草图实体的等距实体。

（5）【双向】：在图形区域的两个方向生成等距实体。

（6）【制作基体结构】：将原有草图实体转换为构造性直线。

（7）【顶端加盖】：通过选择【双向】选项并添加顶盖以延伸原有非相交草图实体，可以选中【圆弧】或【直线】单选按钮作为延伸顶盖的类型。

3.4 3D草图

3D草图由一系列直线、圆弧以及样条曲线构成。3D草图可以作为扫描路径，也可以用作放样或者扫描的引导线、放样的中心线等。

3.4.1 简介

单击【草图】工具栏中的 【3D草图】按钮或选择【插入】|【3D草图】菜单命令，开始绘制3D草图。

1. 3D草图坐标系

生成3D草图时，在默认情况下，通常是相对于模型中默认的坐标系进行绘制。如果要切换到另外两个默认基准面中的一个，则单击所需的草图绘制工具，然后按下Tab键，当前的草图基准面的原点显示出来。如果要改变3D草图的坐标系，则单击所需的草图绘制工具，按住Ctrl键，然后单击一个基准面、一个平面或一个用户定义的坐标系。如果选择一个基准面或者平面，3D草图基准面将进行旋转，使x、y草图基准面与所选项目对正。如果选择一个坐标系，3D草图基准面将进行旋转，使x、y草图基准面与该坐标系的x、y基准面平行。在开始3D草图绘制前，将视图方向改为【等轴测】，因为在此方向中x、y、z方向均可见，可以更方便地生成3D草图。

2. 空间控标

当使用3D草图绘图时，一个图形化的助手可以帮助定位方向，此助手被称为空间控标。在所选基准面上定义直线或者样条曲线的第一个点时，空间控标就会显示出来。使用空间控标可提示当前绘图的坐标，如图3-30所示。

图3-30 空间控标

3. 3D草图的尺寸标注

使用3D草图时，先按照近似长度绘制直线，然后再按照精确尺寸进行标注。选择两个点、一条直线或者两条平行线，可以添加一个长度尺寸。选择三个点或者两条直线，可以添加一个角度尺寸。

4. 直线捕捉

在3D草图中绘制直线时，可用直线捕捉零件中现有的几何体，如模型表面或顶点及草图点。如果沿一个主要坐标方向绘制直线，则不会激活捕捉功能；如果在一个平面上绘制直线，且系统推理出捕捉到一个空间点，则会显示一个暂时的3D图形框以指示不在平面上的捕捉。

3.4.2　3D直线

当绘制直线时，直线捕捉到的一个主要方向（即x、y、z）将分别被约束为水平、竖直或沿Z轴方向（相对于当前的坐标系为3D草图添加几何关系），但并不一定要求沿着这三个主要方向之一绘制直线，可在当前基准面中与一个主要方向成任意角度进行绘制。如果直线端点捕捉到现有的几何模型，可在基准面之外进行绘制。

一般是相对于模型中的默认坐标系进行绘制。如果需要转换到其他两个默认基准面，则选择【草图绘制】工具，然后按下Tab键，即显示当前草图基准面的原点。

（1）单击【草图】工具栏中的 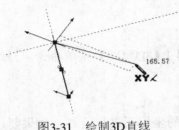 【3D草图】按钮或选择【插入】|【3D草图】菜单命令，进入3D草图绘制状态。

（2）单击【草图】工具栏中的 ＼ 【直线】按钮，在【属性管理器】中弹出【插入线条】属性管理器。在图形区域中单击鼠标左键开始绘制直线，此时出现空间控标，帮助在不同的基准面上绘制草图（如果想改变基准面，按下Tab键）。

（3）拖动鼠标指针至直线段的终点处。

（4）如果要继续绘制直线，可选择线段的终点，然后按下Tab键转换到另一个基准面。

（5）拖动鼠标指针直至出现第2段直线，然后释放鼠标，如图3-31所示。

图3-31　绘制3D直线

3.4.3　3D圆角

3D圆角的绘制方法如下。

（1）单击【草图】工具栏中的 ∿ 【3D草图】按钮或选择【插入】|【3D草图】菜单命令，进入3D草图绘制状态。

（2）单击【草图】工具栏中的 ⌐ 【绘制圆角】按钮或选择【工具】|【草图工具】|【圆角】菜单命令，在【属性管理器】中弹出【绘制圆角】的属性管理器。在【圆角参数】选项组中，设置 ⌐ 【半径】数值，如图3-32所示。

（3）选择两条相交的线段或选择其交叉点，即可绘制出圆角，如图3-33所示。

图3-32　【绘制圆角】的属性管理器

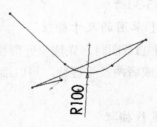

图3-33　绘制圆角

3.4.4　3D样条曲线

3D样条曲线的绘制方法如下。

（1）单击【草图】工具栏中的 【3D草图】按钮或选择【插入】|【3D草图】菜单命令，进入3D草图绘制状态。

（2）单击【草图】工具栏中的 ～【样条曲线】按钮或选择【工具】|【草图绘制实体】|【样条曲线】菜单命令。

（3）在图形区域中单击鼠标左键放置第一个点，拖动鼠标指针定义曲线的第一段，在【属性管理器】中弹出【样条曲线】的属性管理器，如图3-34所示，它比二维的【样条曲线】的属性管理器多了 ∧z【Z坐标】参数。

（4）每次单击鼠标左键都会出现空间控标来帮助在不同的基准面上绘制草图（如果想改变基准面，按Tab键）。

（5）重复前面的步骤，直到完成3D样条曲线的绘制。

3.4.5 3D草图点

3D草图点的绘制方法如下。

（1）单击【草图】工具栏中的 【3D草图】按钮或者选择【插入】|【3D草图】菜单命令，进入3D草图绘制状态。

（2）单击【草图】工具栏中的 ＊【点】按钮或者选择【工具】|【草图绘制实体】|【点】菜单命令。

（3）在图形区域中单击鼠标左键放置点，在【属性管理器】中弹出【点】属性管理器，如图3-35所示，它比二维的【点】的属性管理器多了 ■z【Z坐标】参数。

图3-34 【样条曲线】的属性管理器

图3-35 【点】的属性管理器

（4）【点】命令保持激活，可继续插入点。

如果需要改变【点】属性，可在3D草图中选择一个点，然后在【点】属性管理器中编辑其属性。

3.4.6 面部曲线

当使用从其他软件导入的文件时，可从一个面或曲面上提取iso-参数（UV）曲线，然后使用 ⊗【面部曲线】命令进行局部清理。

由此生成的每个曲线都将成为单独的3D草图。然而，如果使用【面部曲线】命令时正在编辑3D草图，那么所有提取的曲线都将被添加到激活的3D草图中。

输入一个零件，提取iso-参数曲线的步骤如下。

（1）选择【工具】|【草图工具】|【面部曲线】菜单命令，然后选择一个面或曲面。

（2）在【属性管理器】中弹出【面部曲线】属性管理器，曲线的预览显示在面上，不同的颜色表示曲线的不同方向（读者可以在实际操作中进行体会），与【面部曲线】属性管理器中的颜色相对应。该面的名称显示在【选择】选项组的 【面】选择框中，如图3-36所示。

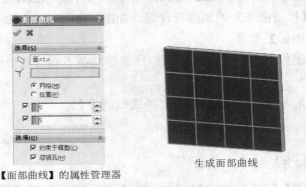

【面部曲线】的属性管理器　　　　　生成面部曲线

图3-36　面部曲线的属性设置及生成

（3）在【选择】选项组中，可选中【网格】或【位置】两个单选按钮之一。

· 【网格】：均匀放置的曲线，可为【方向1曲线数】和【方向2曲线数】指定数值。

· 【位置】：两个直交曲线的相交处，在图形区域中拖动鼠标指针以定义位置。

选中不同的单选按钮，其属性设置如图3-37所示。

图3-37　选中不同的单选按钮后的属性设置

如果不需要曲线，可以取消选择【方向1开/关】或【方向2开/关】选项。

（4）在【选项】选项组中，可选择以下两个选项。

· 【约束于模型】：选择此选项时，曲线随模型的改变而更新。

· 【忽视孔】：用于带内部缝隙或环的输入曲面。当选择此选项时，曲线通过孔而生成；当取消选择此选项时，曲线停留在孔的边线。

（5）单击 【确定】按钮，生成面部曲线。

3.5　标注尺寸

绘制完成草图后，可以标注草图的尺寸。工程图中的尺寸标注是与模型相关联的，而且模型中的变更会反映到工程图中。

3.5.1 智能尺寸

使用 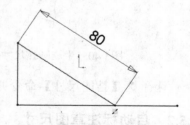【智能尺寸】命令可以给草图实体或其他对象标注尺寸。智能尺寸的形式取决于所选定的实体项目。对于某些形式的智能尺寸（如点到点、角度、圆等），尺寸所放置的位置也会影响其形式。

通常，在绘制草图实体时标注尺寸数值，按照此尺寸数值生成零件特征，然后将这些尺寸数值插入到各个工程视图中。工程图中的尺寸标注与模型中的相关联，模型中尺寸的更改会反映在工程图中，在工程图中更改插入的尺寸也会改变模型；还可在工程图文件中添加尺寸数值，但是这些尺寸数值是"参考"尺寸，并且是"从动"的，不能通过编辑其数值而改变模型。然而当更改模型的标注尺寸数值时，参考尺寸的数值也会随之发生改变。

在默认情况下，插入的尺寸显示为黑色，包括零件或装配体文件中显示为蓝色的尺寸（如拉伸深度等），参考尺寸显示为灰色，并带有括号。当尺寸被选中时，尺寸箭头上出现圆形控标。单击箭头控标，箭头向外或向内翻转（如果尺寸有两个控标，可以单击任一控标）。

在 【智能尺寸】命令被激活时，可拖动或删除尺寸。

1. 线性尺寸

单击【尺寸/几何关系】工具栏中的 【智能尺寸】按钮或选择【工具】|【标注尺寸】|【智能尺寸】菜单命令，也可在图形区域中用鼠标右键单击，然后在弹出的菜单中选择【智能尺寸】命令。默认的尺寸类型为平行尺寸。

定位智能尺寸项目。移动鼠标指针时，智能尺寸会自动捕捉到最近的方位。当预览显示出想要的位置及类型时，可单击鼠标左键锁定该尺寸。

智能尺寸项目有下列几种。

（1）直线或者边线的长度：选择要标注的直线，拖动到要标注的位置。

（2）直线之间的距离：选择两条平行直线，或者一条直线与一条与之平行的模型边线。

（3）点到直线的垂直距离：选择一个点，及一条直线或模型上的一条边线。

（4）点到点距离：选择两个点，然后为每个尺寸选择不同的位置，生成如图3-38所示的距离尺寸。

单击鼠标左键确定尺寸数值的位置。

图3-38　生成点到点距离的尺寸

2. 角度尺寸

要生成两条直线之间的角度尺寸，可先选择两条草图直线，然后为每个尺寸选择不同的位置。要在两条直线或一条直线和模型边线之间放置角度尺寸，可先选择两个草图实体，然后在其周围拖动鼠标指针，显示智能尺寸的预览。由于鼠标指针位置的改变，要标注的角度尺寸数值也会随之改变。

（1）单击【尺寸/几何关系】工具栏中的 【智能尺寸】按钮。

（2）单击其中一条直线。

（3）单击另一条直线或者模型边线。

（4）拖动鼠标指针显示角度尺寸的预览。

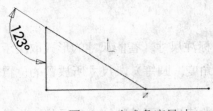

图3-39　生成角度尺寸

（5）单击鼠标左键确定尺寸数值的位置，生成如图3-39所示的角度尺寸。

3．圆弧尺寸

标注圆弧尺寸时，默认尺寸类型为半径。如果要标注圆弧的实际长度，可选择圆弧及其两个端点。

（1）单击【尺寸/几何关系】工具栏中的 ◇ 【智能尺寸】按钮。

（2）单击圆弧。

（3）单击圆弧的两个端点。

（4）拖动鼠标指针显示圆弧长度的预览。

（5）单击鼠标左键确定尺寸数值的位置，生成如图3-40所示的圆弧尺寸数值。

4．圆形尺寸

以一定角度放置圆形尺寸，尺寸数值显示为直径尺寸。将尺寸数值竖直或者水平放置，尺寸数值会显示为线性尺寸。如果要修改线性尺寸的角度，则单击该尺寸数值，然后拖动文字上的控标，尺寸以15°的增量进行捕捉。

（1）单击【尺寸/几何关系】工具栏中的 ◇ 【智能尺寸】按钮。

（2）选择圆形。

（3）拖动鼠标指针显示圆形直径的预览。

（4）单击鼠标左键确定尺寸数值的位置，生成如图3-41所示的圆形尺寸。

图3-40　生成圆弧尺寸

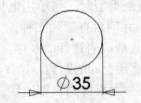

图3-41　生成圆形尺寸

选择 ◇ 【智能尺寸】命令并拖动控标，旋转尺寸数值可重新调整角度。

3.5.2　自动标注草图尺寸

自动标注草图尺寸的操作方法如下。

（1）保持草图处于激活状态，单击【尺寸/几何关系】工具栏中的 ◢ 【完全定义草图】按钮或者选择【工具】|【标注尺寸】|【完全定义草图】菜单命令，在【属性管理器】中弹出【完全定义草图】属性管理器。

（2）在【要完全定义的实体】选项组中，选中【草图中所有实体】单选按钮，可以标注所有草图实体的尺寸，单击【计算】按钮，显示出标注的尺寸，如图3-42所示；如果选中【所选实体】单选按钮，则通过单击图形区域中的实体来标注尺寸。

（3）在【几何关系】选择组中，可选择要标注尺寸的多种几何关系，单击 ✔ 【确定】按钮，尺寸即显示在草图中。

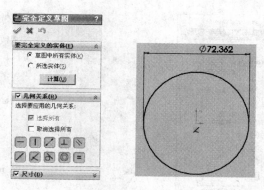

图3-42 计算并自动标注尺寸

3.5.3 修改尺寸

图3-43 【修改】对话框

要修改尺寸，可双击草图尺寸，在弹出的【修改】对话框中进行设置，如图3-43所示，然后单击 ✅【保存当前的数值并退出此对话框】按钮完成操作。

3.6 草图范例

这个范例要求绘制一个草图，如图3-44所示。下面介绍具体的绘制方法。

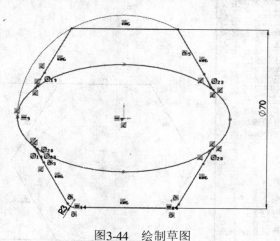

图3-44 绘制草图

3.6.1 进入草图绘制状态

（1）启动中文版SolidWorks 2010，单击【标准】工具栏中的 🗋【新建】按钮，弹出【新建SolidWorks文件】对话框，选择【零件】图标，单击【确定】按钮，生成新文件。

（2）单击【草图】工具栏中的 🖉【草图绘制】按钮，进入草图绘制状态。在【特征管理器设计树】中单击【前视基准面】图标，使前视基准面成为草图绘制平面。

3.6.2 绘制草图

（1）使用【草图】工具栏中的 ◉【多边形】按钮，以草图原点为中心绘制1个多边形，参数设置和结果如图3-45所示。

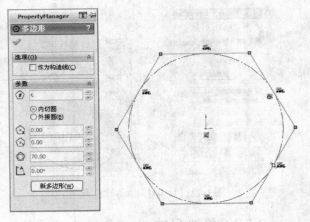

图3-45　多边形设置及绘制后的多边形

（2）单击 <i>智能尺寸</i>【智能尺寸】按钮，单击多边形的内切圆，直径尺寸将自动标注出来，如图3-46所示。

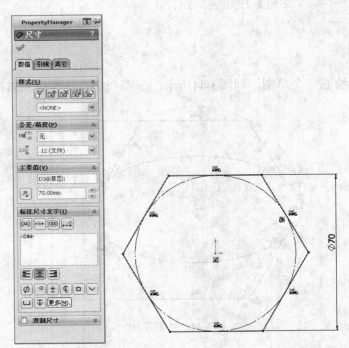

图3-46　多边形标注尺寸设置及设置后的多边形

（3）单击【绘图】工具栏中 【圆弧】按钮，选择三点圆弧，单击多边形上的三个顶点，生成一个圆弧，如图3-47所示。

（4）单击【绘图】工具栏中 【椭圆】按钮，单击原点和多边形的一个顶点绘制椭圆曲线，如图3-48所示。

（5）单击【绘图】工具栏中 【圆角】按钮，在【圆角半径】的微调框中输入"3"，单击绘图区中多边形下边线的两个顶点，如图3-49所示。

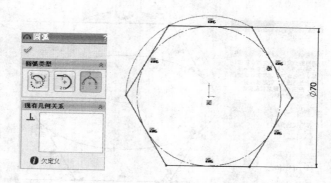

图3-47　三点绘制圆弧

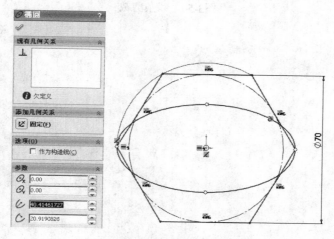

图3-48　椭圆绘制

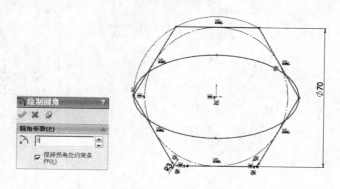

图3-49　圆角绘制

（6）单击【绘图】工具栏中的 【剪裁实体】按钮，在绘图区将相应的线条剪裁掉，如图3-50所示。

（7）单击 【退出草图】按钮，退出草图绘制状态。

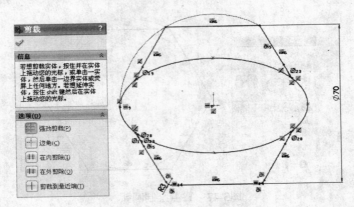

图3-50　线条剪裁

第4章　特征设计

本章主要介绍特征设计的方法，包括拉伸特征、旋转特征、扫描特征、放样特征、筋特征、孔特征、圆角特征、倒角特征和抽壳特征。

拉伸特征是由草图生成的实体零件的第一个特征，基体是实体的基础，在此基础上可以通过增加和减少材料实现各种复杂的实体零件，本章重点讲解增加材料的拉伸凸台特征和减少材料的拉伸切除特征。

旋转特征通过绕中心线旋转一个或多个轮廓来添加或移除材料，可以生成凸台/基体、旋转切除或旋转曲面，旋转特征可以是实体、薄壁特征或曲面。

扫描特征是通过沿着一条路径移动轮廓（截面）来生成基体、凸台、切除或曲面的方法，使用该方法可以生成复杂的模型零件。放样特征通过在轮廓之间进行过渡以生成特征，放样的对象可以是基体、凸台、切除或者曲面，可以使用两个或者多个轮廓生成放样，但仅第1个或者最后1个对象的轮廓可以是点。

筋特征用于在制定的位置生成加强筋；孔特征用于在给定位置生成直孔或异型孔；圆角特征一般给铸造类零件的边线添加圆角；倒角特征是在零件的边缘产生倒角；抽壳特征用于掏空零件，使选择的面敞开，在剩余的面上生成薄壁特征。

4.1　拉伸特征

4.1.1　拉伸凸台/基体特征

单击【特征】工具栏中的 【拉伸凸台/基体】按钮或选择【插入】|【凸台/基体】|【拉伸】菜单命令，在【属性管理器】中弹出【拉伸】的属性管理器，如图4-1所示。

1. 【从】选项组

该选项组用来设置特征拉伸的开始条件，其选项包括【草图基准面】、【曲面/面/基准面】、【顶点】和【等距】，如图4-2所示。

（1）【草图基准面】：以草图所在的基准面作为基础开始拉伸。

（2）【曲面/面/基准面】：以这些实体作为基础开始拉伸。操作时必须为【曲面/面/基准面】选择有效的实体，实体可以是平面或者非平面，平面实体不必与草图基准面平行，但草图必须完全在非平面曲面或者平面的边界内。

图4-1　【拉伸】的属性管理器

（3）【顶点】：从选择的顶点处开始拉伸。

（4）【等距】：从与当前草图基准面等距的基准面上开始拉伸，等距距离可以手动输入。

2. 【方向1】选项组

（1）【终止条件】：设置特征拉伸的终止条件，其选项如图4-3所示。单击 【反向】按钮，可沿预览中所示的相反方向拉伸特征。

图4-2 【从】选项 　　　　　　　　　　图4-3 【终止条件】选项

- 【给定深度】：设置给定的  【深度】数值以终止拉伸。
- 【成形到一顶点】：拉伸到在图形区域中选择的顶点。
- 【成形到一面】：拉伸到在图形区域中选择的一个面或基准面。
- 【到离指定面指定的距离】：拉伸到在图形区域中选择的一个面或基准面，然后设置 【等距距离】数值。
- 【成形到实体】：拉伸到在图形区域中所选择的实体或者曲面实体。在装配体中拉伸时，可用此选项延伸草图到所选的实体。如果拉伸的草图在所选实体或者曲面实体之外，此选项可执行面的自动延伸以终止拉伸。
- 【两侧对称】：设置 【深度】数值，从平面两侧的对称位置处生成拉伸特征。

（2） 【拉伸方向】：在图形区域中选择方向向量，并从垂直于草图轮廓的方向拉伸草图。

（3） 【拔模开/关】：设置【拔模角度】数值，如果有必要，选择【向外拔模】选项。

3．【方向2】选项组

该选项组中的参数用来设置同时从草图基准面向两个方向拉伸的相关参数，用法和【方向1】选项组基本相同。

4．【薄壁特征】选项组

该选项组中的参数可控制拉伸的 【厚度】（不是 【深度】）数值。薄壁特征基体是钣金零件的基础。

（1）【类型】：设置【薄壁特征】拉伸的类型，如图4-4所示。

- 【单向】：以同一 【厚度】数值沿一个方向拉伸草图。
- 【两侧对称】：以同一 【厚度】数值沿相反方向拉伸草图。
- 【双向】：以不同 【方向1厚度】、 【方向2厚度】数值沿相反方向拉伸草图。

（2）【顶端加盖】（如图4-5所示）：为薄壁特征拉伸的顶端加盖，生成一个中空的零件（仅限于闭环的轮廓草图）。

 【加盖厚度】（在选择了【顶端加盖】选项时可用）：设置薄壁特征从拉伸端到草图基准面的加盖厚度，只可用于模型中第一个生成的拉伸特征。

5．【所选轮廓】选项组

 【所选轮廓】：允许使用部分草图生成拉伸特征，可以在图形区域中选择草图轮廓和模型边线。

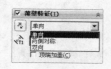

图4-4 【类型】选项

图4-5 选择【顶端加盖】复选框

4.1.2 拉伸切除特征

单击【特征】工具栏中的■【拉伸切除】按钮或选择【插入】|【切除】|【拉伸】菜单命令，在【属性管理器】中弹出【切除-拉伸】的属性管理器，如图4-6所示。

该属性管理器与【拉伸】属性管理器基本一致。不同之处是，在【方向1】选项组中多了【反侧切除】选项。

【反侧切除】（仅限于拉伸的切除）：移除轮廓外的所有部分，如图4-7所示。在默认情况下，从轮廓内部移除，如图4-8所示。

图4-6 【切除-拉伸】
的属性管理器

图4-7 反侧切除

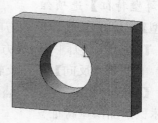

图4-8 默认切除

4.2 旋转凸台/基体特征

4.2.1 旋转凸台/基体特征的属性设置

单击【特征】工具栏中的◈【旋转凸台/基体】按钮或者选择【插入】|【凸台/基体】|【旋转】菜单命令，在【属性管理器】中弹出【旋转】的属性管理器，如图4-9所示。

1. 【旋转参数】选项组

（1）◣【旋转轴】：选择旋转所围绕的轴，根据生成旋转特征的类型来看，此轴可以为中心线、直线或者边线。

（2）【旋转类型】：从草图基准面中定义旋转方向，其选项如图4-10所示。

· 【单向】：沿单一方向生成旋转特征。

· 【两侧对称】：从草图基准面沿顺时针和逆时针两个方向生成旋转特征，此旋转轴位于旋转角度的中央。

· 【双向】：从草图基准面沿顺时针和逆时针两个方向生成旋转特征，可以设置▨【方向1角度】和▨【方向2角度】数值，两个角度的总和不能超过360°。

图4-9　【旋转】的属性管理器　　　　　　　　图4-10　【旋转类型】选项

（3）【反向】：单击该按钮，更改旋转方向。

（4）　【角度】：设置旋转角度，默认的角度为360°，沿顺时针方向从所选草图开始测量角度。

2．【薄壁特征】选项组

【类型】：设置旋转厚度的方向。

（1）【单向】：以同一　【方向1厚度】数值，从草图以单一方向添加薄壁特征体积。如果有必要，单击　【反向】按钮反转薄壁特征体积添加的方向。

（2）【两侧对称】：以同一　【方向1厚度】数值，并以草图为中心，在草图两侧使用均等厚度的体积添加薄壁特征。

（3）【双向】：在草图两侧添加不同厚度的薄壁特征的体积。设置　【方向1厚度】数值，从草图向外添加薄壁特征的体积；设置　【方向2厚度】数值，从草图向内添加薄壁特征的体积。

3．【所选轮廓】选项组

在使用多轮廓生成旋转特征时使用此选项。

单击　【所选轮廓】选择框，拖动鼠标指针　，在图形区域中选择适当轮廓，此时显示出旋转特征的预览，可以选择任何轮廓以生成单一或者多实体零件，单击　【确定】按钮，生成旋转特征。

4.2.2　旋转凸台/基体特征的操作步骤

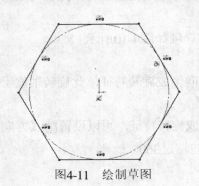

图4-11　绘制草图

生成旋转凸台/基体特征的操作步骤如下。

（1）绘制草图，以一个或多个轮廓以及一条中心线、直线或边线作为特征旋转所围绕的轴，如图4-11所示。

（2）单击【特征】工具栏中的　【旋转凸台/基体】按钮或选择【插入】|【凸台/基体】|【旋转】菜单命令，在【属性管理器】中弹出【旋转】的属性管理器，如图4-12所示，根据需要设置参数，单击　【确定】按钮，如图4-13所示。

图4-12 【旋转】的属性管理器

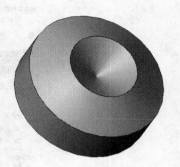

图4-13 生成旋转特征

4.3 扫描特征

扫描特征是沿着一条路径移动轮廓，生成基体、凸台、切除或者曲面的一种方法。

4.3.1 扫描特征使用的规则

扫描特征使用的规则如下。

（1）基体或凸台扫描特征的轮廓必须是闭环的；曲面扫描特征的轮廓可以是闭环的，也可以是开环的。

（2）路径可以是开环或者闭环。

（3）路径可以是一个草图、一条曲线或一组模型边线中包含的一组草图曲线。

（4）路径的起点必须位于轮廓的基准面上。

（5）不论是截面、路径或所形成的实体，都不能出现自相交叉的情况。

扫描特征时可利用引导线生成多轮廓特征及薄壁特征。

4.3.2 扫描特征的使用方法

扫描特征的使用方法如下。

（1）单击【特征】工具栏中的【扫描】按钮或选择【插入】|【凸台/基体】|【扫描】菜单命令。

（2）选择【插入】|【切除】|【扫描】菜单命令。

（3）单击【曲面】工具栏中的【扫描曲面】按钮或选择【插入】|【曲面】|【扫描曲面】菜单命令。

4.3.3 扫描特征的属性设置

单击【特征】工具栏中的【扫描】按钮或者选择【插入】|【凸台/基体】|【扫描】菜单命令，在【属性管理器】中弹出【扫描】的属性管理器，如图4-14所示。

1. 【轮廓和路径】选项组

（1）【轮廓】：设置用来生成扫描的草图轮廓。在图形区域中或【特征管理器设计树】

中选择草图轮廓。基体或凸台的扫描特征轮廓应为闭环，曲面扫描特征的轮廓可为开环或闭环。

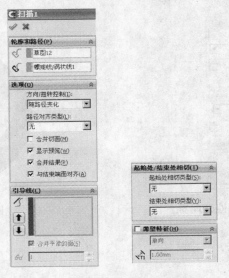

图4-14 【扫描】的属性管理器

（2） 【路径】：设置轮廓扫描的路径。路径可以是开环或者闭环，是草图中的一组曲线、一条曲线或一组模型边线，但路径的起点必须位于轮廓的基准面上。

提示：不论是轮廓、路径或形成的实体，都不能自相交叉。

2. 【选项】选项组

（1）【方向/扭转控制】：控制轮廓在沿路径扫描时的方向，其选项如图4-15所示。

- 【随路径变化】：轮廓相对于路径时刻保持处于同一角度。
- 【保持法向不变】：使轮廓总是与起始轮廓保持平行。
- 【随路径和第一引导线变化】：中间轮廓的扭转由路径到第一条引导线的向量决定，在所有中间轮廓的草图基准面中，该向量与水平方向之间的角度保持不变。
- 【随第一和第二引导线变化】：中间轮廓的扭转由第一条引导线到第二条引导线的向量决定。
- 【沿路径扭转】：沿路径扭转轮廓。可以按照度数、弧度或旋转圈数定义扭转。
- 【以法向不变沿路径扭曲】：在沿路径扭曲时，保持与开始轮廓平行，沿路径扭转轮廓。

（2）【定义方式】(在设置【方向/扭转控制】为【沿路径扭转】或【以法向不变沿路径扭曲】时可用)：定义扭转的形式，可以选择【度数】、【弧度】、【旋转】选项，也可单击 【反向】按钮，其选项如图4-16所示。

图4-15 【方向/扭转控制】选项   图4-16 【定义方式】选项

【扭转角度】：在扭转中设置度数、弧度或旋转圈数的数值。

（3）【路径对齐类型】（在设置【方向/扭转控制】为【随路径变化】时可用）：当路径上出现少许波动或不均匀波动，使轮廓不能对齐时，可将轮廓稳定下来，其选项如图4-17所示。

图4-17 【路径对齐类型】选项

- 【无】：按垂直于轮廓的方向对齐轮廓，不进行纠正，如图4-18所示。

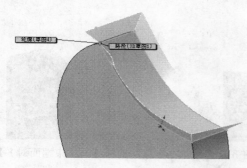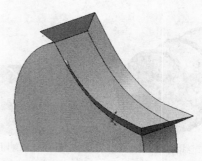

图4-18 设置【路径对齐类型】为【无】

- 【最小扭转】（只对于3D路径）：阻止轮廓在随路径变化时自我相交。
- 【方向向量】：按照所选择的向量方向对齐轮廓，选择设定方向向量的实体，如图4-19所示。

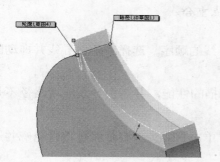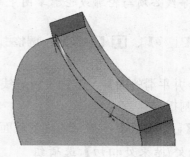

图4-19 设置【路径对齐类型】为【方向向量】

↗ 【方向向量】（在设置【路径对齐类型】为【方向向量】时可用）：选择基准面、平面、直线、边线、圆柱、轴、特征上的顶点组等以设置方向向量。

- 【所有面】：当路径包括相邻面时，使扫描轮廓在几何关系可能的情况下与相邻面相切，如图4-20所示。

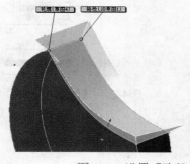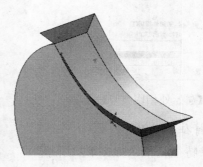

图4-20 设置【路径对齐类型】为【所有面】

（4）【合并切面】：如果扫描轮廓具有相切线段，可使产生的扫描中的相应曲面相切，保持相切的面可以是基准面、圆柱面或锥面。

（5）【显示预览】：显示扫描的上色预览，取消选择此项，则只显示轮廓和路径。

（6）【合并结果】：将多个实体合并成一个实体。

（7）【与结束端面对齐】：将扫描轮廓延伸到路径所遇到的最后一个面。扫描的面被延伸或缩短以与扫描端点处的面相匹配，而不要求额外几何体。此选项常用于螺旋线，如图4-21所示。

螺旋线结构　　　　　选择【与结束端面对齐】选项　　取消选择【与结束端面对齐】选项

图4-21　螺旋线端面对齐方式

3.　【引导线】选项组

（1）　✐【引导线】：在轮廓沿路径扫描时加以引导以生成特征。

注意：引导线必须与轮廓或轮廓草图中的点重合。

（2）　↑【上移】、↓【下移】：调整引导线的顺序。选择一条引导线并拖动鼠标指针以调整轮廓顺序。

（3）　【合并平滑的面】：改进带引导线扫描的性能，并在引导线或者路径不是曲率连续的所有点处分割扫描。

（4）　🔄【显示截面】：显示扫描的截面。单击🔁箭头，按截面数查看轮廓并进行删减。

4.　【起始处/结束处相切】选项组

（1）【起始处相切类型】：其选项如图4-22所示。

· 【无】：不应用相切。

· 【路径相切】：垂直于起始点路径而生成扫描。

（2）【结束处相切类型】：与【起始处相切类型】的选项相同，如图4-23所示，在此不做赘述。

图4-22　【起始处相切类型】选项　　　　　图4-23　【结束处相切类型】选项

5.　【薄壁特征】选项组

生成的薄壁特征扫描，如图4-24所示。

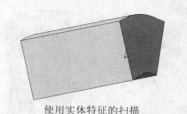
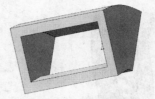

使用实体特征的扫描　　　　　　　使用薄壁特征的扫描

图4-24 生成薄壁特征扫描

【类型】：设置【薄壁特征】扫描的类型，其选项如图4-25
所示。

图4-25 【类型】选项

· 【单向】：设置同一 【厚度】数值，以单一方向从轮廓
生成薄壁特征。

· 【两侧对称】：设置同一 【厚度】数值，以两个方向从
轮廓生成薄壁特征。

· 【双向】：设置不同 【厚度1】、 【厚度2】数值，以相反的两个方向从轮廓生成薄
壁特征。

4.3.4 扫描特征的操作步骤

生成扫描特征的操作步骤如下。

（1）选择【插入】|【凸台/基体】|【扫描】菜单命令，在【属性管理器】中弹出【扫描】
属性管理器。在【轮廓和路径】选项组中单击 【轮廓】选择框，在图形区域中选择草图1，
单击 【路径】选择框，在图形区域中选择草图2，如图4-26所示。

（2）在【选项】选项组中，设置【方向/扭转控制】为【随路径变化】，【路径对齐类型】
为【无】，单击 【确定】按钮，如图4-27所示。

（3）在【选项】选项组中，设置【方向/扭转控制】为【保持法向不变】，单击 【确定】
按钮，如图4-28所示。

图4-26 【扫描】的属性管理器及选择草图

图4-27 【随路径变化】扫描图   图4-28 【保持法线不变】扫描图

4.4 放样特征

放样特征通过在轮廓之间进行过渡以生成特征，放样的对象可以是基体、凸台、切除或者曲面，可用两个或多个轮廓生成放样，但仅第一个或最后一个对象的轮廓可以是点。

4.4.1 放样特征的使用方法

放样特征的使用方法如下。

（1）单击【特征】工具栏中的 【放样凸台/基体】按钮或选择【插入】|【凸台/基体】|【放样】菜单命令。

（2）选择【插入】|【切除】|【放样】菜单命令。

（3）单击【曲面】工具栏中的 【放样曲面】按钮或选择【插入】|【曲面】|【放样】菜单命令。

4.4.2 放样特征的属性设置

选择【插入】|【凸台/基体】|【放样】菜单命令，在【属性管理器】中弹出【放样】的属性管理器，如图4-29所示。

图4-29 【放样】的属性管理器

1. 【轮廓】选项组

（1）（此处图标）【轮廓】：用来生成放样的轮廓，可以选择要放样的草图轮廓、面或者边线。

（2）【上移】、【下移】：调整轮廓的顺序。

提示：如果放样预览显示放样不理想，重新选择或将草图重新组序以在轮廓上连接不同的点。

2. 【起始/结束约束】选项组

（1）【开始约束】、【结束约束】：应用约束以控制开始和结束轮廓的相切，其选项如图4-30所示。

图4-30　【开始约束】、【结束约束】选项

· 【无】：不应用相切约束（即曲率为零）。
· 【方向向量】：根据所选的方向向量应用相切约束。
· 【垂直于轮廓】：应用在垂直于开始或者结束轮廓处的相切约束。

（2）【方向向量】（在设置【开始/结束约束】为【方向向量】时可用）：按照所选择的方向向量应用相切约束，放样与所选线性边线或轴相切，或与所选面或基准面的法线相切，如图4-31所示。

（3）【拔模角度】（在设置【开始/结束约束】为【方向向量】或【垂直于轮廓】时可用）：为起始或结束轮廓应用拔模角度，如图4-32所示。

图4-31　设置【开始约束】为【方向向量】时的参数

（4）【起始/结束处相切长度】（在设置【开始/结束约束】为【无】时不可用）：控制对放样的影响量，如图4-33所示。

图4-32　【拔模角度】参数

图4-33　【起始/结束处相切长度】参数

（5）【应用到所有】：显示一个为整个轮廓控制所有约束的控标，取消选择此选项，显示可允许单个线段控制约束的多个控标。

在选择不同【开始/结束约束】选项时的效果如图4-34所示。

设置【起始约束】为【无】
设置【结束约束】为【无】

设置【起始约束】为【无】
设置【结束约束】为【垂直于轮廓】

设置【开始约束】为【垂直于轮廓】
设置【结束约束】为【无】

设置【开始约束】为【垂直于轮廓】
设置【结束约束】为【垂直于轮廓】

设置【开始约束】为【方向向量】
设置【结束约束】为【无】

设置【开始约束】为【方向向量】
设置【结束约束】为【垂直于轮廓】

图4-34　选择不同【开始/结束约束】选项时的效果

3.　【引导线】选项组

（1）【引导线感应类型】：控制引导线对放样的影响力，其选项如图4-35所示。

图4-35　【引导线感应
类型】选项

- 【到下一引线】：只将引导线延伸到下一引导线。
- 【到下一尖角】：只将引导线延伸到下一尖角。
- 【到下一边线】：只将引导线延伸到下一边线。
- 【整体】：将引导线影响力延伸到整个放样。

选择不同【引导线感应类型】选项时的效果如图4-36所示。

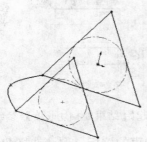

两个轮廓和1条引导线

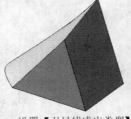

设置【引导线感应类型】
为【到下一尖角】

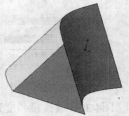

设置【引导线感应类型】
为【整体】

图4-36　选择不同【引导线感应类型】选项时的效果

（2） 【引导线】：选择引导线来控制放样。

（3）**↑【上移】**、**↓【下移】**：调整引导线的顺序。

（4）【草图<n>-相切】：控制放样与引导线相交处的相切关系（n为所选引导线标号）。其选项如图4-37所示。

·【无】：不应用相切约束。

·【方向向量】：根据所选的方向向量应用相切约束。

·【与面相切】（在引导线位于现有几何体的边线上时可用）：在位于引导线路径上的相邻面之间添加边侧相切，从而在相邻面之间生成更平滑的过渡。

提示： 为获得最佳结果，轮廓在其与引导线相交处还应与相切面相切。理想的公差是 2° 或者小于2°，可以使用连接点离相切面小于 30° 的轮廓（角度大于30°，放样就会失败）。

（5）**↗【方向向量】**（在设置【边线<n>-相切】为【方向向量】时可用）：根据所选的方向向量应用相切约束，放样与所选线性边线或者轴相切，也可以与所选面或者基准面的法线相切。

（6）【拔模角度】（在设置【边线<n>-相切】为【方向向量】或者【垂直于轮廓】时可用）：只要几何关系成立，将拔模角度沿引导线应用到放样。

4. 【中心线参数】选项组

（1） 【中心线】：使用中心线引导放样形状。

（2）【截面数】：在轮廓之间并围绕中心线添加截面。

（3）**🔍【显示截面】**：显示放样截面。单击⬆箭头显示截面，也可输入截面数，然后单击**🔍【显示截面】**按钮跳转到该截面。

5. 【草图工具】选项组

使用【Selection Manager（选择管理器）】帮助选择草图实体。

（1）【拖动草图】：激活拖动模式，当编辑放样特征时，可从任何已经为放样定义了轮廓线的3D草图中拖动3D草图线段、点或基准面，3D草图在拖动时自动更新。如果需要退出草图拖动状态，再次单击【拖动草图】按钮即可。

（2）**↶【撤销草图拖动】**：撤销先前的草图拖动并将预览返回到其先前状态。

6. 【选项】选项组（如图4-38所示）

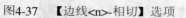

图4-37　【边线<n>-相切】选项　　　　　　　　　　　图4-38　【选项】选项组

（1）【合并切面】：如果对应的线段相切，则保持放样中的曲面相切。

（2）【闭合放样】：沿放样方向生成闭合实体，选择此选项会自动连接最后一个和第一个草图实体。

（3）【显示预览】：显示放样的上色预览；取消选择此选项，则只能查看路径和引导线。

（4）【合并结果】：合并所有放样要素。

7.【薄壁特征】选项组

【类型】：设置【薄壁特征】放样的类型，如图4-39所示。

（1）【单向】：设置同一 🖊 【厚度】数值，以单一方向从轮廓生成薄壁特征。

（2）【两侧对称】：设置同一 🖊 【厚度】数值，以两个方向从轮廓生成薄壁特征。

（3）【双向】：设置不同 🖊 【厚度1】、🖊 【厚度2】数值，以两个相反的方向从轮廓生成薄壁特征。

4.4.3 放样特征的操作步骤

生成放样特征的操作步骤如下。

（1）打开需要放样的草图。选择【插入】|【凸台/基体】|【放样】菜单命令，在【属性管理器】中弹出【放样】属性管理器。在【轮廓】选项组中，单击 🔲 【轮廓】选择框，在图形区域中分别选择矩形草图的一个顶点和六边形草图的一个顶点，如图4-40所示，单击 ✅ 【确定】按钮，结果如图4-41所示。

图4-39　类型选项

图4-40　【轮廓】选项组

（2）在【轮廓】选项组中，单击 🔲 【轮廓】选择框，在图形区域中分别选择矩形草图的一个顶点和六边形草图的另一个顶点，单击 ✅ 【确定】按钮，结果如图4-42所示。

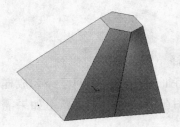

图4-41　生成放样特征（1）

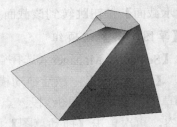

图4-42　生成放样特征（2）

（3）在【起始/结束约束】选项组中，设置【开始约束】为【垂直于轮廓】，如图4-43所示，单击 ✅ 【确定】按钮，结果如图4-44所示。

图4-43　【起始/结束约束】选项组

图4-44　生成放样特征

4.5 筋特征

筋是从开环或闭环绘制的轮廓所生成的特殊类型拉伸特征。它在轮廓与现有零件之间添加指定方向和厚度的材料，可使用单一或多个草图生成筋，也可以用拔模生成筋特征，或者选择某一要拔模的参考轮廓。

4.5.1 筋特征的属性设置

单击【特征】工具栏中的 ┗【筋】按钮或选择【插入】|【特征】|【筋】菜单命令，在【属性管理器】中弹出【筋】的属性管理器，如图4-45所示。

图4-45 【筋】的属性管理器

1．【参数】选项组

（1）【厚度】：在草图边缘添加筋的厚度。

·▨【第一边】：只延伸草图轮廓到草图的一边。

·▨【两侧】：均匀延伸草图轮廓到草图的两边。

·▨【第二边】：只延伸草图轮廓到草图的另一边。

（2）⌁【筋厚度】：设置筋的厚度。

（3）【拉伸方向】：设置筋的拉伸方向。

·▨【平行于草图】：平行于草图生成筋拉伸。

·▧【垂直于草图】：垂直于草图生成筋拉伸。

选择不同选项时的效果如图4-46所示。

（4）【反转材料方向】：更改拉伸的方向。

（5）▧【拔模开/关】：添加拔模特征到筋，可以设置【拔模角度】。

【向外拔模】（在▧【拔模开/关】被选择时可用）：生成向外拔模角度；取消选择此选项，将生成向内拔模角度。

（6）【类型】（在【拉伸方向】中单击▧【垂直于草图】按钮时可用）。

·【线性】：生成与草图方向相垂直的筋。

·【自然】：生成沿草图轮廓延伸方向的筋。例如，如果草图为圆或者圆弧，则自然使用圆形延伸筋，直到与边界汇合。

（7）【下一参考】（在【拉伸方向】中单击▨【平行于草图】按钮且单击▧【拔模开/关】按钮时可用）：切换草图轮廓，可以选择拔模所用的参考轮廓。

2．【所选轮廓】选项组

【所选轮廓】参数用来列举生成筋特征的草图轮廓。

4.5.2 筋特征的操作步骤

生成筋特征的操作步骤如下。

（1）选择一个草图。

（2）选择【插入】|【特征】|【筋】菜单命令，在【属性管理器】中弹出【筋】的属性管理器。在【参数】选项组中，单击▨【两侧】按钮，设置⌁【筋厚度】为30mm，在【拉伸方

向】中单击⚙️【平行于草图】按钮，取消选择【反转材料边】选项，如图4-47所示。

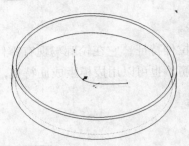

选择面上单一开环草图生成筋特征
（箭头指示筋特征的方向）

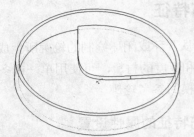

单击【平行于草图】按钮，
生成筋特征

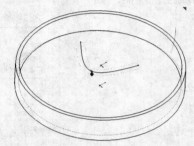

选择平行基准面上的草图生成筋特征，与使用【拉伸
凸台/基体】具有相同的功能（箭头指示筋特征的方向）

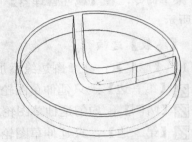

单击【垂直于草图】按钮，
生成筋特征

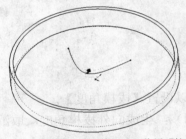

使用基准面上的草图生成筋特征，与使用【拉伸凸
台/基体】具有相同的功能（箭头指示筋特征的方向）

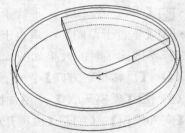

单击【平行于草图】按钮，
生成筋特征

图4-46　选择不同筋拉伸方向的效果

（3）单击 ✅【确定】按钮，结果如图4-48所示。

图4-47　【参数】选项组的参数设置

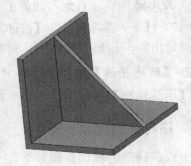

图4-48　生成筋特征

4.6 孔特征

孔特征是在模型上生成各种类型的孔。在平面上放置孔并设置深度，可以通过标注尺寸的方法定义其位置。

作为设计者，一般是在设计阶段临近结束时生成孔，这样可避免因为疏忽而将材料添加到先前生成的孔内。如果准备生成不需要其他参数的孔，可以选择【简单直孔】命令；如果准备生成具有复杂轮廓的异型孔（如锥孔等），则一般会选择【异型孔向导】命令。两者相比较，【简单直孔】命令在生成不需要其他参数的孔时，可以提供比【异型孔向导】命令更优越的性能。

4.6.1 孔特征的属性设置

1. 简单直孔

选择【插入】|【特征】|【孔】|【简单直孔】菜单命令，在【属性管理器】中弹出【孔】的属性管理器，如图4-49所示。

（1）【从】选项组（如图4-50所示）。

图4-49 【孔】的属性管理器

图4-50 【从】选项组选项

· 【草图基准面】：从草图所在基准面开始生成简单直孔。

· 【曲面/面/基准面】：从这些实体之一开始生成简单直孔。

· 【顶点】：从所选顶点的位置开始生成简单直孔。

· 【等距】：从与当前草图基准面等距的基准面上生成简单直孔。

（2）【方向1】选项组。

· 【终止条件】：其选项如图4-51所示。

图4-51 【终止条件】选项

【给定深度】：从草图基准面以指定距离延伸特征。

【完全贯穿】：从草图的基准面延伸特征直到贯穿所有现有的几何体。

【成形到下一面】：从草图基准面延伸特征到下一面（隔断整个轮廓）以生成特征。

【成形到一顶点】：从草图基准面延伸特征到某一平面，这个平面平行于草图基准面且穿越指定的顶点。

【成形到一面】：从草图基准面延伸特征到所选曲面以生成特征。

【到离指定面指定的距离】：从草图基准面到某面的特定距离处生成特征。

- ↗【拉伸方向】：用于在除垂直于草图轮廓以外的其他方向拉伸孔。

- 【深度】或【等距距离】：在设置【终止条件】为【给定深度】或者【到离指定面指定的距离】时可用（在选择【给定深度】选项时，此选项为【深度】；在选择【到离指定面指定的距离】选项时，此选项为【等距距离】）。

- ⊘【孔直径】：设置孔的直径。

- 【反向等距】（在设置【终止条件】为【到离指定面指定的距离】时可用）：以与所选 ◇【面/平面】相反的方向应用指定的【等距距离】。

- 【转化曲面】（在设置【终止条件】为【到离指定面指定的距离】时可用）：相对于所选 ◇【面/平面】应用指定的【等距距离】；如果需要使用真实等距，取消选择【转化曲面】选项。

- ▣【拔模开/关】：添加拔模到孔，可以设置【拔模角度】。选择【向外拔模】选项，则向外拔模。

设置【终止条件】为【到离指定面指定的距离】时，各参数如图4-52所示。

2. 异型孔

单击【特征】工具栏中的 ▣【异型孔向导】按钮或选择【插入】|【特征】|【孔】|【向导】菜单命令，在【属性管理器】中弹出【孔规格】的属性管理器，如图4-53所示。

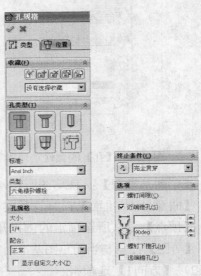

图4-52　设置【终止条件】为【到离指　　　　　图4-53　【孔规格】的属性管理器
　　　　定面指定的距离】时的参数

（1）【孔规格】属性管理器包括两个选项卡。

- 【类型】：设置孔类型参数。

- 【位置】：在平面或非平面上找出异型孔向导孔，使用尺寸和其他草图绘制工具定位孔中心。

可在这些选项卡之间进行转换。例如，选择【位置】选项卡定义孔的位置，选择【类型】选项卡定义孔的类型，然后再次选择【位置】选项卡添加更多孔。

（2）【孔规格】选项组。

【孔规格】选项组会根据孔的类型而有所不同，孔的类型包括 ![柱孔图标]【柱孔】、![锥孔图标]【锥孔】、![孔图标]【孔】、![螺纹孔图标]【螺纹孔】、![管螺纹孔图标]【管螺纹孔】、![旧制孔图标]【旧制孔】。

·【标准】：选择孔的标准，如【Ansi Metric】或者【JIS】等。

·【类型】：选择孔的类型，以【Ansi Inch】标准为例，其选项如图4-54所示（【旧制孔】为在SolidWorks 2010版本之前生成的孔，在此不做赘述）。

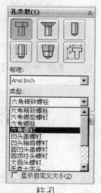
柱孔

锥孔

孔

螺纹孔

管螺纹孔

图4-54 【类型】选项

·【大小】：为螺纹件选择尺寸大小。

·【配合】（在单击【柱孔】和【锥孔】按钮时可用）：为扣件选择配合形式，其选项如图4-55所示。

（3）【截面尺寸】选项组（在单击【旧制孔】按钮时可用）。

双击任一数值可进行编辑。

（4）【终止条件】选项组，如图4-56所示。

【终止条件】选项组中的类型根据孔类型的变化而有所不同。

·![盲孔深度图标]【盲孔深度】（在设置【终止条件】为【给定深度】时可用）：设定孔的深度。对于【螺纹孔】，可以设置【螺纹线类型】和![螺纹线深度图标]【螺纹线深度】，如图4-57所示；对于【管螺纹孔】，可以设置![螺纹线深度图标]【螺纹线深度】，如图4-58所示。

·![顶点图标]【顶点】（在设置【终止条件】为【成形到一顶点】时可用）：将孔特征延伸到选择的顶点处。

图4-55 【配合】选项

图4-56 【终止条件】选项组中的类型选项

图4-57 设置【螺纹孔】的【终止条件】
为【给定深度】

图4-58 设置【管螺纹孔】的【终止条件】
为【给定深度】

- 【面/曲面/基准面】（在设置【终止条件】为【成形到一面】或者【到离指定面指定的距离】时可用）：将孔特征延伸到选择的面、曲面或基准面处。
- 【等距距离】（在设置【终止条件】为【到离指定面指定的距离】时可用）：将孔特征延伸到从所选面、曲面或基准面设置的等距距离的平面处。

（5）【选项】选项组（如图4-59所示）。

【选项】选项组包括 【螺钉间隙】、 【近端锥孔直径】、 【近端锥孔角度】、 【下头锥孔直径】、 【下头锥孔角度】、 【远端锥孔直径】、 【远端锥孔角度】等选项，可以根据孔类型的不同而发生变化。

（6）【收藏】选项组。

用于管理可在模型重新使用的常用异型孔清单，如图4-60所示。

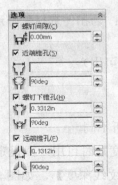

图4-59 【选项】选项组

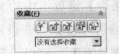

图4-60 【常用类型】选项组

- 【应用默认/无常用类型】：重设到【没有选择最常用的】及默认设置。
- 【添加或更新常用类型】：将所选异型孔向导孔添加到常用类型清单中。

如果需要添加常用类型，单击 【添加或更新常用类型】按钮，弹出【添加或更新常用类型】对话框，输入名称，如图4-61所示，单击【确定】按钮。

· 【删除常用类型】：删除所选的常用类型。

· 【保存常用类型】：保存所选的常用类型。

· 【装入常用类型】：载入常用类型。

（7）【显示自定义大小】选项组（如图4-62所示）。

【显示自定义大小】选项组会根据孔类型的不同而发生变化。

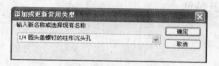

图4-61 【添加或更新常用类型】对话框　　　图4-62 【显示自定义大小】选项组

4.6.2 孔特征的操作步骤

生成孔特征的操作步骤如下。

（1）选择【插入】|【特征】|【孔】|【简单直孔】菜单命令，在【属性管理器】中弹出【孔】属性管理器。在【从】选项组中，选择【草图基准面】，在【方向1】选项组中，设置【终止条件】为【给定深度】，【深度】为10mm，【孔直径】为30mm，【拔模角度】为26deg，如图4-63所示，单击【确定】按钮，结果如图4-64所示。

（2）选择【插入】|【特征】|【孔】|【向导】菜单命令，在【属性管理器】中弹出【孔规格】的属性管理器。选择【类型】选项卡，在【孔类型】选项组中，单击【锥孔】按钮，设置【标准】为【GB】，【类型】为【内六角花形沉头螺钉GB】，【大小】为【M10】，【配合】为【正常】；在【终止条件】选项组中，设置【终止条件】为【完全贯穿】，如图4-65所示。选择【位置】选项卡，在图形区域中定义点的位置，单击【确定】按钮，结果如图4-66所示。

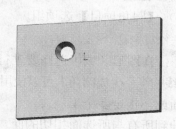

图4-63 【孔】的属性管理器　　　图4-64 生成简单直孔特征　　　图4-65 【孔规格】的属性管理器

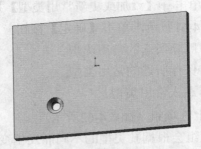

图4-66　生成异型孔特征

4.7 圆角特征

圆角特征是在零件上生成内圆角面或者外圆角面的一种特征，可在一个面的所有边线、所选的多组面、所选的边线或边线环上生成圆角。

4.7.1 圆角特征的生成规则

一般而言，在生成圆角时应遵循以下规则。

（1）在添加小圆角之前添加较大圆角。当有多个圆角汇聚于一个顶点时，先生成较大的圆角。

（2）在生成圆角前先添加拔模特征。如果要生成具有多个圆角边线及拔模面的铸模零件，在大多数情况下，应在添加圆角之前添加拔模特征。

（3）最后添加装饰用的圆角。在大多数其他几何体定位后尝试添加装饰圆角，添加的时间越早，系统重建零件需要花费的时间越长。

（4）如果要加快零件重建的速度，使用一次生成多个圆角的方法处理需要相同半径圆角的多条边线。

4.7.2 圆角特征的属性设置

图4-67　【圆角类型】
选项组

选择【插入】|【特征】|【圆角】菜单命令，在【属性管理器】中弹出【圆角】的属性管理器。在【手工】模式中，【圆角类型】选项组如图4-67所示。

1. 等半径

在整个边线上生成具有相同半径的圆角。选中【等半径】单选按钮，属性设置如图4-68所示。

（1）【圆角项目】选项组。

- 【半径】：设置圆角的半径。

- 【边线、面、特征和环】：在图形区域中选择要进行圆角处理的实体。

- 【多半径圆角】：以不同边线的半径生成圆角，可以使用不同半径的三条边线生成圆角，但不能为具有共同边线的面或环指定多个半径。

- 【切线延伸】：将圆角延伸到所有与所选面相切的面。

- 【完整预览】：显示所有边线的圆角预览。

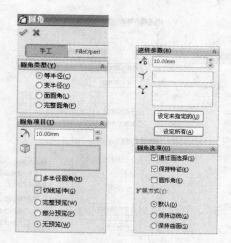

图4-68 选中【等半径】单选按钮后的属性设置

- 【部分预览】：只显示一条边线的圆角预览。
- 【无预览】：可以缩短复杂模型的重建时间。

（2）【逆转参数】选项组。

在混合曲面之间沿着模型边线生成圆角并形成平滑的过渡。

- ⚲ 【距离】：在顶点处设置圆角逆转距离。
- ⟨ 【逆转顶点】：在图形区域中选择一个或者多个顶点。
- ⟨ 【逆转距离】：以相应的 ⚲ 【距离】数值列举边线数。
- 【设定未指定的】：应用当前的 ⚲ 【距离】数值到 ⟨ 【逆转距离】下没有指定距离的所有项目。
- 【设定所有】：应用当前的 ⚲ 【距离】数值到 ⟨ 【逆转距离】下的所有项目。

（3）【圆角选项】选项组。

- 【通过面选择】：应用通过隐藏边线的面选择边线。
- 【保持特征】：如果应用一个大到可以覆盖特征的圆角半径，则保持切除或者凸台特征使其可见。
- 【圆形角】：生成含圆形角的等半径圆角。必须选择至少两个相邻边线使其圆角化，圆形角在边线之间有平滑过渡，可以消除边线汇合处的尖锐接合点。
- 【扩展方式】：控制在单一闭合边线（如圆、样条曲线、椭圆等）上圆角在与边线汇合时的方式。

　　【默认】：由应用程序选中【保持边线】或【保持曲面】单选按钮。

　　【保持边线】：模型边线保持不变，而圆角则进行调整。

　　【保持曲面】：圆角边线调整为连续和平滑，而模型边线更改以与圆角边线匹配。

2. 变半径

生成含可变半径值的圆角，使用控制点帮助定义圆角。选中【变半径】单选按钮，属性设置如图4-69所示。

（1）【圆角项目】选项组。

- 🔲【边线、面、特征和环】：在图形区域中选择需要圆角处理的实体。

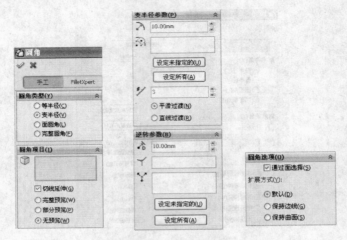

图4-69 选中【变半径】单选按钮后的属性设置

(2) 【变半径参数】选项组。

- ↗【半径】：设置圆角半径。
- ↗【附加的半径】：列举在【圆角项目】选项组的 ⬜【边线、面、特征和环】选择框中的边线顶点，并列举在图形区域中选择的控制点。
- 【设定未指定的】：应用当前的 ↗【半径】到 ↗【附加的半径】下所有未指定半径的项目。
- 【设定所有】：应用当前的 ↗【半径】到 ↗【附加的半径】下的所有项目。
- ✎【实例数】：设置边线上的控制点数。

　【平滑过渡】：生成圆角，当一条圆角边线接合于一个邻近面时，圆角半径从某一半径平滑地转换为另一半径。

　【直线过渡】：生成圆角，圆角半径从某一半径线性转换为另一半径，但是不将切边与邻近圆角相匹配。

(3) 【逆转参数】选项组。

与【等半径】的【逆转参数】选项组属性设置相同。

(4) 【圆角选项】选项组。

与【等半径】的【圆角选项】选项组属性设置相同。

3. 面圆角

用于混合非相邻、非连续的面。选中【面圆角】单选按钮，属性设置如图4-70所示。

(1) 【圆角项目】选项组。

- ↗【半径】：设置圆角半径。
- ◺【面组1】：在图形区域中选择要混合的第一个面或第一组面。
- ◺【面组2】：在图形区域中选择要与【面组1】混合的面。

(2) 【圆角选项】选项组。

- 【通过面选择】：应用通过隐藏边线的面选择边线。

　【包络控制线】：选择模型上的边线或者面上的投影分割线作为决定圆角形状的边界，圆角的半径由控制线和要圆角化的边线之间的距离来控制。

图4-70 选中【面圆角】单选按钮后的属性设置

- 【曲率连续】：解决不连续问题并在相邻曲面之间生成更平滑的曲率。如果需要核实曲率连续性的效果，可显示斑马条纹，也可使用曲率工具分析曲率。曲率连续圆角不同于标准圆角，它们有一个样条曲线横断面，而不是圆形横断面，曲率连续圆角比标准圆角更平滑，因为边界处在曲率中无跳跃。
- 【等宽】：生成等宽的圆角。
- 【辅助点】：在可能不清楚在何处发生面混合时解决模糊选择的问题。单击【辅助点顶点】选择框，然后单击要插入面圆角的边线上的一个顶点，圆角在靠近辅助点的位置处生成。

4. 完整圆角

生成相切于三个相邻面组（一个或者多个面相切）的圆角。选中【完整圆角】单选按钮，属性设置如图4-71所示。

- 【边侧面组1】：选择第一个边侧面。
- 【中央面组】：选择中央面。
- 【边侧面组2】：选择与【边侧面组1】相反的面组。

在【FilletXpert】模式中，可以帮助管理、组织和重新排序圆角。

使用【添加】选项卡生成新的圆角，使用【更改】选项卡修改现有圆角。选择【添加】选项卡，如图4-72所示。

（1）【圆角项目】选项组。

- 【圆角面】：在图形区域中选择要用圆角处理的实体。
- 【半径】：设置圆角半径。

（2）【选项】选项组。

- 【通过面选择】：在上色或者HLR显示模式中应用隐藏边线的选择。
- 【切线延伸】：将圆角延伸到所有与所选边线相切的边线。
- 【完整预览】：显示所有边线的圆角预览。
- 【部分预览】：只显示一条边线的圆角预览。

图4-71 选中【完整圆角】单选按钮后的属性设置

图4-72 【添加】选项卡

·【无预览】：可以缩短复杂圆角的显示时间。

选择【更改】选项卡，如图4-73所示。

（1）【要更改的圆角】选项组。

·🔲【圆角面】：选择要调整大小或者删除的圆角，可以在图形区域中选择个别边线，从包含多条圆角边线的圆角特征中删除个别边线或调整其大小，或以图形方式编辑圆角，而不必知道边线在圆角特征中的组织方式。

·↗【半径】：设置新的圆角半径。

·【调整大小】：将所选圆角修改为设置的半径值。

·【移除】：从模型中删除所选的圆角。

（2）【现有圆角】选项组。

·【按大小分类】：按照大小过滤所有圆角。从【过滤面组】选择框中选择圆角大小以选择模型中包含该值的所有圆角，同时将它们显示在🔲【圆角面】选择框中，如图4-74所示。

图4-73 【更改】选项卡

图4-74 【过滤面组】选择框

4.7.3 圆角特征的操作步骤

生成圆角特征的操作步骤如下。

（1）选择【插入】|【特征】|【圆角】菜单命令，在【属性管理器】中弹出【圆角】属性管理器。在【圆角类型】选项组中，选中【等半径】单选按钮，如图4-75所示。在【圆角项目】选项组中，单击 【边线、面、特征和环】选择框，选择模型上面的四条边线，设置 【半径】为10mm，单击 【确定】按钮，生成等半径圆角特征，如图4-76所示。

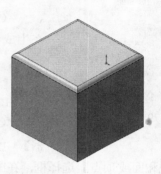

图4-75　选中【等半径】单选按钮　　　　　　　　图4-76　生成等半径圆角特征

（2）在【圆角类型】选项组中，选中【变半径】单选按钮。在【圆角项目】选项组中单击 【边线、面、特征和环】选择框，在图形区域中选择模型正面的一条边线；在【变半径参数】选项组中单击 【附加的半径】中的【V1】，设置 【半径】为10mm，单击 【附加的半径】中的【V2】，设置 【半径】为20mm，再设置 【实例数】为4，如图4-77所示，单击 【确定】按钮，生成变半径圆角特征，如图4-78所示。

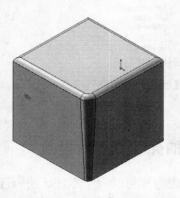

图4-77　选中【变半径】单选按钮，【变半径参数】　　　　图4-78　生成变半径圆角特征
　　　　　选项组参数设置

4.8 倒角特征

倒角特征是在所选边线、面或者顶点上生成倾斜的特征。

图4-79 【倒角】的
属性管理器

4.8.1 倒角特征的属性设置

选择【插入】|【特征】|【倒角】菜单命令，在【属性管理器】中弹出【倒角】属性管理器，如图4-79所示。

（1）【边线和面或顶点】：在图形区域中选择需要倒角的实体。

（2）【通过面选择】：通过隐藏边线的面选择边线。

（3）【保持特征】：保留如切除或拉伸之类的特征，这些特征在生成倒角时通常被移除。

4.8.2 倒角特征的操作步骤

生成倒角特征的操作步骤如下。

（1）选择【插入】|【特征】|【倒角】菜单命令，在【属性管理器】中弹出【倒角】属性管理器。在【倒角参数】选项组中，单击 <img> 【边线和面或顶点】选择框，在图形区域中选择模型的左侧边线，选中【角度距离】单选按钮，设置 ⌀ 【距离】为60mm， △ 【角度】为45deg，取消选择【保持特征】选项，如图4-80所示，单击 ✔ 【确定】按钮，生成不保持特征的倒角特征，如图4-81所示。

（2）在【倒角参数】选项组中，选择【保持特征】选项，单击 ✔ 【确定】按钮，生成保持特征的倒角特征，如图4-82所示。

图4-80 【倒角】的属性管理器

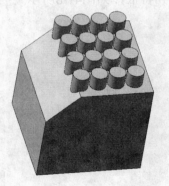

图4-81 生成不保持特
征的倒角特征

图4-82 生成保持特征
的倒角特征

4.9 抽壳特征

抽壳特征可以掏空零件，使所选择的面敞开，在其他面上生成薄壁特征。如果没有选择模型上的任何面，则掏空实体零件，生成闭合的抽壳特征，也可以使用多个厚度以生成抽壳模型。

4.9.1 抽壳特征的属性设置

选择【插入】|【特征】|【抽壳】菜单命令，在【属性管理器】中弹出【抽壳】的属性管理器，如图4-83所示。

1. 【参数】选项组

（1） <img> 【厚度】：设置保留面的厚度。

（2） <img> 【移除的面】：在图形区域中可以选择一个或者多个面。

（3） 【壳厚朝外】：增加模型的外部尺寸。

（4） 【显示预览】：显示抽壳特征的预览。

2. 【多厚度设定】选项组

<img> 【多厚度面】：在图形区域中选择一个面，为所选面设置【多厚度】数值。

图4-83 【抽壳】的属性管理器

4.9.2 抽壳特征的操作步骤

生成抽壳特征的操作步骤如下。

（1）选择【插入】|【特征】|【抽壳】菜单命令，在【属性管理器】中弹出【抽壳】的属性管理器。在【参数】选项组中，设置 <img> 【厚度】为10mm，单击 <img> 【移除的面】选择框，在图形区域中选择模型的上表面，如图4-84所示，单击 <img> 【确定】按钮，生成抽壳特征，如图4-85所示。

图4-84 【抽壳】的属性管理器

图4-85 生成抽壳特征

（2）在【多厚度设定】选项组中，单击 <img> 【多厚度面】选择框，选择模型的下表面和左侧面，设置 <img> 【多厚度】为30mm，如图4-86所示，单击 <img> 【确定】按钮，生成多厚度抽壳特征，如图4-87所示。

图4-86 【多厚度设定】选项组的参数设置

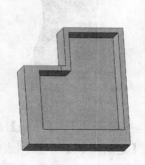

图4-87 生成多厚度抽壳特征

4.10 特征设计范例

下面通过一个环面蜗杆的范例来具体讲解特征设计的方法。该环面蜗杆如图4-88所示,其在蜗杆传动中同时啮合的齿数多,重合度大,相应的承载能力也高,因此许多工程中需要使用。下面来具体讲解这个范例的制作过程。

4.10.1 生成环面蜗杆的轮齿

(1) 启动SolidWorks 2010,单击□【新建】按钮,打开【新建SolidWorks文件】对话框,在模板中选择【零件】选项,单击【确定】按钮。选择【文件】|【另存为】菜单命令,弹出【另存为】对话框,在【文件名】文本框中输入"环面蜗杆",单击【保存】按钮。

(2) 单击【特征管理器设计树】中的【前视基准面】,使其成为草图绘制平面。

(3) 按下空格键,弹出【方向】菜单,选择【正视于】选项,视图平面将自动垂直于计算机屏幕。

(4) 单击 草图绘制 【草图绘制】按钮,进入草图的绘制模式,绘制如图4-89所示的草图,并退出草图绘制状态。

图4-88　环面蜗杆模型

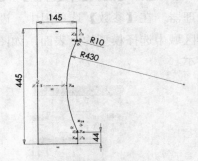

图4-89　绘制草图

(5) 单击【特征】工具栏中的 【旋转凸台/基体】按钮,在【旋转】属性管理器中选定竖直线段为旋转轴,单击【确定】按钮,如图4-90所示。

(6) 单击模型的下表面并绘制草图,绘制一个半径为170的圆,如图4-91所示。

图4-90　旋转特征

图4-91　绘制草图

(7) 选择【插入】|【曲线】|【螺旋线/涡状线】菜单命令,打开【螺旋线/涡状线】属性管理器。在【定义方式】下拉列表框中选择【螺距和圈数】,在【参数】选项组中选中【恒定螺距】单选按钮,在【螺距】微调框输入"100",在【圈数】微调框输入"4.5",在【起始

角度】微调框输入"45.00deg"，选中【顺时针】单选按钮，如图4-92所示。单击【确定】按钮，生成一条螺旋线，如图4-92所示。

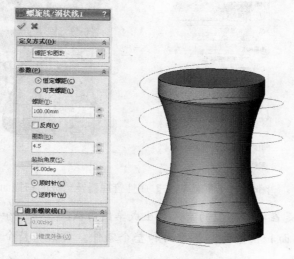

图4-92 【螺旋线】属性管理器及螺旋线特征

（8）选择【插入】|【参考几何体】|【基准面】菜单命令，打开【基准面】属性管理器，设置如图4-93所示，单击【确定】按钮，生成一个垂直于螺旋线端点的基准面。

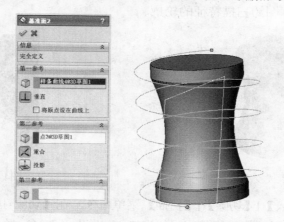

图4-93 【基准面】属性管理器及生成的基准面

（9）在此基准面上绘制直线草图，该直线连接螺旋线端点和坐标原点，如图4-94所示。

（10）选择【插入】|【曲面】|【扫描曲面】菜单命令，打开【曲面-扫描】属性管理器，在【轮廓】中选择第（9）步建立的直线草图，在【路径】中选择第（8）步建立的螺旋线设置，如图4-95所示。单击【确定】按钮，生成一个扫描曲面，如图4-95所示。

（11）选择【工具】|【草图绘制工具】|【交叉曲线】菜单命令，打开【交叉曲线】属性管理器，分别选择第（5）步建立的旋转特征和第（10）步建立的曲面，生成一个交叉曲线，如图4-96所示，作为扫描切除的路径曲线。

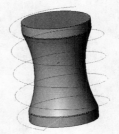

图4-94 插入直线草图

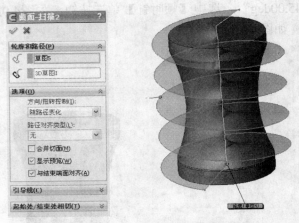

图4-95 【曲面-扫描】属性管理器及生成的扫描面

提示：交叉曲线是在以下类型的交叉处生成草图曲线：基准面和曲面或模型面、两个曲面、曲面和模型面、基准面和整个零件、曲面和整个零件。

（12）单击第（8）步建立的基准面，使其成为草图绘制平面。按下空格键，弹出【方向】菜单，选择【正视于】选项，视图平面将自动垂直于计算机屏幕。

（13）单击 **草图绘制** 【草图绘制】按钮，进入草图的绘制模式，以螺旋线起点为重心绘制如图4-97所示的草图，此草图为扫描特征的轮廓。

图4-96 生成交叉曲线

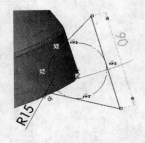

图4-97 生成草图

（14）选择【插入】|【切除】|【扫描】菜单命令，在【切除-扫描】属性管理器中选择第（13）步建立的草图为轮廓，选择第（11）步建立的草图为路径，单击【确定】按钮，如图4-98所示。

图4-98 【切除-扫描】属性管理器及生成的环面蜗杆模型

4.10.2 利用拉伸切除特征修正模型

（1）单击前视基准面，建立矩形草图，如图4-99所示。

（2）单击【特征】工具栏中的◎【拉伸切除】按钮，打开【拉伸】属性管理器，在【终止条件】下拉列表框选择【两侧对称】，在【深度】微调框输入"380mm"，如图4-100所示。单击【确定】按钮，生成拉伸切除特征，如图4-101所示。

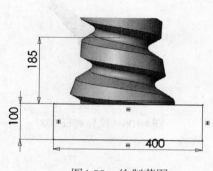

图4-99 绘制草图

图4-100 【拉伸】属性管理器

（3）单击前视基准面，建立矩形草图，如图4-102所示。

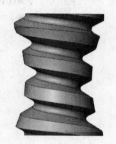

图4-101 拉伸切除特征

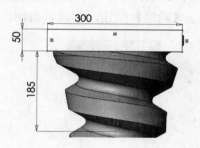

图4-102 绘制草图

（4）单击【特征】工具栏中的◎【拉伸切除】按钮，打开【拉伸】属性管理器，在【终止条件】下拉列表框选择【两侧对称】，在【深度】微调框输入"410mm"，如图4-103所示。单击【确定】按钮，生成拉伸切除特征，如图4-104所示。

图4-103 【拉伸】属性管理器

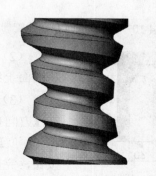

图4-104 拉伸切除特征

4.10.3 利用拉伸凸台/基体特征生成各个轴段

（1）单击蜗杆的前侧面，并单击【特征】工具栏中的 ▣【拉伸凸台/基体】按钮，分别生成φ200×20、φ180×200、φ200×20、φ150×100的拉伸特征，如图4-105所示。

（2）单击蜗杆的另一个侧面，并单击【特征】工具栏中的▣【拉伸凸台/基体】按钮，φ200×20、φ180×200、φ200×20、φ150×100、φ140×200、φ120×200的拉伸特征如图4-106所示。

图4-105 拉伸特征（1）

图4-106 拉伸特征（2）

4.10.4 利用拉伸切除特征生成键槽

（1）选择【插入】|【参考几何体】|【基准面】菜单命令，打开【基准面】属性管理器，在【参考实体】选择框中选择【前视基准面】，在【距离】微调框输入"90mm"，如图4-107所示。单击【确定】按钮，生成基准面，如图4-108所示。

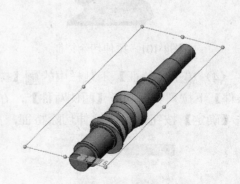

图4-107 【基准面】属性管理器

图4-108 拉伸切除特征

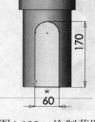

图4-109 绘制草图

（2）单击【特征】工具栏中的 ▣【拉伸切除】按钮，在新建立的基准面上绘制草图，如图4-109所示。

（3）单击 ▣【退出草图】按钮，打开【拉伸】特征属性管理器，在【方向1】选项组的【终止条件】下拉列表框中选择【给定深度】，在【深度】微调框中输入"50.00mm"，如图4-110所示。单击【确定】按钮，完成拉伸切除特征，如图4-111所示。

图4-110 【拉伸】属性管理器

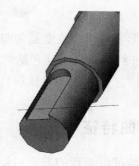

图4-111 拉伸切除特征

4.10.5 生成倒角特征

选择【插入】|【特征】|【倒角】菜单命令，打开【倒角】属性管理器，选择需要倒角的边线，在【距离】微调框输入"2.00mm"，在【角度】微调框输入"45.00deg"，如图4-112所示。单击【确定】按钮，生成倒角特征，如图4-113所示。

图4-112 【倒角】属性管理器

图4-113 倒角特征

第5章 零件形变编辑

零件形变编辑可改变复杂曲面和实体模型的局部或整体形状，无须考虑用于生成模型的草图或者特征约束，其特征包括弯曲特征、压凹特征、变形特征、拔模特征和圆顶特征等，本章将主要介绍这些特征的具体操作方法。

5.1 弯曲特征

弯曲特征以直观的方式对复杂的模型进行变形。弯曲特征包括四个选项：折弯、扭曲、锥削和伸展。

5.1.1 弯曲特征的属性设置

1. 折弯

围绕三重轴中的红色*X*轴（即折弯轴）折弯一个或者多个实体，可以重新定位三重轴的位置和剪裁基准面，控制折弯的角度、位置和界限以改变折弯形状。

选择【插入】|【特征】|【弯曲】菜单命令，在【属性管理器】中弹出【弯曲】属性管理器。在【弯曲输入】选项组中，选中【折弯】单选按钮，属性设置如图5-1所示。

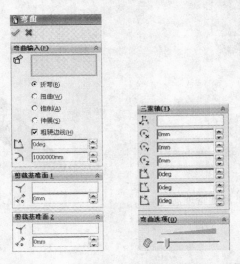

图5-1 选中【折弯】单选按钮后的属性设置

（1）【弯曲输入】选项组

- 【粗硬边线】：生成如圆锥面、圆柱面及平面等的分析曲面，通常会形成剪裁基准面与实体相交的分割面。如果取消选择此项，曲面和平面会因此显得更光滑，而原有面保持不变。

- △ 【角度】：设置折弯角度，需要配合折弯半径。

- ↗ 【半径】：设置折弯半径。

（2）【剪裁基准面1】选项组

· ⚓【为剪裁基准面1选择一参考实体】：将剪裁基准面1的原点锁定到所选模型上的点。

· ⚒【基准面1剪裁距离】：从实体的外部界限沿三重轴的剪裁基准面轴（蓝色Z轴）移动到剪裁基准面上的距离。

（3）【剪裁基准面2】选项组

【剪裁基准面2】选项组的属性设置与【剪裁基准面1】选项组基本相同，在此不做赘述。

（4）【三重轴】选项组

使用这些参数来设置三重轴的位置和方向。

· ⚒【为枢轴三重轴参考选择一坐标系特征】：将三重轴的位置和方向锁定到坐标系上。

· ⚒【X旋转原点】、⚒【Y旋转原点】、⚒【Z旋转原点】：沿指定轴移动三重轴位置（相对于三重轴的默认位置）。

· ⚒【X旋转角度】、⚒【Y旋转角度】、⚒【Z旋转角度】：围绕指定轴旋转三重轴（相对于三重轴自身），此角度表示围绕零部件坐标系的旋转角度，且按照z、y、x顺序进行旋转。

（5）【弯曲选项】选项组

◈【弯曲精度】：控制曲面品质，提高品质还会提高弯曲特征的成功率。

2. 扭曲

扭曲特征是通过定位三重轴和剪裁基准面来控制扭曲的角度、位置和界限，使特征围绕三重轴的蓝色z轴扭曲。

选择【插入】|【特征】|【弯曲】菜单命令，在【属性管理器】中弹出【弯曲】的属性管理器。在【弯曲输入】选项组中，选中【扭曲】单选按钮，如图5-2所示。

⚒【角度】：设置扭曲的角度。

其他选项组的属性设置不再赘述。

3. 锥削

锥削特征是通过定位三重轴和剪裁基准面来控制锥削的角度、位置和界限，使特征按照三重轴的蓝色Z轴方向进行锥削。

选择【插入】|【特征】|【弯曲】菜单命令，在【属性管理器】中弹出【弯曲】的属性管理器。在【弯曲输入】选项组中，选中【锥削】单选按钮，如图5-3所示。

图5-2 选中【扭曲】单选按钮

图5-3 选中【锥削】单选按钮

⚒【锥削因子】：设置锥削量。调整 ⚒【锥削因子】时，剪裁基准面不移动。

其他选项组的属性设置不再赘述。

图5-4 选中【伸展】
单选按钮

4. 伸展

伸展特征是通过指定距离或使用鼠标左键拖动剪裁基准面的边线，使特征按照三重轴的蓝色Z轴方向进行伸展。

选择【插入】|【特征】|【弯曲】菜单命令，在【属性管理器】中弹出【弯曲】的属性管理器。在【弯曲输入】选项组中选中【伸展】单选按钮，如图5-4所示。

🔧【伸展距离】：设置伸展量。

其他选项组的属性设置不再赘述。

5.1.2 生成弯曲特征的操作步骤

1. 折弯

选择【插入】|【特征】|【弯曲】菜单命令，在【属性管理器】中弹出【弯曲】的属性管理器。在【弯曲输入】选项组中，选中【折弯】单选按钮，单击🔧【弯曲的实体】选择框，在图形区域中选择模型右侧的拉伸特征，设置▲【角度】为90deg，▲【半径】为132.86mm，单击✔【确定】按钮，生成折弯弯曲特征，如图5-5所示。

2. 扭曲

选择【插入】|【特征】|【弯曲】菜单命令，在【属性管理器】中弹出【弯曲】的属性管理器。在【弯曲输入】选项组中，选中【扭曲】单选按钮，单击🔧【弯曲的实体】选择框，在图形区域中选择模型右侧的拉伸特征，设置▲【角度】为90deg，单击✔【确定】按钮，生成扭曲弯曲特征，如图5-6所示。

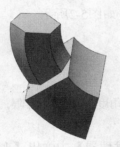

图5-5 生成折弯弯曲特征

图5-6 生成扭曲特征

3. 锥削

选择【插入】|【特征】|【弯曲】菜单命令，在【属性管理器】中弹出【弯曲】的属性管理器。在【弯曲输入】选项组中，选中【锥削】单选按钮，单击🔧【弯曲的实体】选择框，在图形区域中选择模型右侧的拉伸特征，设置🔧【锥削因子】为1.5，单击✔【确定】按钮，生成锥削弯曲特征，如图5-7所示。

4. 伸展

选择【插入】|【特征】|【弯曲】菜单命令，在【属性管理器】中弹出【弯曲】的属性管理器。在【弯曲输入】选项组中选中【伸展】单选按钮，单击🔧【弯曲的实体】选择框，在图形区域中选择模型右侧的拉伸特征，设置🔧【伸展距离】为100mm，单击✔【确定】按钮，生成伸展弯曲特征，如图5-8所示。

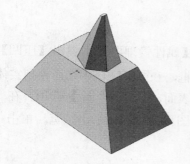

图5-7 生成锥削弯曲特征

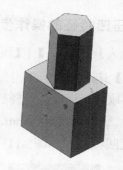

图5-8 生成伸展弯曲特征

5.2 压凹特征

压凹特征是利用厚度和间隙生成的特征，其应用包括封装、冲印、铸模及机器的压入配合等。根据所选实体类型，指定目标实体和工具实体之间的间隙数值，并为压凹特征指定厚度数值。压凹特征可变形或从目标实体中切除某个部分。

压凹特征以工具实体的形状在目标实体中生成袋套或突起，因此在最终实体中比在原始实体中显示更多的面、边线和顶点。其注意事项如下。

（1）目标实体和工具实体必须有一个为实体。

（2）如果要生成压凹特征，目标实体必须与工具实体接触，或间隙值必须允许穿越目标实体的突起。

（3）如果要生成切除特征，目标实体和工具实体不必相互接触，但间隙值必须大到可足够生成与目标实体的交叉。

（4）如果需要以曲面工具实体压凹（或者切除）实体，曲面必须与实体完全相交。

（5）唯一不受允许的压凹组合为曲面目标实体和曲面工具实体。

5.2.1 压凹特征的属性设置

选择【插入】|【特征】|【压凹】菜单命令，在【属性管理器】中弹出【压凹】的属性管理器，如图5-9所示。

图5-9 【压凹】的
属性管理器

1. 【选择】选项组

（1）▣【目标实体】：选择要压凹的实体或曲面实体。

（2）▣【工具实体区域】：选择一个或多个实体（或者曲面实体）。

（3）【保留选择】、【移除选择】：选择要保留或移除的模型边界。

（4）【切除】：选择此选项，则移除目标实体的交叉区域，无论是实体还是曲面，即使没有厚度也会存在间隙。

2. 【参数】选项组

（1）▨【厚度】（仅限实体）：确定压凹特征的厚度。

（2）【间隙】：确定目标实体和工具实体之间的间隙。如果有必要，单击▨【反向】按钮。

5.2.2 生成压凹特征的操作步骤

选择【插入】|【特征】|【压凹】菜单命令，在【属性管理器】中弹出【压凹】属性管理器。在【选择】选项组中，单击  【目标实体】选择框，在图形区域中选择模型实体，单击 【工具实体区域】选择框，选择模型中拉伸特征的下表面，选择【切除】选项。在【参数】选项组中，设置 【厚度】为2mm，如图5-10所示，在图形区域中显示出预览，单击 ✔ 【确定】按钮，生成压凹特征，如图5-11所示。

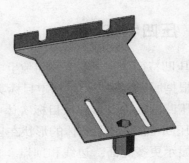

图5-10　【压凹】的属性管理器　　　　　　　图5-11　生成压凹特征

5.3　变形特征 ➷

变形特征是改变复杂曲面和实体模型的局部或整体形状，无需考虑用于生成模型的草图或特征约束。变形特征提供一种简单的方法虚拟改变模型，在生成设计概念或对复杂模型进行几何修改时很有用，因为用传统的草图、特征或历史记录编辑需要花费很长的时间。

5.3.1 变形特征的属性设置

变形有三种类型，包括【点】、【曲线到曲线】和【曲面推进】。

1. 点

点变形是改变复杂形状的最简单的方法。选择模型面、曲面、边线、顶点上的点，或选择空间中的点，然后设置用于控制变形的距离和球形半径数值。

选择【插入】|【特征】|【变形】菜单命令，在【属性管理器】中弹出【变形】属性管理器。在【变形类型】选项组中，选中【点】单选按钮，其属性设置如图5-12所示。

（1）【变形点】选项组。

- 【变形点】：设置变形的中心，可选择平面、边线、顶点上的点或空间中的点。
- 【变形方向】：选择线性边线、草图直线、平面、基准面或两个点作为变形方向。如果选择一条线性边线或直线，则方向平行于该边线或直线。

如果选择一个基准面或平面，则方向垂直于该基准面或平面。

如果选择两个点或顶点，则方向自第一个点或者顶点指向第二个点或者顶点。

- 【变形距离】：指定变形的距离（即点位移）。

- ·【显示预览】：使用线框视图（在取消选择【显示预览】选项时）或上色视图（在选择【显示预览】选项时）的预览结果。如果需要提高使用大型复杂模型的性能，在做出所有选择后才选择此选项。

（2）【变形区域】选项组。

- ·📐【变形半径】：更改通过变形点的球状半径数值，变形区域的选择不会影响变形半径的数值。

- ·【变形区域】：选择此项，可激活✍【固定曲线/边线/面】和◳【要变形的其他面】选项，如图5-13所示。

图5-12 选中【点】单选按钮后的属性设置

图5-13 选择【变形区域】选项

- ·▯【要变形的实体】：在使用空间中的点时，允许选择一个实体或者多个实体。

（3）【形状选项】选项组。

- ·📐【变形轴】（在取消选择【变形区域】选项时可用）：通过生成平行于一条线性边线或者草图直线、垂直于一个平面或者基准面、沿着两个点或者顶点的折弯轴以控制变形形状。此选项使用📐【变形半径】数值生成类似于折弯的变形。

- ·🅰、🅰、🅰【刚度】：控制变形过程中变形形状的刚性。可以将刚度层次与其他选项（如📐【变形轴】等）结合使用。刚度有三种层次，即🅰【刚度－最小】、🅰【刚度－中等】、🅰【刚度－最大】。

- ·◈【形状精度】：控制曲面品质。默认品质在高曲率区域中可能有所不足，当移动滑杆到右侧提高精度时，可以增加变形特征的成功率。

2. 曲线到曲线

曲线到曲线变形是改变复杂形状更为精确的方法。通过将几何体从初始曲线（可以是曲线、边线、剖面曲线以及草图曲线组等）映射到目标曲线组而完成。

选择【插入】|【特征】|【变形】菜单命令，在【属性管理器】中弹出【变形】属性管理器。在【变形类型】选项组中，选中【曲线到曲线】单选按钮，其属性设置如图5-14所示。

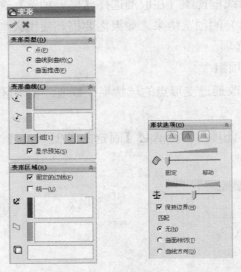

图5-14　选中【曲线到曲线】单选按钮后的属性设置

（1）【变形曲线】选项组。

· ✍【初始曲线】：设置变形特征的初始曲线。选择一条或多条连接的曲线（或者边线）作为一组，可以是单一曲线、相邻边线或曲线组。

· ✍【目标曲线】：设置变形特征的目标曲线。选择一条或多条连接的曲线（或者边线）作为一组，可以是单一曲线、相邻边线或曲线组。

· 【组[n]】（n为组的标号）：允许添加、删除以及循环选择组以进行修改。曲线可以是模型的一部分（如边线、剖面曲线等）或单独的草图。

· 【显示预览】：使用线框视图或上色视图预览结果。如果要提高使用大型复杂模型的性能，在做出所有选择后才选择此选项。

（2）【变形区域】选项组。

· 【固定的边线】：防止所选曲线、边线或者面被移动。在图形区域中选择要变形的固定边线和额外面，如果取消选择此选项，则只能选择实体。

· 【统一】：尝试在变形操作过程中保持原始形状的特性，可以帮助还原曲线到曲线的变形操作，生成尖锐的形状。

· ✗【固定曲线/边线/面】：防止所选曲线、边线或者面被变形和移动。

如果✍【初始曲线】位于闭合轮廓内，则变形将受此轮廓约束。

如果✍【初始曲线】位于闭合轮廓外，则轮廓内的点将不会变形。

· ◻【要变形的其他面】：允许添加要变形的特定面，如果未选择任何面，则整个实体将会受影响。

· ▱【要变形的实体】：如果✍【初始曲线】不是实体面或者曲面中草图曲线的一部分，或者要变形多个实体，则使用此选项。

（3）【形状选项】选项组。

· Ⓐ、Ⓐ、Ⓐ【刚度】：控制变形过程中变形形状的刚性。刚度有三个层次，即Ⓐ【刚度－最小】、Ⓐ【刚度－中等】、Ⓐ【刚度－最大】。

- ◈【形状精度】：控制曲面品质。默认品质在高曲率区域中可能有所不足，当移动滑杆到右侧提高精度时，可以增加变形特征的成功率。

- ⬥【重量】（在选择【固定的边线】选项和取消选择【统一】选项时可用）：控制下面两个参数的影响系数。

- 【保持边界】：确保所选边界作为 ⬥【固定曲线/边线/面】是固定的；取消选择【保持边界】选项，可以更改变形区域、选择【仅对于额外的面】选项或者允许边界移动。

- 【仅对于额外的面】（在取消选择【保持边界】选项时可用）：使变形仅影响那些选择作为 ◣【要变形的其他面】的面。

- 【匹配】：允许应用这些条件，将变形曲面或面匹配到目标曲面或面边线。

  【无】：不应用匹配条件。

  【曲面相切】：使用平滑过渡匹配面和曲面的目标边线。

  【曲线方向】：使用 ◢【目标曲线】的法线形成变形，将 ◢【初始曲线】映射到 ◢【目标曲线】以匹配 ◢【目标曲线】。

3. 曲面推进

曲面推进变形通过使用工具实体的曲面推进目标实体的曲面以改变其形状。目标实体曲面近似于工具实体曲面，但在变形前后每个目标曲面之间保持一对一的对应关系。可以选择自定义的工具实体（如多边形或者球面等），也可使用自己的工具实体。在图形区域中使用三重轴标注可以调整工具实体的大小，拖动三重轴或在【特征管理器设计树】中进行设置可以控制工具实体的移动。

与点变形相比，曲面推进变形可以对变形形状提供更有效的控制，同时它还是基于工具实体形状生成特定特征的可预测的方法。使用曲面推进变形，可以设计自由形状的曲面、模具、塑料、软包装、钣金等，这对合并工具实体的特性到现有设计中很有帮助。

选择【插入】|【特征】|【变形】菜单命令，在【属性管理器】中弹出【变形】的属性管理器。在【变形类型】选项组中，选中【曲面推进】单选按钮，其属性设置如图5-15所示。

（1）【推进方向】选项组。

- 【变形方向】：设置推进变形的方向，可以选择一条草图直线或者直线边线、一个平面或者基准面、两个点或者顶点。

- 【显示预览】：使用线框视图或者上色视图预览结果，如果需要提高使用大型复杂模型的性能，在做了所有选择之后才选择此选项。

（2）【变形区域】选项组。

- ◣【要变形的其他面】：允许添加要变形的特定面，仅变形所选面；如果未选择任何面，则整个实体将会受影响。

- ▭【要变形的实体】：即目标实体，决定要被工具实体变形的实体。无论工具实体在何处与目标实体相交，或在何处生成相对位移（当工具实体不与目标实体相交时），整个实体都会受影响。

- ⬟【要推进的工具实体】：设置对 ▭【要变形的实体】进行变形的工具实体。使用图形区域中的标注设置工具实体的大小。如果要使用已生成的工具实体，从其选项中选择

【选择实体】选项，然后在图形区域中选择工具实体。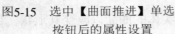【要推进的工具实体】的选项如图5-16所示。

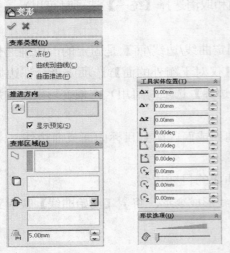

图5-15　选中【曲面推进】单选　　　　图5-16　　【要推进的工具实体】选项
　　　　按钮后的属性设置

- 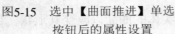【变形误差】：为工具实体与目标面或实体的相交处指定圆角半径数值。

（3）【工具实体位置】选项组。

以下选项允许通过输入正确的数值重新定位工具实体。此方法比使用三重轴更精确。

- △x【Delta X】、△Y【Delta Y】、△z【Delta Z】：沿X、Y、Z轴移动工具实体的距离。

- 【X旋转角度】、【Y旋转角度】、【Z旋转角度】：围绕X、Y、Z轴及旋转原点旋转工具实体的旋转角度。

- 【X旋转原点】、【Y旋转原点】、【Z旋转原点】：定位由图形区域中三重轴表示的旋转中心。当鼠标指针变为 形状时，可通过拖动鼠标指针或旋转工具实体的方法定位工具实体。

5.3.2　变形特征的操作步骤

生成变形特征的操作步骤如下。

（1）选择【插入】|【特征】|【变形】菜单命令，在【属性管理器】中弹出【变形】的属性管理器。在【变形类型】选项组中选中【点】单选按钮；在【变形点】选项组中单击 【变形点】选择框，在图形区域中选择模型的右上角端点，设置 【变形距离】为50mm；在【变形区域】选项组中，设置 【变形半径】为100mm，如图5-17所示；在【形状选项】选项组中，单击 【刚度－最小】按钮，单击 【确定】按钮，生成最小刚度变形特征，如图5-18所示。

（2）在【形状选项】选项组中，单击 【刚度－中等】按钮，单击 【确定】按钮，生成中等刚度变形特征，如图5-19所示。

（3）在【形状选项】选项组中，单击 【刚度－最大】按钮，单击 【确定】按钮，生成最大刚度变形特征，如图5-20所示。

图5-17 【变形】的属性管理器　　　　图5-18 生成最小刚度变形特征

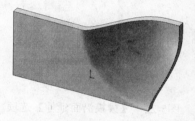

图5-19 生成中等刚度变形特征　　　　图5-20 生成最大刚度变形特征

5.4 拔模特征

拔模特征是用指定的角度斜削模型中所选的面，使型腔零件更容易脱出模具，可在现有的零件中插入拔模，可以在进行拉伸特征时拔模，也可将拔模应用到实体或者曲面模型中。

5.4.1 拔模特征的属性设置

在【手工】模式中，可以指定拔模类型，包括【中性面】、【分型线】和【阶梯拔模】。

1. 中性面

选择【插入】|【特征】|【拔模】菜单命令，在【属性管理器】中弹出【拔模】的属性管理器。在【拔模类型】选项组中，选中【中性面】单选按钮，如图5-21所示。

（1）【拔模角度】选项组。

【拔模角度】：垂直于中性面进行测量的角度。

（2）【中性面】选项组。

【中性面】：选择一个面或基准面。如果有必要，单击 【反向】按钮向相反的方向倾斜拔模。

（3）【拔模面】选项组。

· 【拔模面】：在图形区域中选择要拔模的面。

· 【拔模沿面延伸】：可以将拔模延伸到额外的面，其选项如图5-22所示。

【无】：只在所选的面上进行拔模。

【沿切面】：将拔模延伸到所有与所选面相切的面。

【所有面】：将拔模延伸到所有从中性面拉伸的面。

【内部的面】：将拔模延伸到所有从中性面拉伸的内部面。

【外部的面】：将拔模延伸到所有在中性面旁边的外部面。

图5-21 选中【中性面】单选按钮

图5-22 【拔模沿面延伸】选项

2. 分型线

选中【分型线】单选按钮，可以对分型线周围的曲面进行拔模。

如果要在分型线上拔模，可以先插入一条分割线以分离要拔模的面，或者使用现有的模型边线，然后再指定拔模方向。可以使用拔模分析工具检查模型上的拔模角度。拔模分析根据所指定的角度和拔模方向生成模型颜色编码的渲染。

选择【插入】|【特征】|【拔模】菜单命令，在【属性管理器】中弹出【拔模】的属性管理器。在【拔模类型】选项组中，选中【分型线】单选按钮，如图5-23所示。

【允许减少角度】：只可用于分型线拔模。在由最大角度所生成的角度总和与拔模角度为90°或者以上时允许生成拔模。

> 提示：和拔模的边线相邻的一个或多个边或者和被拔模的面相邻的面的法线，产生与
> 拔模方向相垂直的情况时，可以使用【允许减少角度】选项。选择此选项时，
> 拔模面有些部分的拔模角度可能比指定的拔模角度要小。

（1）【拔模方向】选项组

【拔模方向】：在图形区域中选择一条边线或一个面指示拔模的方向。如果有必要，单击 【反向】按钮以改变拔模的方向。

（2）【分型线】选项组

【分型线】：在图形区域中选择分型线。如果要为分型线的每一条线段指定不同的拔模方向，单击选择框中的边线名称，然后单击 其它面 按钮。

· 【拔模沿面延伸】：可以将拔模延伸到额外的面，其选项如图5-24所示。

【无】：只在所选的面上进行拔模。

【沿切面】：将拔模延伸到所有与所选面相切的面。

图5-23 选中【分型线】单选按钮　　　　　图5-24 【拔模沿面延伸】选项

3. 阶梯拔模

阶梯拔模为分型线拔模的变体，阶梯拔模围绕作为拔模方向的基准面旋转而生成一个面。

选择【插入】|【特征】|【拔模】菜单命令，在【属性管理器】中弹出【拔模】的属性管理器。在【拔模类型】选项组中，选中【阶梯拔模】单选按钮，如图5-25所示。

【阶梯拔模】的属性管理器与【分型线】基本相同，在此不做赘述。

在【DraftXpert】模式中，可以生成多个拔模、执行拔模分析、编辑拔模以及自动调用FeatureXpert求解初始没有进入模型的拔模特征。

选择【插入】|【特征】|【拔模】菜单命令，在【属性管理器】中弹出【拔模】的属性管理器。在【DraftXpert】模式中，选择【添加】选项卡，如图5-26所示。

图5-25 选中【阶梯拔模】单选按钮

（1）【要拔模的项目】选项组

· 【拔模角度】：设置拔模角度（垂直于中性面进行测量）。

· 【中性面】：选择一个平面或基准面。如果有必要，单击 【反向】按钮，向相反的方向倾斜拔模。

· 【要拔模的项目】：选择图形区域中要拔模的面。

（2）【拔模分析】选项组

· 【自动涂刷】：选择模型的拔模分析。

· 颜色轮廓映射：通过颜色和数值显示模型中拔模的范围以及【正拔模】和【负拔模】的面数。

在【DraftXpert】模式中，选择【更改】选项卡，如图5-27所示。

图5-26 【添加】选项卡　　　　　　　　图5-27 【更改】选项卡

（1）【要更改的拔模】选项组

· 【拔模项目】：在图形区域中，选择包含要更改或者删除的拔模的面。

· 【中性面】：选择一个平面或者基准面。如果有必要，单击 【反向】按钮，向相反的方向倾斜拔模。如果只更改 【拔模角度】，则无需选择中性面。

· 【拔模角度】：设置拔模角度（垂直于中性面进行测量）。

（2）【现有拔模】选项组

【分排列表方式】：按照角度、中性面或者拔模方向过滤所有拔模，其选项如图5-28所示，可以根据需要更改或者删除拔模。

（3）【拔模分析】选项组

【拔模分析】选择组的属性设置与【添加】选项卡中基本相同，在此不做赘述。

图5-28 【分排列表方式】选项

5.4.2 生成拔模特征的操作步骤

选择【插入】|【特征】|【拔模】菜单命令，在【属性管理器】中弹出【拔模】的属性管理器。在【拔模类型】选项组中，选中【中性面】单选按钮；在【拔模角度】选项组中，设置 【拔模角度】为3.00deg；在【中性面】选项组中，单击【中性面】选择框，选择模型小圆柱体的上表面；在【拔模面】选项组中，单击 【拔模面】选择框，选择模型小圆柱体的圆柱面，如图5-29所示，单击 【确定】按钮，生成拔模特征，如图5-30所示。

图5-29 【拔模】的属性管理器　　　　　　　　图5-30 生成拔模特征

5.5 圆顶特征

圆顶特征可以在同一模型上同时生成一个或者多个圆顶。

5.5.1 圆顶特征的属性设置

选择【插入】|【特征】|【圆顶】菜单命令，在【属性管理器】中弹出【圆顶】的属性管理器，如图5-31所示。

（1）【到圆顶的面】：选择一个或者多个平面或者非平面。

（2）【距离】：设置圆顶扩展的距离。

（3）【反向】：单击该按钮，可以生成凹陷圆顶（默认为凸起）。

（4）【约束点或草图】：选择一个点或者草图，通过对其形状进行约束以控制圆顶。当使用一个草图为约束时，【距离】不可用。

（5）【方向】：从图形区域选择方向向量以垂直于面以外的方向拉伸圆顶，可以使用线性边线或者由两个草图点所生成的向量作为方向向量。

5.5.2 生成圆顶特征的操作步骤

选择【插入】|【特征】|【圆顶】菜单命令，在【属性管理器】中弹出【圆顶】的属性设置。在【参数】选项组中，单击【到圆顶的面】选择框，在图形区域中选择模型的上表面，设置【距离】为10mm，如图5-32所示，单击【确定】按钮，生成圆顶特征，如图5-33所示。

图5-31 【圆顶】的属性管理器　　　图5-32 设置【距离】为10mm　　　图5-33 生成圆顶特征

5.6 零件变形范例

图5-34 新型把手

下面通过一个新型把手的制作范例来讲解零件变形的设计方法，范例的效果如图5-34所示，从零件的外形可见，主要包括拉伸、圆顶、弯曲－锥削、弯曲－伸展、压凹、圆周阵列和基准轴等特征，下面应用本章所提到的零件变形编辑来完成模型的建模工作。

5.6.1 创建基体拉伸

（1）启动SolidWorks 2010，单击□【新建】按钮，弹出【新建SolidWorks文件】对话框，在模板中选择【零件】选项，单击【确定】按钮。选择【文件】|【另存为】菜单命令，弹出【另存为】对话框，在【文件名】文本框中输入"零件变形"，单击【保存】按钮。

（2）选择【特征管理器设计树】中的【前视基准面】选项，使其成为草图绘制平面。单击【标准视图】工具栏中的↓【正视于】按钮，并单击⊑【草图绘制】按钮，进入草图的绘制模式。

（3）单击【草图】工具栏中的□【矩形】按钮，以原点为顶点绘制一个矩形草图。

（4）单击◇【智能尺寸】按钮，标注并修改尺寸，如图5-35所示。

（5）单击◎【拉伸凸台/基体】按钮，打开【拉伸】属性管理器，在【方向1】中设置终止条件为【给定深度】，在【深度】微调框输入"200mm"，单击【确定】按钮，完成基体拉伸操作，如图5-36所示。

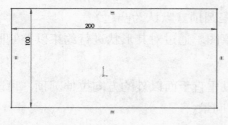

图5-35 矩形草图

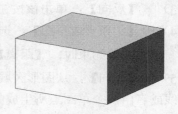

图5-36 基体拉伸图

5.6.2 创建圆顶特征

（1）单击基体上表面，使其处于选择状态。

（2）选择【插入】|【特征】|【圆顶】菜单命令。在【到圆顶的面】框中选择矩形体的上表面，在【距离】微调框输入"210mm"，单击【确定】按钮，完成圆顶的创建，参数设置和结果如图5-37所示。

5.6.3 创建弯曲—锥削特征

（1）单击拉伸基体，使其处于选择状态。

（2）选择【插入】|【特征】|【弯曲】菜单命令。在【弯曲的实体】框中选择拉伸实体，在【弯曲输入】选项组中选中【锥削】单选按钮，在【锥剃因子】微调框输入"1.5"，如图5-

38所示，单击【确定】按钮，完成锥削的创建，结果如图5-38所示。

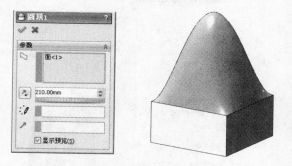

图5-37 圆顶特征参数设置和结果

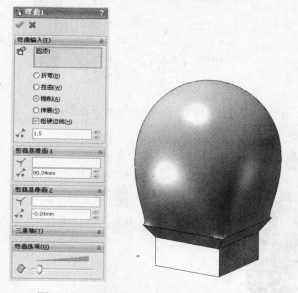

图5-38 锥削的参数设置和结果

5.6.4 创建弯曲——伸展特征

（1）单击拉伸基体，使其处于选择状态。

（2）选择【插入】|【特征】|【弯曲】菜单命令。在【弯曲的实体】框中选择拉伸实体，在【弯曲输入】选项组中选中【伸展】单选按钮，在【伸展距离】微调框输入"320mm"，如图5-39所示，单击【确定】按钮，完成伸展的创建，结果如图5-39所示。

5.6.5 创建旋转体及圆周阵列

（1）单击前视基准面，使其处于被选择的状态。

（2）单击 【草图绘制】按钮，进入草图的绘制状态。单击【草图】工具栏中的 【直线】按钮，绘制三条直线。单击 【智能尺寸】按钮，标注尺寸如图5-40所示。

（3）单击【特征】工具栏中的 【旋转凸台/基体】按钮，在【旋转轴】中选择草图中的竖线，取消启用【合并结果】复选框。单击【确定】按钮，完成旋转凸台特征，如图5-41所示。

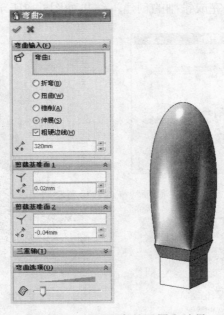

图5-39 伸展的参数设置和结果

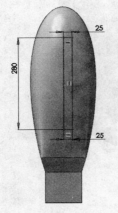

图5-40 样条曲线草图

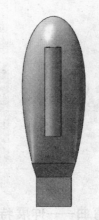

图5-41 旋转凸台图

（4）选择【插入】|【参考几何体】|【点】菜单命令。单击【面中心】前的⬡按钮，在【参考实体】中选拉伸特征的底面，生成一个基准点，如图5-42所示。

（5）选择【插入】|【参考几何体】|【基准面】菜单命令。在【参考实体】中选择拉伸特征的底面，在【距离】微调框输入"10mm"，生成一个基准面。

（6）选择【插入】|【参考几何体】|【基准轴】菜单命令。单击【点和面/基准面】前的⬤按钮，在【参考实体】中选择刚建立的基准点和基准面，单击【确定】按钮，生成基准轴。

（7）单击【特征】工具栏中的⬥【圆周阵列】按钮，弹出【圆周阵列】的属性管理器，在【阵列轴】中选择刚建立的基准轴，则【基准轴1】将出现在对话框中，在⬥【实例数】微调框中输入"6"，选择【等间距】，在【要阵列的实体】中选择旋转实体，单击【确定】按钮，生成旋转实体的圆周阵列，如图5-43所示。

图5-42　基准点图　　　　　　　　　　图5-43　圆周阵列图

5.6.6　创建压凹特征

（1）选择【插入】|【特征】|【压凹】菜单命令，在【目标实体】中选择拉伸实体，在【工具实体区域】框中选择圆周阵列的六个旋转实体，启用【切除】复选框，如图5-44所示，单击【确定】按钮，完成压凹操作。

（2）为了观看压凹结果，单击特征树中实体前面的⊞，将旋转和五个圆周阵列特征隐藏，最后零件的造型如图5-45所示。

图5-44　【压凹】参数设置　　　　　　图5-45　零件形变图

第6章　阵列与镜向编辑

阵列编辑是利用特征设计中的驱动尺寸将增量进行更改并指定给阵列进行特征复制的过程。源特征可以生成线性阵列、圆周阵列、曲线驱动的阵列、草图驱动的阵列和表格驱动的阵列等。镜向编辑是将所选的草图、特征和零部件对称于所选平面或者面的复制过程。本章将主要介绍这两种编辑方法。

6.1　草图阵列

6.1.1　草图线性阵列

1. 草图线性阵列的属性设置

图6-1　【线性阵列】的属性管理器

利用 ▦ 【线性阵列】命令可以生成基准面、零件或装配体中草图实体的线性阵列。选择【工具】|【草图绘制工具】|【线性阵列】菜单命令，在【属性管理器】中弹出【线性阵列】的属性管理器，如图6-1所示。

（1）【方向1】、【方向2】选项组

【方向1】选项组显示了沿X轴线性阵列的特征参数；【方向2】选项组显示了沿Y轴线性阵列的特征参数。

- ↖ 【反向】：改变线性阵列的排列方向。
- ↘D1、↘D2 【间距】：线性阵列相邻两个特征参数之间的距离。
- 【添加尺寸】：形成线性阵列后，在草图上自动标注特征尺寸（如线性阵列特征之间的距离）。
- ⚡ 【数量】：经过线性阵列后草图最后形成的总个数。
- 🔺、🔺 【角度】：线性阵列的方向与X、Y轴之间的夹角。

（2）【可跳过的实例】选项组

❖ 【要跳过的部分】：生成线性阵列时跳过在图形区域中选择的阵列实例。

其他属性设置不再赘述。

2. 生成草图线性阵列的操作步骤

（1）选择要进行线性阵列的草图。

（2）选择【工具】|【草图工具】|【线性阵列】菜单命令，在【属性管理器】中弹出【线性阵列】的属性管理器。根据需要设置各选项组参数，如图6-2所示，单击 ✔ 【确定】按钮，生成草图线性阵列，如图6-3所示。

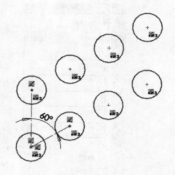

图6-2 【线性阵列】各选项组的参数设置   图6-3 生成草图线性阵列

6.1.2 草图圆周阵列

1. 草图圆周阵列的属性设置

利用 ❁【圆周阵列】菜单命令可以生成基准面、零件或者装配体上草图实体的圆周阵列。选择【工具】|【草图工具】|【圆周阵列】菜单命令,在【属性管理器】中弹出【圆周阵列】的属性管理器,如图6-4所示。

（1）【参数】选项组

· ↻【反向旋转】：改变草图圆周阵列围绕原点旋转的方向。

· ◔x【中心X】：草图圆周阵列旋转中心的横坐标。

· ◔y【中心Y】：草图圆周阵列旋转中心的纵坐标。

· ❁【数量】：经过圆周阵列后草图最后形成的总个数。

· ◸【间距】：完成圆周阵列所需要的总角度。

· ↗【半径】：圆周阵列的旋转半径。

· ✎【圆弧角度】：圆周阵列旋转中心与要阵列的草图重心之间的夹角。

图6-4 【圆周阵列】的属性管理器

· 【等间距】：圆周阵列中草图之间的夹角是相等的。

· 【添加尺寸】：形成圆周阵列后,在草图上自动标注出特征尺寸（如圆周阵列旋转的角度等）。

（2）【可跳过的实例】选项组

❁【要跳过的部分】：生成圆周阵列时跳过在图形区域中选择的阵列实例。

其他属性设置不再赘述。

2. 生成草图圆周阵列的操作步骤

（1）选择要进行圆周阵列的草图。

（2）选择【工具】|【草图工具】|【圆周阵列】菜单命令,在【属性管理器】中弹出【圆

周阵列】的属性管理器。根据需要设置各选项组参数，如图6-5所示，单击 ✓【确定】按钮，生成草图圆周阵列，如图6-6所示。

图6-5　【圆周阵列】各选项组的参数设置

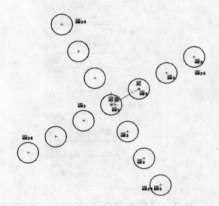

图6-6　生成草图圆周阵列

6.2　特征阵列

特征阵列与草图阵列相似，都是复制一系列相同的要素。不同之处在于草图阵列复制的是草图，特征阵列复制的是结构特征；草图阵列得到的是一个草图，而特征阵列得到的是一个复杂的零件。

特征阵列包括线性阵列、圆周阵列、表格驱动的阵列、草图驱动的阵列和曲线驱动的阵列等。选择【插入】|【阵列/镜向】菜单命令，弹出特征阵列的菜单，如图6-7所示。

6.2.1　特征线性阵列

特征的线性阵列是在一个或者几个方向上生成多个指定的源特征。

1. 特征线性阵列的属性设置

单击【特征】工具栏中的 ▓【线性阵列】按钮或选择【插入】|【阵列/镜向】|【线性阵列】菜单命令，在【属性管理器】中弹出【线性阵列】的属性管理器，如图6-8所示。

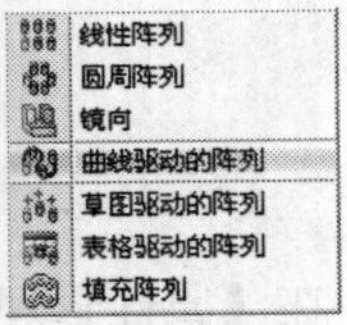

图6-7　特征阵列的菜单

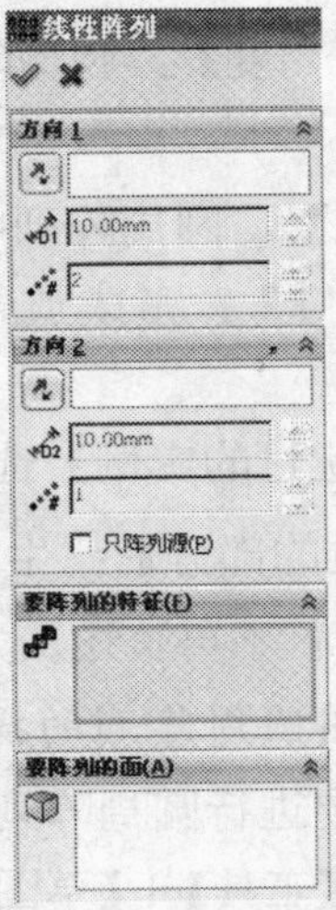

图6-8　【线性阵列】的属性管理器

（1）【方向1】、【方向2】选项组

分别指定两个线性阵列的方向。

· 【阵列方向】：设置阵列方向，可以选择线性边线、直线、轴或者尺寸。

· ↗【反向】：改变阵列方向。

· ↙、↙【间距】：设置阵列实例之间的间距。

· ⚏【实例数】：设置阵列实例的数量。

· 【只阵列源】：只使用源特征而不复制【方向1】选项组的阵列实例在【方向2】选项组
中生成的线性阵列。

（2）【要阵列的特征】选项组

使用所选特征作为源特征以生成线性阵列。

（3）【要阵列的面】选项组

使用构成源特征的面生成阵列。在图形区域中选择源特征的所有面，这对于只输入构成特
征的面而不是特征本身的模型很有用。当设置【要阵列的面】选项组时，阵列必须保持在同一
面或边界内，不能跨越边界。

（4）【要阵列的实体】选项组

使用在多实体零件中选择的实体生成线性阵列。

（5）【可跳过的实例】选项组

可以在生成线性阵列时跳过在图形区域中选择的阵列实例。

（6）【选项】选项组

· 【随形变化】：允许重复时更改阵列。

· 【延伸视像属性】：将SolidWorks的颜色、纹理和装饰螺纹数据延伸到所有阵列实例。

2. 生成特征线性阵列的操作步骤

（1）选择要进行阵列的特征。

（2）单击【特征】工具栏中的 ⚏【线性阵列】按钮或选择【插入】|【阵列/镜向】|【线
性阵列】菜单命令，在【属性管理器】中弹出【线性阵列】的属性管理器。根据需要设置各选
项组参数，如图6-9所示，单击 ✔【确定】按钮，生成特征线性阵列，如图6-10所示。

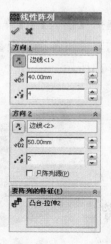

图6-9 【线性阵列】各选项组的参数设置

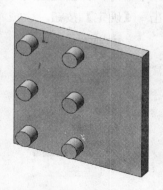

图6-10 生成特征线性阵列

6.2.2 特征圆周阵列

特征的圆周阵列是将源特征围绕指定的轴线复制出多个特征。

1. 特征圆周阵列的属性设置

单击【特征】工具栏中的 ❀【圆周阵列】按钮或选择【插入】|【阵列/镜向】|【圆周阵列】菜单命令，在【属性管理器】中弹出【圆周阵列】属性管理器，如图6-11所示。

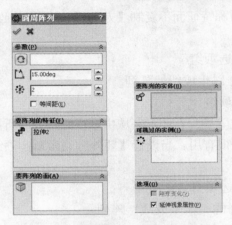

图6-11 【圆周阵列】的属性管理器

（1）【阵列轴】：在图形区域中选择轴、模型边线或角度尺寸，作为生成圆周阵列所围绕的轴。

（2）❂【反向】：改变圆周阵列的方向。

（3）🔺【角度】：设置每个实例之间的角度。

（4）❀【实例数】：设置源特征的实例数。

（5）【等间距】：自动设置总角度为360°。

其他属性设置不再赘述。

2. 生成特征圆周阵列的操作步骤

（1）选择要进行阵列的特征。

（2）单击【特征】工具栏中的 ❀【圆周阵列】按钮或选择【插入】|【阵列/镜向】|【圆周阵列】菜单命令，弹出【圆周阵列】的属性管理器。根据需要设置各选项组参数，如图6-12所示，单击 ✓【确定】按钮，生成特征圆周阵列，结果如图6-13所示。

图6-12 【圆周阵列】各选项组的参数设置

图6-13 生成特征圆周阵列

6.2.3 表格驱动的阵列

【表格驱动的阵列】命令用x、y坐标来对指定的源特征进行阵列。使用x、y坐标的孔阵列是【表格驱动的阵列】的常见应用，但【表格驱动的阵列】也可以使用其他源特征（如凸台等）。

1. 表格驱动的阵列的属性设置

选择【插入】|【阵列/镜向】|【表格驱动的阵列】菜单命令，弹出【由表格驱动的阵列】对话框，如图6-14所示。

（1）【读取文件】：输入含x、y坐标的阵列表或文字文件。单击【浏览】按钮，选择阵列表（*.SLDPTAB）文件或者文字（*.TXT）文件以导入现有的x、y坐标。

（2）【基准点】：指定放置阵列实例时x、y坐标所适用的点，基准点的x、y坐标在阵列表中显示为点o。

- 【所选点】：将基准点设置到所选顶点或草图点处。
- 【重心】：将基准点设置到源特征的重心。

（3）【坐标系】：设置生成表格阵列的坐标系，包括原点、从【特征管理器设计树】中选择所生成的坐标系。

【要复制的实体】：根据多实体零件生成阵列。

【要复制的特征】：根据特征生成阵列，可以选择多个特征。

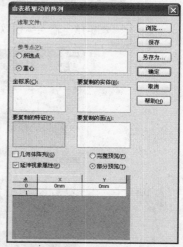

图6-14 【由表格驱动的阵列】对话框

【要复制的面】：根据构成特征的面生成阵列，选择图形区域中的所有面，这对于只输入构成特征的面而不是特征本身的模型很有用。

（4）【几何体阵列】：只使用特征的几何体（如面和边线等）生成阵列。此选项可加速阵列的生成及重建，对于具有与零件其他部分合并的特征，不能生成几何体阵列，几何体阵列在选择了【要复制的实体】时不可用。

（5）【延伸视像属性】：将SolidWorks的颜色、纹理和装饰螺纹数据延伸到所有阵列实体。

可使用x、y坐标作为阵列实例生成位置点。如果要为表格驱动的阵列的每个实例输入x、y坐标，双击数值框输入坐标值即可，如图6-15所示。

2. 生成表格驱动的阵列的操作步骤

（1）生成坐标系1。此坐标系的原点作为表格阵列的原点，X轴和Y轴定义阵列所在的基准面，如图6-16所示。

（2）选择要进行阵列的特征。

（3）选择【插入】|【阵列/镜向】|【表格驱动的阵列】菜单命令，弹出【由表格驱动的阵列】对话框。根据需要进行设置，单击【确定】按钮，生成表格驱动的阵列，如图6-17所示。

提示：在生成表格驱动的阵列前，必须要先生成一个坐标系，并且要求要阵列的特征相对于该坐标系有确定的空间位置关系。

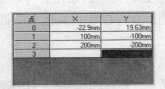

点	X	Y
0	-22.9mm	19.63mm
1	100mm	-100mm
2	200mm	-200mm
3		

图6-15　输入坐标数值　　　　　　　　　　　　　　图6-16　生成坐标系1

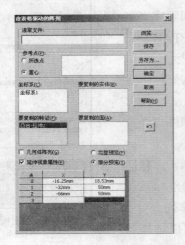

图6-17　设置并生成表格驱动的阵列

6.2.4　草图驱动的阵列

草图驱动的阵列是通过草图中的特征点复制源特征的一种阵列方式。

1. 草图驱动的阵列的属性设置

图6-18　【由草图驱动的阵列】的属性管理器

选择【插入】|【阵列/镜向】|【草图驱动的阵列】菜单命令，在【属性管理器】中弹出【由草图驱动的阵列】的属性管理器，如图6-18所示。

（1）【参考草图】：在【特征管理器设计树】中选择用作阵列的草图。

（2）【基准点】。

·【重心】：根据源特征的类型决定重心。

·【所选点】：在图形区域中选择一个点（如草图原点、顶点或另一草图点）作为基准点。

其他属性设置不再赘述。

2. 生成草图驱动的阵列的操作步骤

（1）绘制平面草图，草图中的点将成为源特征复制的目标点。

（2）选择要进行阵列的特征。

（3）选择【插入】|【阵列/镜向】|【草图驱动的阵列】菜单命令，在【属性管理器】中弹出【由草图驱动的阵列】的属性管理器。根据需要设置各选项组参

数，如图6-19所示，单击 ✔【确定】按钮，生成草图驱动的阵列，如图6-20所示。

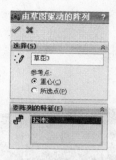

图6-19 【由草图驱动的阵列】各选项组的参数设置

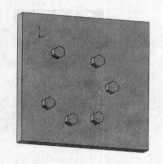

图6-20 生成草图驱动的阵列

6.2.5 曲线驱动的阵列

曲线驱动的阵列是通过草图中的平面或3D曲线复制源特征的一种阵列方式。

1. 曲线驱动的阵列的属性设置

选择【插入】|【阵列/镜向】|【曲线驱动的阵列】菜单命令，在【属性管理器】中弹出【曲线驱动的阵列】的属性管理器，如图6-21所示。

（1）【阵列方向】：选择曲线、边线、草图实体或在【特征管理器设计树】中选择草图作为阵列的路径。

（2） 🔧【反向】：改变阵列的方向。

（3） ❖【实例数】：为阵列中源特征的实例数设置数值。

（4）【等间距】：使每个阵列实例之间的距离相等。

（5） ❖【间距】：沿曲线为阵列实例之间的距离设置数值，曲线与要阵列的特征之间的距离垂直于曲线而测量。

（6）【曲线方法】：使用所选择的曲线定义阵列的方向。

图6-21 【曲线驱动的阵列】的属性管理器

- 【转换曲线】：为每个实例保留从所选曲线原点到源特征的【Delta X】和【Delta Y】的距离。

- 【等距曲线】：为每个实例保留从所选曲线原点到源特征的垂直距离。

（7）【对齐方法】。

- 【与曲线相切】：对齐所选的与曲线相切的每个实例。

- 【对齐到源】：对齐每个实例以与源特征的原有对齐匹配。

（8）【面法线】：（仅对于3D曲线）选择3D曲线所处的面以生成曲线驱动的阵列，其他属性设置不再赘述。

2. 生成曲线驱动的阵列的操作步骤

（1）绘制曲线草图。

（2）选择要进行阵列的特征。

（3）选择【插入】|【阵列/镜向】|【曲线驱动的阵列】菜单命令，在【属性管理器】中弹出【曲线驱动的阵列】的属性管理器，根据需要设置各选项组参数，单击 ✔【确定】按钮，如

图6-22所示，生成曲线驱动的阵列，如图6-23所示。

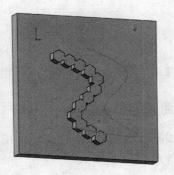

图6-22　【曲线驱动的阵列】各选项组的参数设置　　　　图6-23　生成曲线驱动的阵列

6.2.6　填充阵列

填充阵列是在限定的实体平面或草图区域中进行的阵列复制。

1. 填充阵列的属性设置

选择【插入】|【阵列/镜向】|【填充阵列】菜单命令，在【属性管理器】中弹出【填充阵列】的属性管理器，如图6-24所示。

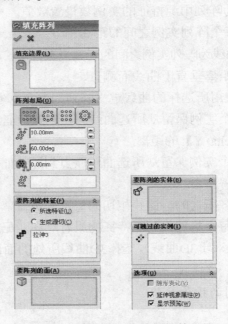

图6-24　【填充阵列】的属性管理器

（1）【填充边界】选项组

【选择面或共平面上的草图、平面曲线】：定义要用阵列填充的区域。

（2）【阵列布局】选项组

定义填充边界内实例的布局阵列，可以自定义阵列形状或对特征进行阵列，阵列实例以源特征为中心呈同轴心分布。

-  【穿孔】：为钣金穿孔式阵列生成网格，其参数如图6-25所示。

  图6-25 【穿孔】阵列的参数

  【实例间距】：设置实例中心之间的距离。

  【交错断续角度】：设置各实例行之间的交错断续角度，起始点位于阵列方向所使用的向量处。

  【边距】：设置填充边界与最远端实例之间的边距，可将边距的数值设置为零。

  【阵列方向】：设置方向参考。如果未指定方向参考，系统将使用最合适的参考。

- 【圆周】：生成圆周形阵列，其参数如图6-26所示。

图6-26 【圆周】阵列的参数

【环间距】：设置实例环间的距离。

【目标间距】：设置每个环内实例间距离以填充区域。每个环的实际间距可能有所不同，因此各实例之间会进行均匀调整。

【每环的实例】：使用实例数（每环）填充区域。

【实例间距】（在选中【目标间距】单选按钮时可用）：设置每个环内实例中心间的距离。

【实例数】（在选中【每环的实例】单选按钮时可用）：设置每环的实例数。

【边距】：设置填充边界与最远端实例之间的边距，可将边距的数值设置为零。

【阵列方向】：设置方向参考。如果未指定方向参考，系统将使用最合适的参考。

- 【方形】：生成方形阵列，其参数如图6-27所示。

【环间距】：设置实例环间的距离。

【目标间距】：设置每个环内实例间距离以填充区域。每个环的实际间距可能有所不同，因此各实例之间会进行均匀调整。

【每边的实例】：使用实例数（每个方形的每边）填充区域。

【实例间距】（在选中【目标间距】单选按钮时可用）：设置每个环内实例中心间的距离。

【实例数】（在选中【每边的实例】单选按钮时可用）：设置每个方形各边的实例数。

【边距】：设置填充边界与最远端实例之间的边距，可以将边距的数值设置为零。

图6-27 【方形】阵列的参数

【阵列方向】：设置方向参考。如果未指定方向参考，系统将使用最合适的参考。

· 【多边形】：生成多边形阵列，其参数如图6-28所示。

【环间距】：设置实例环间的距离。

【多边形边】：设置阵列中的边数。

【目标间距】：设置每个环内实例间距离以填充区域。每个环的实际间距可能有所不同，因此各实例之间会进行均匀调整。

【每边的实例】：使用实例数（每个多边形的各边）填充区域。

【实例间距】（在选中【目标间距】单选按钮时可用）：设置每个环内实例中心间的距离。

【实例数】（在选中【每边的实例】单选按钮时可用）：设置每个多边形每边的实例数。

【边距】：设置填充边界与最远端实例之间的边距，可以将边距的数值设置为零。

【阵列方向】：设置方向参考。如果未指定方向参考，系统将使用最合适的参考。

图6-28 【多边形】阵列的参数

（3）【要阵列的特征】选项组

· 【所选特征】：选择要阵列的特征。

· 【生成源切】：为要阵列的源特征定义切除形状。

· 【圆】：生成圆形切割作为源特征，其参数如图6-29所示。

【直径】：设置直径。

【顶点或草图点】：将源特征的中心定位在所选顶点或者草图点处，并生成以该点为起始点的阵列。如果此选择框为空，阵列将位于填充边界面上的中心位置。

· 【方形】：生成方形切割作为源特征，其参数如图6-30所示。

图6-29 【圆】切割的参数

图6-30 【方形】切割的参数

■【尺寸】：设置各边的长度。

◉【顶点或草图点】：将源特征的中心定位在所选顶点或者草图点处，并生成以该点为起始点的阵列。如果此选择框为空，阵列将位于填充边界面上的中心位置。

▲【旋转】：逆时针旋转每个实例。

· ◇【菱形】：生成菱形切割作为源特征，其参数如图6-31所示。

◇【尺寸】：设置各边的长度。

◇【对角】：设置对角线的长度。

◇【顶点或草图点】：将源特征的中心定位在所选顶点或者草图点处，并生成以该点为起始点的阵列。如果此选择框为空，阵列将位于填充边界面上的中心位置。

▲【旋转】：逆时针旋转每个实例。

· ◉【多边形】：生成多边形切割作为源特征，其参数如图6-32所示。

图6-31 【菱形】切割的参数

图6-32 【多边形】切割的参数

#【多边形边】：设置边数。

◯【外径】：根据外径设置阵列大小。

⬡【内径】：根据内径设置阵列大小。

⬠【顶点或草图点】：将源特征的中心定位在所选顶点或者草图点处，并生成以该点为起始点的阵列。如果此选择框为空，阵列将位于填充边界面上的中心位置。

▲【旋转】：逆时针旋转每个实例。

·【反转形状方向】：围绕在填充边界中所选择的面反转源特征的方向。

2. 生成填充阵列的操作步骤

（1）首先绘制平面草图。

（2）选择【插入】|【阵列/镜向】|【填充阵列】菜单命令，在【属性管理器】中弹出【填充阵列】的属性管理器，根据需要设置各选项组参数，单击 ✅【确定】按钮，如图6-33所示，

生成填充阵列，如图6-34所示。

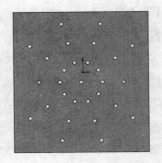

图6-33 　【填充阵列】各选项组的参数设置 　　　　　　图6-34 　　生成填充阵列

6.3 零部件阵列

在装配体窗口中，零部件阵列包括三种形式，即线性阵列、圆周阵列和特征驱动。

6.3.1 零部件的线性阵列

零部件的线性阵列是在装配体中沿一个或两个方向复制源零部件而生成的阵列。

选择【插入】|【零部件阵列】|【线性阵列】菜单命令，在【属性管理器】中弹出【线性阵列】的属性管理器，如图6-35所示。

由于在装配体窗口中才可以进行零部件线性阵列的操作，因此其属性设置在后面有关装配的章节中再进行详细的讲解。

6.3.2 零部件的圆周阵列

零部件的圆周阵列是在装配体中沿一个轴复制源零部件而生成的阵列。

选择【插入】|【零部件阵列】|【圆周阵列】菜单命令，在【属性管理器】中弹出【圆周阵列】的属性管理器，如图6-36所示。

图6-35 　【线性阵列】
的属性管理器

由于在装配体窗口中才可以进行零部件圆周阵列的操作，因此其属性设置在后面有关装配的章节中再进行详细的讲解。

6.3.3 零部件的特征驱动

零部件的特征驱动是在装配体中根据一个现有阵列生成的零部件阵列。

1. 特征驱动的属性设置

选择【插入】|【零部件阵列】|【特征驱动】菜单命令，在【属性管理器】中弹出【特征驱动】的属性管理器，如图6-37所示。

图6-36 【圆周阵列】的属性管理器　　　　图6-37 【特征驱动】各选项组的参数设置

（1）【要阵列的零部件】选项组：选择源零部件。

（2）【驱动特征】选项组：在【特征管理器设计树】中选择阵列特征或在图形区域中选择阵列实例的面。

提示：必须是阵列特征才能完成特征驱动的操作。

（3）【可跳过的实例】选项组：在图形区域中选择实例的标志点以设置跳过的实例。

2. 生成特征驱动的操作步骤

在装配体窗口中，选择【插入】|【零部件阵列】|【特征驱动】菜单命令，在【属性管理器】中弹出【特征驱动】的属性管理器。根据需要设置各选项组参数，单击 ✓【确定】按钮，生成特征驱动（本例可参见配套资料文件），如图6-38所示。

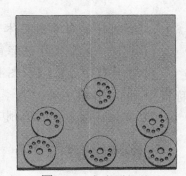

图6-38 生成零部件的特征驱动阵列

6.4 镜向编辑

下面介绍镜向编辑的方法，主要包括镜向草图、镜向特征和镜向零部件，其中镜向零部件是SolidWorks 2010的新增功能。

6.4.1 镜向草图

镜向草图是以草图实体为目标进行镜向复制的操作。

1. 镜向现有草图实体

（1）镜向实体的属性设置

图6-39 【镜向】的
属性管理器

单击【草图】工具栏中的 ⚠️【镜向实体】按钮或选择【工具】|
【草图工具】|【镜向】菜单命令，在【属性管理器】中弹出【镜向】
的属性管理器，如图6-39所示。

- ⚠️【要镜向的实体】：选择草图实体。
- ⬚【镜向点】：选择边线或直线。

（2）镜向实体的操作步骤

单击【草图】工具栏中的 ⚠️【镜向实体】按钮或选择【工具】|
【草图工具】|【镜向】菜单命令，在【属性管理器】中弹出【镜向】
的属性管理器。根据需要设置参数，单击 ✔️【确定】按钮，镜向现有
草图实体，如图6-40所示。

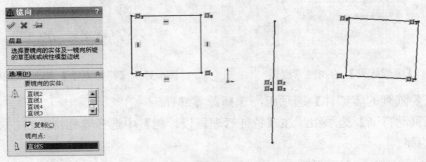

图6-40 镜向现有草图实体

2. 在绘制时镜向草图实体

（1）在激活的草图中选择直线或模型边线。

（2）选择【工具】|【草图工具】|【动态镜向】菜单命令，此时在直线或边线的两端出现
对称符号，如图6-41所示。

（3）实体在接下来的绘制中被镜向，如图6-42所示。

图6-41 出现对称符号   图6-42 绘制的实体被镜向

（4）如果要关闭镜向，则再次选择【工具】|【草图工具】|【动态镜向】菜单命令。

3. 镜向草图操作的注意事项

（1）镜向只包括新的实体或原有及镜向的实体。

（2）可镜向某些或所有草图实体。

（3）围绕任何类型直线（不仅仅是构造性直线）镜向。

（4）可沿零件、装配体或工程图中的边线镜向。

6.4.2 镜向特征

镜向特征是沿面或基准面镜向生成一个特征（或多个特征）的复制操作。

1. 镜向特征的属性设置

单击【特征】工具栏中的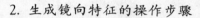【镜向】按钮或选择【插入】|【阵列/镜向】|【镜向】菜单命令，在【属性管理器】中弹出【镜向】的属性管理器，如图6-43所示。

（1）【镜向面/基准面】选项组：在图形区域中选择一面或基准面作为镜向面。

（2）【要镜向的特征】选项组：单击模型中一个或多个特征，也可在【特征管理器设计树】中选择要镜向的特征。

（3）【要镜向的面】选项组：在图形区域中单击构成要镜向的特征的面，此选项组参数对于在输入过程中包括特征的面但不包括特征本身的零件很有用。

图6-43　【镜向】的
属性管理器

2. 生成镜向特征的操作步骤

（1）选择要进行镜向的特征。

（2）单击【特征】工具栏中的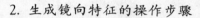【镜向】按钮或选择【插入】|【阵列/镜向】|【镜向】菜单命令，在【属性管理器】中弹出【镜向】的属性管理器。根据需要设置各选项组参数，单击【确定】按钮，生成镜向特征，如图6-44所示。

图6-44　生成镜向特征

3. 镜向特征操作的注意事项

（1）在单一模型或多实体零件中选择一个实体生成镜向实体。

（2）通过选择几何体阵列并使用特征范围来选择包括特征的实体，并将特征应用到一个或多个实体零件中。

6.4.3 镜向零部件

镜向零部件就是选择一个对称基准面及零部件进行镜向操作，它是SolidWorks 2010的新增功能，下面来具体介绍。

在装配体窗口中选择【插入】|【镜向零部件】菜单命令，在【属性管理器】中弹出【镜向零部件】的属性管理器，如图6-45所示。

用鼠标右键单击要镜向的零部件的名称，在弹出的菜单中进行选择，如图6-46所示。

（1）【镜向所有子关系】：镜向子装配体及其所有子关系。

（2）【镜向所有实例】：镜向所选零部件的所有实例。

（3）【复制所有子实例】：复制所选零部件的所有实例。

（4）【镜向所有零部件】：镜向装配体中所有的零部件。

（5）【复制所有零部件】：复制装配体中所有的零部件。

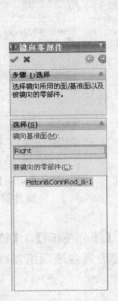

图6-45 【镜向零部件】的属性管理器

图6-46 快捷菜单

6.5 阵列与镜向范例

图6-47 车轮毂模型

下面通过一个车轮毂的具体设计范例来讲解阵列与镜向的操作方法。范例的最终效果如图6-47所示，下面来介绍具体的制作步骤。

6.5.1 生成拉伸特征

（1）启动SolidWorks 2010，单击【标准】工具栏中的【新建】按钮，弹出【新建SolidWorks文件】对话框，单击【零件】按钮，单击【确定】按钮。

（2）选择【文件】|【另存为】菜单命令，弹出【另存为】对话框，在【文件名】文字框中输入零件名称，单击【保存】按钮。

（3）单击【特征管理器设计树】中的【前视基准面】图标，使前视基准面成为草图绘制平面。单击【标准视图】工具栏中的【正视于】按钮，并单击【草图】工具栏中的【草图绘制】按钮，进入草图绘制状态。

（4）单击【草图】工具栏中的【圆弧】按钮和【智能尺寸】按钮，绘制草图并标注尺寸，如图6-48所示。

（5）单击【特征】工具栏中的 🔲 【拉伸凸台/基体】按钮，在【属性管理器】中弹出【拉伸】属性管理器。在【方向1】选项组中，设置【终止条件】为【给定深度】，🔲 【深度】为 15mm，单击 ✅ 【确定】按钮，生成拉伸特征，如图6-49所示。

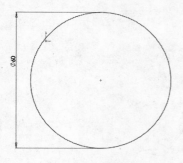

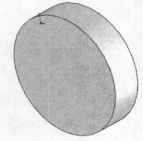

图6-48 绘制草图   图6-49 拉伸凸台特征设置和结果

（6）单击拉伸特征的后侧面，使其成为草图绘制平面。单击【标准视图】工具栏中的 ⬆ 【正视于】按钮，并单击【草图】工具栏中的 🖉 【草图绘制】按钮，进入草图绘制状态。

（7）单击【草图】工具栏中的 ⚙ 【圆弧】按钮和 🖉 【智能尺寸】按钮，绘制草图并标注尺寸，如图6-50所示。

（8）单击【特征】工具栏中的 🔲 【拉伸凸台/基体】按钮，在【属性管理器】中弹出【拉伸】属性管理器。在【方向1】选项组中，设置【终止条件】为【给定深度】，🔲 【深度】为 7mm，单击 ✅ 【确定】按钮，生成拉伸特征，如图6-51所示。

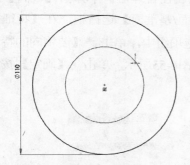

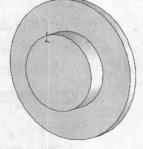

图6-50 绘制草图   图6-51 拉伸凸台特征设置和结果

（9）单击【特征管理器设计树】中的【上视基准面】图标，使上视基准面成为草图绘制平面。单击【标准视图】工具栏中的 ⬆ 【正视于】按钮，并单击【草图】工具栏中的 🖉 【草图绘制】按钮，进入草图绘制状态。

（10）单击【草图】工具栏中的 ⚙ 【圆弧】按钮和 🖉 【智能尺寸】按钮，绘制草图并标注尺寸，如图6-52所示。

（11）单击【特征】工具栏中的 🔲 【拉伸凸台/基体】按钮，在【属性管理器】中弹出【拉伸】属性管理器。在【方向1】选项组中，设置【终止条件】为【给定深度】，🔲 【深度】为 3.46mm，单击 ✅ 【确定】按钮，生成拉伸特征，如图6-53所示。

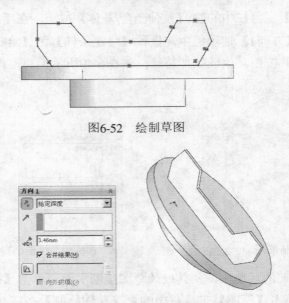

图6-52　绘制草图

图6-53　拉伸凸台特征设置和结果

6.5.2　镜向特征

（1）单击上视基准面，选择【插入】|【参考几何体】|【基准面】菜单命令，生成距离上视基准面16mm的参考基准面，如图6-54所示。

（2）单击【特征】工具栏中的 【镜向】按钮，在【属性管理器】中弹出【镜向】的属性管理器。在【镜向面/基准面】选项组中，单击 【镜向面/基准面】选择框，在【特征管理器设计树】中单击【基准面1】图标；在【要镜向的特征】选项组中，单击 【要镜向的特征】选择框，在【特征管理器设计树】中选择拉伸凸台特征，如图6-55所示，单击 【确定】按钮，生成镜像特征，结果如图6-56所示。

图6-54　生成基准面　　　　　　　　　　图6-55　【镜向】属性管理器

6.5.3　线性阵列特征

（1）单击镜向特征的前侧面，使其成为草图绘制平面。单击【标准视图】工具栏中的 【正视于】按钮，并单击【草图】工具栏中的 【草图绘制】按钮，进入草图绘制状态。

（2）单击【草图】工具栏中的 🔾【圆弧】按钮和 🖉【智能尺寸】按钮，绘制草图并标注尺寸，如图6-57所示。

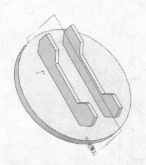

图6-56 镜向的结果

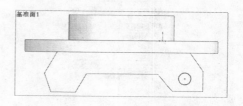

图6-57 绘制草图

（3）单击【特征】工具栏中的 🔳【拉伸切除】按钮，在【属性管理器】中弹出【切除-拉伸】的属性管理器。在【方向1】选项组中，设置【终止条件】为【完全贯穿】，单击 ✅【确定】按钮，生成拉伸切除特征，如图6-58所示。

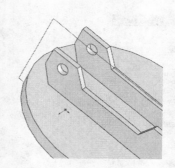

图6-58 拉伸切除特征参数设置和结果

（4）单击【特征】工具栏中的 ⠿【线性阵列】按钮，在【属性管理器】中弹出【线性阵列】的属性管理器。在【参数】选项组中，单击【阵列方向】选择框，在图形区域中选择模型的边线，设置 📏【实例数】为2，设置 📏【间距】为69mm；在【要阵列的特征】选项组中，单击 🧊【要阵列的特征】选择框，在图形区域中选择要阵列特征，如图6-59所示，单击 ✅【确定】按钮，生成特征线性阵列，结果如图6-60所示。

（5）单击【特征】工具栏中的 ⊘【圆角】按钮，在【属性管理器】中弹出【圆角】的属性管理器。在【圆角参数】选项组中，设置【半径】为5mm，单击 🧊【边线和面或顶点】选择框，在图形区域中选择模型的边线，如图6-61所示，单击 ✅【确定】按钮，生成圆角特征，如图6-62所示。

6.5.4 圆周阵列

（1）单击拉伸特征的前侧面，使其成为草图绘制平面。单击【标准视图】工具栏中的 🔱【正视于】按钮，并单击【草图】工具栏中的 ✏【草图绘制】按钮，进入草图绘制状态。

图6-59 【线性阵列】属性管理器

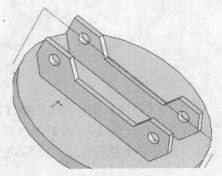

图6-60 生成的线性阵列特征

图6-61 【圆角】属性管理器

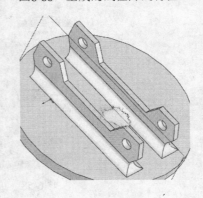

图6-62 圆角特征

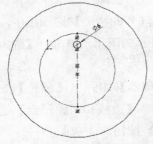

图6-63 绘制草图

（2）单击【草图】工具栏中的 【圆弧】按钮和 【智能尺寸】按钮，绘制草图并标注尺寸，如图6-63所示。

（3）单击【特征】工具栏中的 【拉伸凸台/基体】按钮，在【属性管理器】中弹出【拉伸】属性管理器。在【方向1】选项组中，设置【终止条件】为【给定深度】， 【深度】为16mm，单击 【确定】按钮，生成拉伸特征，如图6-64所示。

（4）单击模型圆柱面，选择【插入】|【参考几何体】|【基准轴】菜单命令，生成圆柱面的参考轴，参数设置和结果如图6-65所示。

（5）单击【特征】工具栏中的 【圆周阵列】按钮，在【属性管理器】中弹出【圆周阵列】的属性管理器。在【参数】选项组中，单击【阵列轴】选择框，在图形区域中选择刚生成的基准轴，设置 【角度】为360deg， 【实例数】为5，如图6-66所示，单击 【确定】按钮，生成特征圆周阵列，结果如图6-67所示。

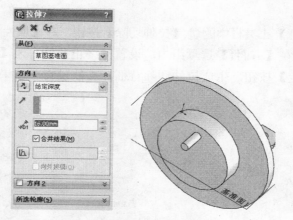

图6-64 拉伸凸台特征参数设置和结果

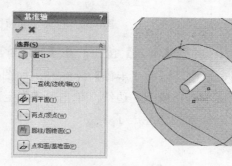

图6-65 生成基准轴

图6-66 【圆周阵列】属性管理器

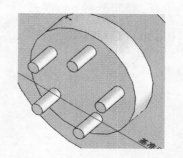

图6-67 圆周阵列特征

（6）单击拉伸特征的前侧面，使其成为草图绘制平面。单击【标准视图】工具栏中的 ↥ 【正视于】按钮，并单击【草图】工具栏中的 ∠ 【草图绘制】按钮，进入草图绘制状态。

（7）单击【草图】工具栏中的 ☉ 【圆弧】按钮和 ◇ 【智能尺寸】按钮，绘制草图并标注尺寸，如图6-68所示。

（8）单击【特征】工具栏中的 圎 【拉伸切除】按钮，在【属性管理器】中弹出【切除-拉伸】的属性管理器。在【方向1】选项组中，设置【终止条件】为【给定深度】，【深度】为16mm，单击 ✓ 【确定】按钮，生成拉伸切除特征，参数设置和结果如图6-69所示。

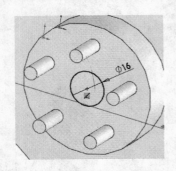

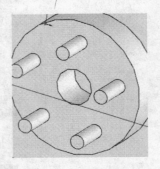

图6-68　绘制草图　　　　　　　　图6-69　拉伸切除特征参数设置和结果

（9）单击【特征】工具栏中的 ◎ 【圆角】按钮，在【属性管理器】中弹出【圆角】的属性管理器。在【圆角参数】选项组中，设置【半径】为5mm，如图6-70所示，单击 ☐ 【边线和面或顶点】选择框，在图形区域中选择模型的边线，单击 ✓ 【确定】按钮，生成圆角特征，结果如图6-71所示。这样，这个范例就制作完成了。

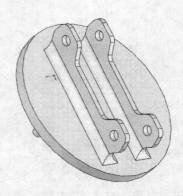

图6-70　【圆角】属性管理器　　　　　　　　图6-71　车轮毂模型

第7章　曲线和曲面设计

SolidWorks提供了曲线和曲面的设计功能。曲线和曲面是复杂和不规则实体模型的主要组成部分，尤其在工业设计中，其应用更为广泛。曲线和曲面使不规则实体的绘制更加灵活、快捷。

曲线可用来生成实体模型特征，主要命令有【投影曲线】、【组合曲线】、【螺旋线/涡状线】、【分割线】、【通过基准点的曲线】和【通过XYZ点的曲线】等。

曲面也是用来生成实体模型的几何体，主要命令有【拉伸曲面】、【旋转曲面】、【扫描曲面】、【放样曲面】、【等距曲面】和【延展曲面】等。

可对生成的曲面进行编辑，主要命令有【缝合曲面】、【延伸曲面】、【剪裁曲面】、【填充】、【中面】、【替换】、【删除曲面】、【解除剪裁曲面】、【分型面】和【直纹曲面】等。

7.1　曲线设计

曲线是组成不规则实体模型的最基本要素，SolidWorks提供了绘制曲线的工具栏和菜单命令。

选择【插入】|【曲线】菜单命令后可选择绘制曲线的类型，如图7-1所示，或选择【视图】|【工具栏】|【曲线】菜单命令，调出【曲线】工具栏，如图7-2所示，在【曲线】工具栏中进行选择。

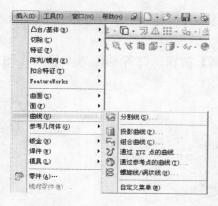

图7-1　【曲线】菜单命令

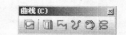

图7-2　【曲线】工具栏

7.1.1　投影曲线

投影曲线将绘制的曲线投影到模型面上生成一条三维曲线，即"草图到面"的投影类型，也可用另一种方式生成投影曲线，即"草图到草图"的投影类型，首先在两个相交的基准面上分别绘制草图，系统将每个草图沿所在平面的垂直方向投影，得到相应的两个曲面后在空间中相交，从而生成一条三维曲线。

1. 投影曲线的属性设置

单击【曲线】工具栏中的 ⑪ 【投影曲线】按钮或选择【插入】|【曲线】|【投影曲线】菜单命令，在【属性管理器】中弹出【投影曲线】的属性管理器，如图7-3所示。在【选择】选项组中，可选择两种投影类型，即【面上草图】和【草图上草图】。

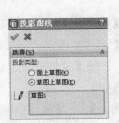

【草图上草图】投影类型

【面上草图】投影类型

图7-3 【投影曲线】的属性管理器

（1）⌀【要投影的一些草图】：在图形区域或【特征管理器设计树】中选择曲线草图。

（2）◇【投影面】：在实体模型上选择想要投影草图的面。

（3）【反转投影】：设置投影曲线的方向。

2. 生成投影类型为【草图上草图】的投影曲线的操作步骤

（1）单击【标准】工具栏中的 ▯ 【新建】按钮，新建零件文件。

（2）选择前视基准面为草图绘制平面，单击【草图】工具栏中的 ⌒ 【样条曲线】按钮，绘制一条样条曲线。

（3）选择上视基准面为草图绘制平面，单击【草图】工具栏中的 ⌒ 【样条曲线】按钮，再次绘制一条样条曲线。

（4）单击【标准视图】工具栏中的 ▨ 【等轴测】按钮，以等轴测方向显示视图，如图7-4所示。

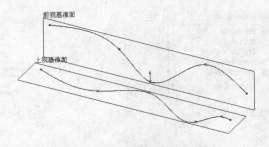

图7-4 以等轴测方向显示视图

（5）单击【曲线】工具栏中的 ⑪ 【投影曲线】按钮（或者选择【插入】|【曲线】|【投影曲线】菜单命令），在【属性管理器】中弹出【投影曲线】的属性管理器。在【选择】选项组中，选择【草图到草图】投影类型。

（6）单击⌀【要投影的一些草图】选择框，在图形区域中选择Step02～Step03绘制的草图，如图7-5所示，在图形区域中可预览生成的投影曲线，单击 ✅ 【确定】按钮，生成投影曲线，如图7-6所示。

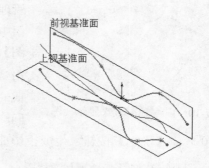

图7-5 在【投影曲线】属性管理器中显示所选的草图   图7-6 生成投影曲线

3. 生成投影类型为【面上草图】的投影曲线的操作步骤

（1）单击【标准】工具栏中的 ☐【新建】按钮，新建零件文件。

（2）选择前视基准面为草图绘制平面，绘制一条样条曲线，单击【曲面】工具栏中的 ◇【拉伸曲面】按钮，拉伸出一个宽为50mm的曲面，如图7-7所示。

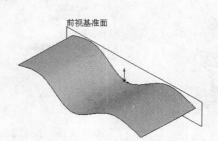

图7-7 生成拉伸曲面

（3）单击【参考几何体】工具栏中的 ◈【基准面】按钮，在【属性管理器】中弹出【基准面】的属性管理器。在【选择】选项组中，单击 ⬡【参考实体】选择框，在【特征管理器设计树】中单击【上视基准面】图标，设置【距离】为50mm，如图7-8所示，在图形区域的上视基准面上方50mm处生成基准面1，如图7-9所示。

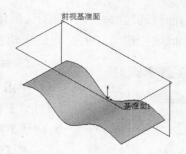

图7-8 在【基准面】属性管理   图7-9 生成基准面1
　　　器中设置【距离】

（4）选择基准面1为草图绘制平面，单击【草图】工具栏中的 〜【样条曲线】按钮，绘制一条样条曲线。

（5）单击【标准视图】工具栏中的 ⬡【等轴测】按钮，以等轴测方向显示视图，如图7-10所示。

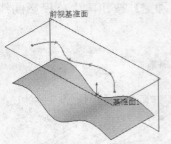

图7-10　以等轴测方式显示视图

（6）单击【曲线】工具栏中的  【投影曲线】按钮或选择【插入】|【曲线】|【投影曲线】菜单命令，在【属性管理器】中弹出【投影曲线】属性管理器。在【选择】选项组中选择【面上草图】投影类型。单击 【要投影的一些草图】选择框，在图形区域中选择第（4）步绘制的草图，单击 【投影面】选择框，在图形区域中选择第（2）步中生成的拉伸曲面，选择【反转投影】选项，确定曲线的投影方向，如图7-11所示，此时在图形区域中可预览生成的投影曲线，单击 【确定】按钮，生成投影曲线，如图7-12所示。

图7-11　选择【反转投影】选项

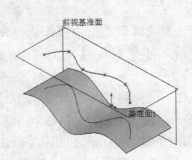

图7-12　生成投影曲线

提示：在使用【草图到草图】类型生成投影曲线时，草图所在的两个基准面必须相交，否则不能生成投影曲线。在执行【投影曲线】命令之前，如果事先选择了生成投影曲线的对象，属性管理器会自动选择合适的投影类型，系统默认的投影类型为【草图到草图】类型。

7.1.2　组合曲线

组合曲线通过将曲线、草图几何体和模型边线组合为单一曲线而生成。组合曲线可作为生成放样特征或扫描特征的引导线或轮廓线。

图7-13　【组合曲线】的属性管理器

1．组合曲线的属性设置

单击【曲线】工具栏中的 【组合曲线】按钮或选择【插入】|【曲线】|【组合曲线】菜单命令，在【属性管理器】中弹出【组合曲线】的属性管理器，如图7-13所示。

【要连接的草图、边线以及曲线】：在图形区域中选择要组合曲线的项目（如草图、边线或者曲线等）。

2．生成组合曲线的操作步骤

（1）单击【标准】工具栏中的 【新建】按钮，新建零件文件。

（2）选择前视基准面作为草图绘制平面，绘制如图7-14所示的草图并标注尺寸。

（3）单击【特征】工具栏中的 【拉伸凸台/基体】按钮，在【属性管理器】中弹出【拉伸】属性管理器。在【方向1】选项组中设置 【深度】为30mm，将草图拉伸为实体。

　　（4）单击【曲线】工具栏中的 🔩【组合曲线】按钮或选择【插入】|【曲线】|【组合曲线】菜单命令，在【属性管理器】中弹出【组合曲线】属性管理器。在【要连接的实体】选项组中，单击 ✍【要连接的草图、边线以及曲线】选择框，在图形区域中依次选择如图7-15所示的边线1～边线4，在图形区域中预览生成的组合曲线，如图7-16所示，单击 ✅【确定】按钮，生成组合曲线，如图7-17所示。

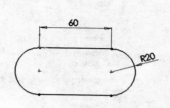

图7-14　绘制草图并标注尺寸

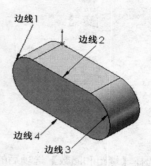

图7-15　选择边线

图7-16　在【组合曲线】属性管理器中显示所选边线

图7-17　生成组合曲线

7.1.3　螺旋线和涡状线

　　螺旋线和涡状线可作为扫描特征的路径或引导线，也可作为放样特征的引导线，通常用来生成螺纹、弹簧和发条等零件，在工业设计中也可作为装饰使用。

　　1. 螺旋线和涡状线的属性设置

　　单击【曲线】工具栏中的【螺旋线/涡状线】按钮或选择【插入】|【曲线】|【螺旋线/涡状线】菜单命令，在【属性管理器】中弹出【螺旋线/涡状线】的属性管理器。

　　（1）【定义方式】选项组

　　此选项组用来定义生成螺旋线和涡状线的方式，可根据需要进行选择，如图7-18所示。

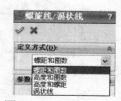

图7-18　【定义方式】选项组

　　• 【螺距和圈数】：通过定义螺距和圈数生成螺旋线，其属性设置如图7-19所示。

　　• 【高度和圈数】：通过定义高度和圈数生成螺旋线，其属性设置如图7-20所示。

　　• 【高度和螺距】：通过定义高度和螺距生成螺旋线，其属性设置如图7-21所示。

　　• 【涡状线】：通过定义螺距和圈数生成涡状线，其属性设置如图7-22所示。

　　（2）【参数】选项组

　　• 【恒定螺距】（在选择【螺距和圈数】和【高度和螺距】选项时可用）：以恒定螺距方式生成螺旋线。

图7-19　选择【螺距和圈数】选项后的属性设置　　　图7-20　选择【高度和圈数】选项后的属性设置

图7-21　选择【高度和螺距】选项后的属性设置　　　图7-22　选择【涡状线】选项后的属性设置

· 【可变螺距】（在选择【螺距和圈数】和【高度和螺距】选项时可用）：以可变螺距方式生成螺旋线。

· 【区域参数】（在选中【可变螺距】单选按钮后可用）：通过指定圈数（Rev）或高度（H）、直径（Dia）及螺距率（P）生成可变螺距螺旋线，如图7-23所示。

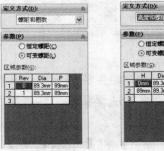 

图7-23　设置【区域参数】

- 【螺距】（在选择【高度和圈数】选项时不可用）：为每个螺距设置半径更改比率。设置的数值必须至少为0.001，且不大于200 000。
- 【圈数】（在选择【高度和螺距】选项时不可用）：设置螺旋线或涡状线的圈数。
- 【高度】（在选择【高度和圈数】和【高度和螺距】时可用）：设置生成螺旋线的高度。
- 【反向】：反转螺旋线及涡状线的旋转方向。选择此选项，将螺旋线从原点处向后延伸或生成一条向内旋转的涡状线。
- 【起始角度】：设置在绘制的草图圆上开始初始旋转的位置。
- 【顺时针】：设置生成的螺旋线及涡状线的旋转方向为顺时针。
- 【逆时针】：设置生成的螺旋线及涡状线的旋转方向为逆时针。

（3）【锥形螺纹线】选项组（在【定义方式】选项组中选择【涡状线】选项时不可用）

- 【锥形角度】：设置生成锥形螺纹线的角度。
- 【锥度外张】：设置生成的螺纹线是否锥度外张。

2. 生成螺旋线的操作步骤

（1）单击【标准】工具栏中的 【新建】按钮，新建零件文件。

（2）选择前视基准面为草图绘制平面，绘制一个直径为80mm的圆形草图并标注尺寸，如图7-24所示。

（3）单击【曲线】工具栏中的 【螺旋线/涡状线】按钮或选择【插入】|【曲线】|【螺旋线/涡状线】菜单命令，在【属性管理器】中弹出【螺旋线/涡状线】属性管理器。在【定义方式】选项组中选择【螺距和圈数】选项；在【参数】选项组中选中【恒定螺距】单选按钮，设置【螺距】为30mm，【圈数】为10，如图7-25所示，单击 【确定】按钮，生成螺旋线。

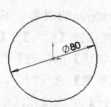

图7-24 绘制草图并标注尺寸　　　　　　图7-25 设置【螺距】和【圈数】数值

（4）单击【标准视图】工具栏中的 【等轴测】按钮，以等轴测方式显示视图，如图7-26所示。

（5）用鼠标右键单击【特征管理器设计树】中的【螺旋线/涡状线1】图标，在弹出的菜单中选择【编辑特征】命令，如图7-27所示，在【属性管理器】中弹出【螺旋线/涡状线1】的属性管理器，对生成的螺旋线进行编辑。

（6）在【锥形螺纹线】选项组中，设置 【锥形角度】为10deg，如图7-28所示，单击 【确定】按钮，生成锥形螺旋线，如图7-29所示。

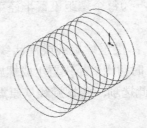

图7-26 等轴测方式显示生成的螺旋线

图7-27 在快捷菜单中选择【编辑特征】命令

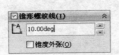

图7-28 设置【锥形角度】数值

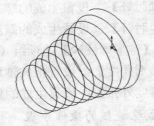

图7-29 生成锥形螺旋线

(7) 在【锥形螺纹线】选项组中，设置 【锥形角度】为10deg，选择【锥度外张】选项，如图7-30所示，单击 【确定】按钮，生成锥形螺旋线，如图7-31所示。

图7-30 选择【锥度外张】选项

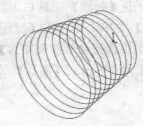

图7-31 生成锥形螺旋线

3. 生成涡状线的操作步骤

(1) 单击【标准】工具栏中的 【新建】按钮，新建零件文件。

(2) 选择前视基准面为草图绘制平面，绘制一个直径为80mm的圆形草图并标注尺寸。

(3) 单击【曲线】工具栏中的 【螺旋线/涡状线】按钮或选择【插入】|【曲线】|【螺旋线/涡状线】菜单命令，在【属性管理器】中弹出【螺旋线/涡状线】的属性管理器，如图7-32所示。在【定义方式】选项组中，选择【涡状线】选项；在【参数】选项组中，设置【螺距】为20mm，【圈数】为6，【起始角度】为135deg，选中【顺时针】单选按钮，单击 【确定】按钮，生成涡状线，如图7-33所示。

(4) 用鼠标右键单击【特征管理器设计树】中的【螺旋线/涡状线1】图标，在弹出的菜单中选择【编辑特征】命令，如图7-34所示，在【属性管理器】中弹出【螺旋线/涡状线1】的属性管理器，对生成的涡状线进行编辑，选中【逆时针】单选按钮，单击 【确定】按钮，生成涡状线，如图7-35所示。

7.1.4 通过xyz点的曲线

可以通过用户定义的点生成样条曲线，以这种方式生成的曲线称为通过xyz点的曲线。在

SolidWorks中，用户既可自定义样条曲线通过的点，也可利用点坐标文件生成样条曲线。

图7-32 【螺旋线/涡状线】的属性管理器

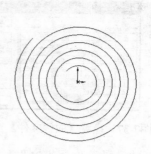

图7-33 生成涡状线

图7-34 在快捷菜单中选择【编辑特征】命令

图7-35 生成逆时针涡状线

1. 通过XYZ点的曲线的属性设置

单击【曲线】工具栏中的 【通过XYZ点的曲线】按钮或选择【插入】|【曲线】|【通过XYZ点的曲线】菜单命令，弹出【曲线文件】对话框，如图7-36所示。

（1）【点】、【X】、【Y】、【Z】：【点】的列坐标定义生成曲线的点的顺序；【X】、【Y】、【Z】的列坐标对应点的坐标值。双击每个单元格，即可激活该单元格，然后输入数值即可。

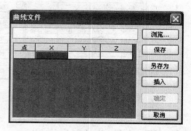

图7-36 【曲线文件】对话框

（2）【浏览】：单击【浏览】按钮，弹出【打开】对话框，可导入存在的曲线文件，根据曲线文件直接生成曲线。

（3）【保存】：单击【保存】按钮，弹出【另存为】对话框，选择想要保存的位置，然后在【文件名】文本框中输入文件名称。如果没有指定扩展名，SolidWorks应用程序会自动添加*.SLDCRV扩展名。

（4）【插入】：用于插入新一行。如果要在某一行之上插入新行，只要单击该行，然后单击【插入】按钮即可。

2. 生成通过XYZ点的曲线的操作步骤

第一种，输入坐标。

（1）单击【标准】工具栏中的 【新建】按钮，新建零件文件。

（2）单击【曲线】工具栏中的 【通过XYZ点的曲线】按钮或选择【插入】|【曲线】|【通过XYZ点的曲线】菜单命令，弹出【曲线文件】对话框。

（3）在【X】、【Y】、【Z】的单元格中输入生成曲线的坐标点的数值，如图7-37所示，单击【确定】按钮，结果如图7-38所示。

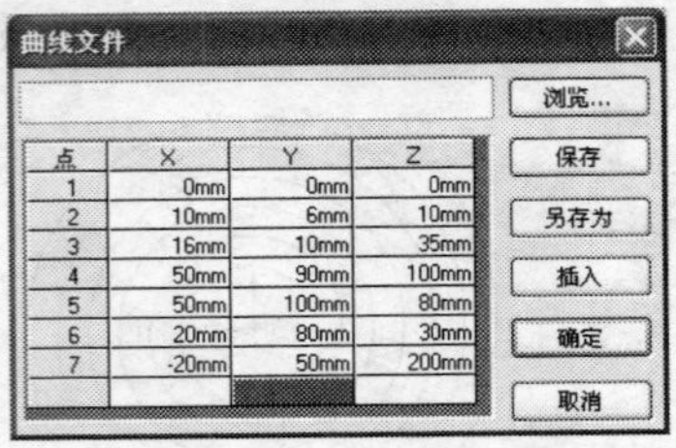

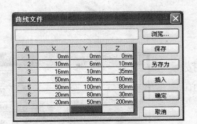

图7-37　设置【曲线文件】对话框

图7-38　生成通过XYZ点的曲线（1）

第二种，导入坐标点文件。

（1）单击【标准】工具栏中的 【新建】按钮，新建零件文件。

（2）单击【曲线】工具栏中的 【通过XYZ点的曲线】按钮或选择【插入】|【曲线】|【通过XYZ点的曲线】菜单命令，弹出【曲线文件】对话框。

（3）单击【浏览】按钮，弹出【打开】对话框，选择需要的曲线文件。

（4）单击【打开】按钮，此时文件的路径和文件名出现在【曲线文件】对话框上方的空白框中，如图7-39所示，单击【确定】按钮，结果如图7-40所示。

图7-39　【曲线文件】对话框

图7-40　生成通过XYZ点的曲线（2）

7.1.5　通过基准点的曲线

通过基准点的曲线是通过一个或多个平面上的点而生成的曲线。

1. 通过基准点的曲线的属性设置

单击【曲线】工具栏中的 【通过基准点的曲线】按钮或单击【插入】|【曲线】|【通过基准点的曲线】菜单命令，在【属性管理器】中弹出【通过基准点的曲线】的属性管理器，如图7-41所示。

（1）【通过基准点的曲线】：选择通过一个或多个平面上的点。

（2）【闭环曲线】：定义生成的曲线是否闭合。选择此选项，则生成的曲线自动闭合。

2. 生成通过基准点的曲线的操作步骤

（1）单击【曲线】工具栏中的 【通过基准点的曲线】按钮或单击【插入】|【曲线】|【通过基准点的曲线】菜单命令，在【属性管理器】中弹出【通过基准点的曲线】属性管理器。

（2）在图形区域中选择如图7-42所示的顶点1～顶点4，此时在图形区域中预览到生成的曲线，单击 【确定】按钮，生成通过基准点的曲线，如图7-43所示。

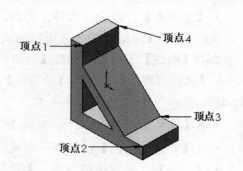

图7-41 【通过基准点的曲线】的属性管理器　　　　　图7-42 选择顶点

（3）用鼠标右键单击【特征管理器设计树】中的【曲线1】图标（即上一步生成的曲线），在弹出的菜单中选择【编辑特征】命令，如图7-44所示；在【属性管理器】中弹出【曲线1】的属性管理器，选择【闭环曲线】选项，如图7-45所示；单击 <img>【确定】按钮，生成的曲线自动变为闭合曲线，如图7-46所示。

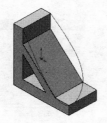

图7-43 生成通过基准点的曲线　　　　　　　图7-44 在快捷菜单中选择【编辑体征】

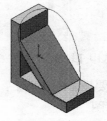

图7-45 【曲线1】的属性管理器　　　　　　图7-46 生成闭合曲线

7.1.6 分割线

分割线是将实体投影到曲面或平面上生成的。它将所选的面分割为多个分离的面，从而可选择其中一个分离面进行操作。也可将草图投影到曲面实体而生成分割线，投影的实体可以是草图、模型实体、曲面、面、基准面或者曲面样条曲线。

1. 分割线的属性设置

单击【曲线】工具栏中的 <img>【分割线】按钮或选择【插入】|【曲线】|【分割线】菜单命令，在【属性管理器】中弹出【分割线】属性管理器。在【分割类型】选项组中（如图7-47所示）选择生成的分割线的类型。

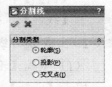

图7-47 【分割类型】选项组

· 【轮廓】：在圆柱形零件上生成分割线。
· 【投影】：将草图线投影到表面上生成分割线。

· 【交叉点】：以交叉实体、曲面、面、基准面或者曲面样条曲线分割面。

（1）选中【轮廓】单选按钮后的属性设置

单击【曲线】工具栏中的 【分割线】按钮或选择【插入】|【曲线】|【分割线】菜单命令，在【属性管理器】中弹出【分割线】属性管理器。选中【轮廓】单选按钮，其属性设置如图7-48所示。

· 【拔模方向】：在图形区域或【特征管理器设计树】中选择通过模型轮廓投影的基准面。

· 【要分割的面】：选择一个或者多个要分割的面。

· 【反向】：设置拔模方向。若选择此选项，则以反方向拔模。

· 【角度】：设置拔模角度，主要考虑制造工艺等方面。

（2）选中【投影】单选按钮后的属性设置

单击【曲线】工具栏中的 【分割线】按钮或选择【插入】|【曲线】|【分割线】菜单命令，在【属性管理器】中弹出【分割线】的属性管理器。选中【投影】单选按钮，其属性设置如图7-49所示。

图7-48　选中【轮廓】单选按钮后的属性设置　　　　图7-49　选中【投影】单选按钮后的属性设置

· 【要投影的草图】：在图形区域或者【特征管理器设计树】中选择草图，作为要投影的草图。

· 【单向】：以单方向分割生成分割线。

（3）选中【交叉点】单选按钮后的属性设置

单击【曲线】工具栏中的 【分割线】按钮或选择【插入】|【曲线】|【分割线】菜单命令，在【属性管理器】中弹出【分割线】的属性管理器。选中【交叉点】单选按钮，其属性设置如图7-50所示。

· 【分割所有】：分割线穿越曲面上所有可能的区域，即分割所有可以分割的曲面。

· 【自然】：按照曲面的形状进行分割。

· 【线性】：按照线性方向进行分割。

2. 生成分割线的操作步骤

（1）生成【轮廓】类型的分割线

单击【曲线】工具栏中的 【分割线】按钮或选择【插入】|【曲线】|【分割线】菜单命令，在【属性管理器】中弹出【分割线】属性管理器。在【分割类型】选项组中，选中【轮廓】单选按钮。在【选择】选项组中，单击 【拔模方向】选择框，在图形区域中选择如图7-51所

示的面1，单击 🔲 【要分割的面】选择框，在图形区域中选择如图7-51所示的面2，其他设置如图7-52所示，单击 ✅ 【确定】按钮，生成分割线，如图7-53所示（图中的曲线1为生成的分割线）。

图7-50 选中【交叉点】单选按钮后的属性设置

图7-52 【分割线】的属性管理器

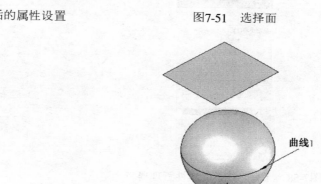

图7-51 选择面

图7-53 生成分割线

（2）生成【投影】类型的分割线

单击【曲线】工具栏中的 🔲 【分割线】按钮或选择【插入】|【曲线】|【分割线】菜单命令，在【属性管理器】中弹出【分割线】的属性管理器。在【分割类型】选项组中，选中【投影】单选按钮；在【选择】选项组中，单击 🔲 【要投影的草图】选择框，在图形区域中选择如图7-54所示的草图2，单击 🔲 【要分割的面】选择框，在图形区域中选择如图7-54所示的面1，其他设置如图7-55所示，单击 ✅ 【确定】按钮，生成分割线，如图7-56所示（图中的曲线1为生成的分割线）。

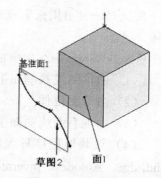

图7-54 选择草图和面

（3）生成【交叉点】类型的分割线

单击【曲线】工具栏中的 🔲 【分割线】按钮或选择【插入】|【曲线】|【分割线】菜单命令，在【属性管理器】中弹出【分割线】的属性管理器。在【分割类型】选项组中，选中【交叉点】单选按钮；在【选择】选项组中，单击 🔲 【分割实体/面/基准面】选择框，在图形区域中选择面1~面6，单击 🔲 【要分割的面/实体】选择框，选择图形区域中如图7-57所示的面7，其他设置如图7-58所示，单击 ✅ 【确定】按钮，生成分割线，如图7-59所示（分割线位于分割

面和目标面的交叉处）。

图7-55　【分割线】的属性管理器

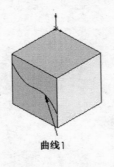

图7-56　生成分割线

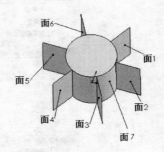

图7-57　选择面

图7-58　【分割线】的属性管理器

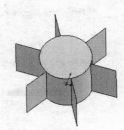

图7-59　生成分割线

7.2　曲面设计

　　曲面是一种可用来生成实体特征的几何体（如圆角曲面等）。一个零件中可以有多个曲面实体。

　　在SolidWorks中，生成曲面的方式如下：

　　（1）由草图或基准面上的一组闭环边线插入平面。

　　（2）由草图拉伸、旋转、扫描或放样生成曲面。

　　（3）由现有面或曲面生成等距曲面。

　　（4）从其他程序导入曲面文件，如CATIA、ACIS、Pro/ENGINEER、Unigraphics、SolidEdge、Autodesk Inverntor等。

　　（5）由多个曲面组合成新的曲面。

　　在SolidWorks中，使用曲面的方式如下：

　　（1）选择曲面边线和顶点作为扫描的引导线和路径。

　　（2）通过加厚曲面生成实体或切除特征。

　　（3）使用【成形到一面】或【到离指定面指定的距离】作为终止条件，拉伸实体或切除实体。

　　（4）通过加厚已经缝合成实体的曲面生成实体特征。

（5）用曲面作为替换面。

SolidWorks提供了生成曲面的工具栏和菜单命令。选择【插入】|【曲面】菜单命令可选择生成相应曲面的类型，如图7-60所示，或选择【视图】|【工具栏】|【曲面】菜单命令，调出【曲面】工具栏，如图7-61所示。

图7-60 【曲面】菜单命令

图7-61 【曲面】工具栏

7.2.1 拉伸曲面

拉伸曲面是将一条曲线拉伸为曲面。

1. 拉伸曲面的属性设置

单击【曲面】工具栏中的 【拉伸曲面】按钮或选择【插入】|【曲面】|【拉伸曲面】菜单命令，在【属性管理器】中弹出【曲面-拉伸】的属性管理器，如图7-62所示。在【从】选项组中，选择不同的【开始条件】，如图7-63所示。

图7-62 【曲面-拉伸】的属性管理器

图7-63 【开始条件】选项

（1）【从】选项组

不同的开始条件对应不同的属性设置。

· 草图基准面（如图7-64所示）。

· 曲面/面/基准面（如图7-65所示）。

　　　【选择一曲面/面/基准面】：选择一个面作为拉伸曲面的开始条件。

图7-64　设置【开始条件】为【草图基准面】　　　图7-65　设置【开始条件】为【曲面/面/基准面】

· 顶点（如图7-66所示）。

　　　【选择一顶点】：选择一个顶点作为拉伸曲面的开始条件。

· 等距（如图7-67所示）。

　　　【输入等距值】：从与当前草图基准面等距的基准面上开始拉伸曲面，在数值框中可以输入等距数值。

图7-66　设置【开始条件】为【顶点】　　　　图7-67　设置【开始条件】为【等距】

（2）【方向1】、【方向2】选项组

· 【终止条件】：决定拉伸曲面的方式，如图7-68所示。

·　【反向】：可改变曲面拉伸的方向。

·　【拉伸方向】：在图形区域中选择方向向量以垂直于草图轮廓的方向拉伸草图。

·　、　【深度】：设置曲面拉伸的深度。

·　【拔模开/关】：设置拔模角度，主要用于制造工艺的考虑。

· 【向外拔模】：设置拔模的方向。

其他属性设置不再赘述。

（3）【所选轮廓】选项组

在图形区域中选择草图轮廓和模型边线，使用部分草图生成曲面拉伸特征。

2. 生成拉伸曲面的操作步骤

（1）生成【开始条件】为【草图基准面】的拉伸曲面

选择前视基准面作为草图绘制平面，绘制如图7-69所示的样条曲线。单击【曲面】工具栏中的　【拉伸曲面】按钮或选择【插入】|【曲面】|【拉伸曲面】菜单命令，在【属性管理器】中弹出【曲面-拉伸】的属性管理器。在【从】选项组中，设置【开始条件】为【草图基准面】；在【方向1】选项组中，设置【终止条件】为【给定深度】，设置　【深度】为30mm，其他设置如图7-70所示，单击　【确定】按钮，生成拉伸曲面，如图7-71所示。

（2）生成【开始条件】为【曲面/面/基准面】的拉伸曲面

单击【曲面】工具栏中的　【拉伸曲面】按钮或选择【插入】|【曲面】|【拉伸曲面】菜单命令，弹出【拉伸】属性管理器的信息框，如图7-72所示。在图形区域中选择如图7-73所示的草图1（即选择一个现有草图），在【属性管理器】中弹出【曲面-拉伸】属性管理器。在

【从】选项组中，设置【开始条件】为【曲面/面/基准面】，单击◎【选择一曲面/面/基准面】选择框，在图形区域中选择如图7-73所示的曲面2；在【方向1】选项组中，设置【终止条件】为【给定深度】，设置✍【深度】为30mm，其他设置如图7-74所示，单击✔【确定】按钮，生成拉伸曲面，如图7-75所示。

图7-68　【终止条件】选项

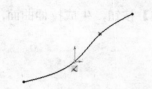

图7-69　绘制样条曲线

图7-70　【曲面-拉伸】的属性管理器

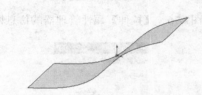

图7-71　生成拉伸曲面

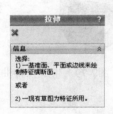

图7-72　【拉伸】属性管理器的信息框

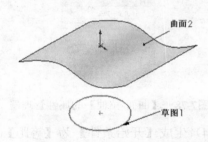

图7-73　选择草图和曲面

图7-74　【曲面-拉伸】的属性管理器

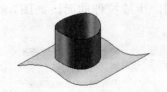

图7-75　生成拉伸曲面

（3）生成【开始条件】为【顶点】的拉伸曲面

单击【曲面】工具栏中的◈【拉伸曲面】按钮或选择【插入】|【曲面】|【拉伸曲面】菜

单命令，弹出【拉伸】属性管理器的信息框，如图7-76所示。在图形区域中选择如图7-77所示的曲线3（即选择一个现有草图），在【属性管理器】中弹出【曲面-拉伸】属性管理器。在【从】选项组中，设置【开始条件】为【顶点】，单击 🍸【选择一顶点】选择框，在图形区域中选择如图7-77所示的顶点1；在【方向1】选项组中，设置【终止条件】为【成形到一顶点】，单击 🍸【顶点】选择框，在图形区域中选择如图7-77所示的顶点2，其他设置如图7-78所示，单击 ✅【确定】按钮，生成拉伸曲面，如图7-79所示。

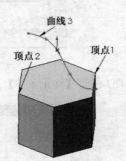

图7-76　【拉伸】属性管理器的信息框　　　　图7-77　选择曲线和顶点

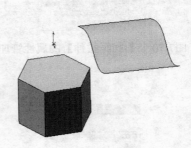

图7-78　【曲面-拉伸】的属性管理器　　　　图7-79　生成拉伸曲面

（4）生成【开始条件】为【等距】的拉伸曲面

单击【曲面】工具栏中的 ✒【拉伸曲面】按钮或选择【插入】|【曲面】|【拉伸曲面】菜单命令，弹出【拉伸】属性管理器的信息框，如图7-80所示。在图形区域中选择如图7-81所示的草图（即选择一个现有草图），在【属性管理器】中弹出【曲面-拉伸】属性管理器。在【从】选项组中，设置【开始条件】为【等距】，【输入等距值】为30mm；在【方向1】选项组中，设置【终止条件】为【给定深度】，📏【深度】为40mm，其他设置如图7-82所示，单击 ✅【确定】按钮，生成拉伸曲面，如图7-83所示。

图7-80　【拉伸】属性管理器的信息框　　　　图7-81　选择草图

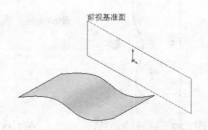

图7-82 【曲面-拉伸】的属性管理器   图7-83 生成拉伸曲面

7.2.2 旋转曲面

从交叉或非交叉的草图中选择不同的草图并用所选轮廓生成旋转的曲面，即为旋转曲面。

1. 旋转曲面的属性设置

单击【曲面】工具栏中的 【旋转曲面】按钮或选择【插入】
|【曲面】|【旋转曲面】菜单命令，在【属性管理器】中弹出【曲
面-旋转】的属性管理器，如图7-84所示。

【旋转参数】选项组用来设置生成旋转曲面的各项参数。

（1） 【旋转轴】：设置曲面旋转围绕的轴，所选择的轴可
以是中心线、直线，也可以是一条边线。

图7-84 【曲面-旋转】的
属性管理器

（2） 【反向】：改变旋转曲面的方向。

（3） 【旋转类型】：设置生成旋转曲面的类型，如图7-85所示。

· 【单向】：从草图基准面开始以单一方向生成旋转曲面。

· 【两侧对称】：从草图基准面以顺时针和逆时针两个方向生成旋转曲面。

· 【双向】：从草图基准面以顺时针和逆时针两个方向生成旋转曲面，分别设置【方向1
角度】和【方向2角度】数值，如图7-86所示。需要注意的是，两个方向的总角度之和
不能超过360°。

图7-85 【旋转类型】选项   图7-86 【旋转参数】选项组的参数设置

（4） 【角度】：设置旋转曲面的角度。系统默认的角度为360°，角度从所选草图基准
面以顺时针方向开始。

2. 生成旋转曲面的操作步骤

（1）单击【曲面】工具栏中的 【旋转曲面】按钮或选择【插入】|【曲面】|【旋转曲面】
菜单命令，在【属性管理器】中弹出【曲面-旋转】属性管理器。在【旋转参数】选项组中，
单击 【旋转轴】选择框，在图形区域中选择如图7-87所示的中心线，其他设置如图7-88所示，

单击 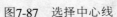 【确定】按钮，生成旋转曲面，如图7-89所示。

图7-87　选择中心线　　　　　图7-88　【曲面-旋转】属性管理器　　　　图7-89　生成旋转曲面

（2）改变旋转类型，可以生成不同的旋转曲面。在【旋转参数】选项组中，设置【旋转类型】为【两侧对称】，如图7-90所示，单击 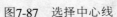 【确定】按钮，生成旋转曲面，如图7-91所示。

图7-90　设置【旋转类型】为【两侧对称】　　　　　图7-91　生成旋转曲面

（3）在【旋转参数】选项组中，设置【旋转类型】为【双向】，如图7-92所示，单击 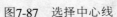【确定】按钮，生成旋转曲面，如图7-93所示。

图7-92　设置【旋转类型】为【双向】　　　　　图7-93　生成旋转曲面

7.2.3　扫描曲面

利用轮廓和路径生成的曲面被称为扫描曲面。扫描曲面和扫描特征类似，也可通过引导线生成。

1. 扫描曲面的属性设置

单击【曲面】工具栏中的 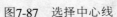【扫描曲面】按钮或选择【插入】|【曲面】|【扫描曲面】菜单命令，在【属性管理器】中弹出【曲面-扫描】的属性管理器，如图7-94所示。

（1）【轮廓和路径】选项组

- 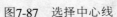【轮廓】：设置扫描曲面的草图轮廓，在图形区域或【特征管理器设计树】中选择草图轮廓，扫描曲面的轮廓可以是开环的，也可以是闭环的。

- 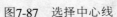【路径】：设置扫描曲面的路径，在图形区域或【特征管理器设计树】中选择路径。

（2）【选项】选项组

· 【方向/扭转控制】：控制轮廓沿路径扫描的方向，其选项如图7-95所示。

图7-94 【曲面-扫描】的属性管理器   图7-95 【方向/扭转控制】选项

【随路径变化】：轮廓相对于路径时刻处于同一角度。

【保持法向不变】：轮廓时刻与开始轮廓平行。

【随路径和第一引导线变化】：中间轮廓的扭转由路径到第一条引导线的向量决定。

【随第一和第二引导线变化】：中间轮廓的扭转由第一条引导线到第二条引导线的向量决定。

【沿路径扭转】：沿路径扭转轮廓。

【以法向不变沿路径扭曲】：通过将轮廓在沿路径扭曲时保持与开始轮廓平行而沿路径扭转轮廓。

· 【路径对齐类型】：当路径上出现少许波动和不均匀波动，使轮廓不能对齐时，可以将轮廓稳定下来，其选项如图7-96所示。

【无】：垂直于轮廓且对齐轮廓，而不进行纠正。

【最小扭转】：阻止轮廓在随路径变化时自我相交（只对于3D路径而言）。

图7-96 【路径对齐类型】选项

【方向向量】：以方向向量所选择的方向对齐轮廓。

【所有面】：当路径包括相邻面时，使扫描轮廓在几何关系可能的情况下与相邻面相切。

· 【合并切面】：在扫描曲面时，如果扫描轮廓具有相切线段，可以使所产生的扫描中的相应曲面相切。保持相切的面可以是基准面、圆柱面或者锥面。在合并切面时，其他相邻面被合并，轮廓被近似处理，草图圆弧可以被转换为样条曲线。

· 【显示预览】：以上色方式显示扫描结果的预览。如果取消选择此选项，则只显示扫描曲面的轮廓和路径。

- 【与结束端面对齐】：将扫描轮廓延续到路径所遇到的最后面，扫描的面被延伸或缩短以与扫描端点处的面相匹配，而不要求额外几何体（此选项常用于螺旋线）。

（3）【引导线】选项组

- ✎【引导线】：在轮廓沿路径扫描时加以引导。

- ↑【上移】：调整引导线的顺序，使指定的引导线上移。

- ↓【下移】：调整引导线的顺序，使指定的引导线下移。

- 【合并平滑的面】：改进通过引导线扫描的性能，并在引导线或者路径不是曲率连续的所有点处进行分割扫描。

- 👓【显示截面】：显示扫描的截面，单击⬍箭头可以进行滚动预览。

（4）【起始处/结束处相切】选项组

- 【起始处相切类型】（如图7-97所示）。

【无】：不应用相切。

【路径相切】：路径垂直于开始点处而生成扫描。

- 【结束处相切类型】（如图7-98所示）。

【无】：不应用相切。

【路径相切】：路径垂直于结束点处而生成扫描。

图7-97　【起始处相切类型】选项

图7-98　【结束处相切类型】选项

2. 生成扫描曲面的操作步骤

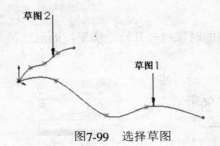

图7-99　选择草图

单击【曲面】工具栏中的 ⬒【扫描曲面】按钮或选择【插入】|【曲面】|【扫描曲面】菜单命令，在【属性管理器】中弹出【曲面-扫描】属性管理器。在【轮廓和路径】选项组中，单击 ✎【轮廓】选择框，在图形区域中选择草图2，单击 ✎【路径】选择框，在图形区域中选择草图1，如图7-99所示，其他设置如图7-100所示，单击 ✔【确定】按钮，生成扫描曲面，如图7-101所示。

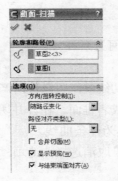

图7-100　【曲面-扫描】的属性管理器

图7-101　生成扫描曲面

7.2.4 放样曲面

通过曲线之间的平滑过渡生成的曲面被称为放样曲面。放样曲面由放样的轮廓曲线组成，也可以根据需要使用引导线。

1. 放样曲面的属性设置

单击【曲面】工具栏中的 【放样曲面】按钮或选择【插入】|【曲面】|【放样曲面】菜单命令，在【属性管理器】中弹出【曲面-放样】的属性管理器，如图7-102所示。

（1）【轮廓】选项组

· 【轮廓】：设置放样曲面的草图轮廓，可在图形区域或【特征管理器设计树】中选择草图轮廓。

· 【上移】：调整轮廓草图的顺序，选择轮廓草图，使其上移。

· 【下移】：调整轮廓草图的顺序，选择轮廓草图，使其下移。

（2）【起始/结束约束】选项组

【开始约束】和【结束约束】有相同的选项，如图7-103所示。

图7-102 【曲面-放样】的属性管理器　　　　图7-103 【开始约束】和【结束约束】选项

· 【无】：不应用相切约束，即曲率为零。

· 【方向向量】：根据方向向量所选实体而应用相切约束。

· 【垂直于轮廓】：应用垂直于开始或者结束轮廓的相切约束。

· 【与面相切】：使相邻面在所选开始或结束轮廓处相切（仅在附加放样到现有几何体时可用）。

· 【与面的曲率】：在所选开始或者结束轮廓处应用平滑、具有美感的曲率连续放样（仅在附加放样到现有几何体时可用）。

（3）【引导线】选项组

· 【引导线】：选择引导线以控制放样曲面。

· 【上移】：调整引导线的顺序，选择引导线，使其上移。

· 【下移】：调整引导线的顺序，选择引导线，使其下移。

- 【引导线相切类型】：控制放样与引导线相遇处的相切。
- 【无】：不应用相切约束。

 【垂直于轮廓】：垂直于引导线的基准面应用相切约束。

 【方向向量】：为方向向量所选实体应用相切约束。

 【与面相切】：在位于引导线路径上的相邻面之间添加边侧相切，从而在相邻面之间生成更平滑的过渡。

（4）【中心线参数】选项组

- 【中心线】：使用中心线引导放样形状，中心线可以和引导线是同一条线。
- 【截面数】：在轮廓之间围绕中心线添加截面，截面数可以通过移动滑杆进行调整。
- 【显示截面】：显示放样截面，单击箭头显示截面数。

（5）【草图工具】选项组

用于在从同一草图（特别是3D草图）中的轮廓中定义放样截面和引导线。

- 【拖动草图】：激活草图拖动模式。
- 【撤销草图拖动】：撤销先前的草图拖动操作并将预览返回到其先前状态。

（6）【选项】选项组

- 【合并切面】：在生成放样曲面时，如果对应的线段相切，则在所生成的放样中的曲面保持相切。
- 【闭合放样】：沿放样方向生成闭合实体，选择此选项，会自动连接最后一个和第一个草图。
- 【显示预览】：显示放样的上色预览，若取消选择此选项，则只显示路径和引导线。

2. 生成放样曲面的操作步骤

（1）选择前视基准面为草图绘制平面，绘制一条样条曲线，如图7-104所示。

（2）单击【参考几何体】工具栏中的 【基准面】按钮，在【属性管理器】中弹出【基准面】属性管理器，根据需要进行设置，如图7-105所示，在前视基准面左侧生成基准面1。

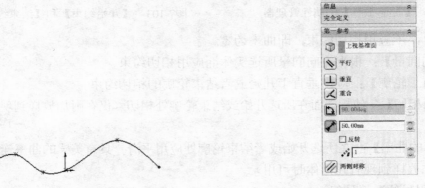

图7-104　绘制样条曲线　　　　　图7-105　【基准面】的属性管理器

（3）单击【标准视图】工具栏中的 【等轴测】按钮，以等轴测方式显示视图，如图7-106所示。

（4）选择基准面1为草图绘制平面，绘制一条样条曲线，如图7-107所示。

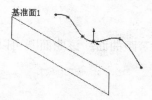

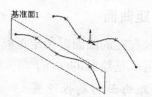

图7-106 以等轴测方式显示视图   图7-107 绘制草图

（5）重复第（2）步的操作，在基准面1左侧50mm处生成基准面2，如图7-108所示。

（6）选择基准面2为草图绘制平面，绘制一条样条曲线，如图7-109所示。

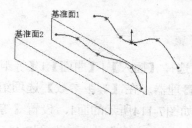

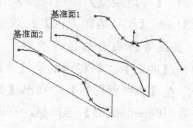

图7-108 生成基准面2   图7-109 绘制草图

（7）选择【视图】|【基准面】菜单命令，取消视图中基准面的显示。

（8）单击【曲面】工具栏中的 【放样曲面】按钮（或者选择【插入】|【曲面】|【放样曲面】菜单命令），在【属性管理器】中弹出【曲面-放样】属性管理器。在【轮廓】选项组中，单击 【轮廓】选择框，在图形区域中依次选择如图7-110所示的草图1～草图3，其他设置如图7-111所示，单击 【确定】按钮，生成放样曲面，如图7-112所示。

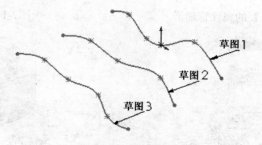

图7-110 选择草图

图7-111 【曲面-放样】的属性管理器

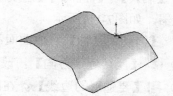

图7-112 生成放样曲面

7.2.5　等距曲面

将已经存在的曲面以指定距离生成的另一个曲面称为等距曲面。该曲面既可以是模型的轮廓面，也可以是绘制的曲面。

1. 等距曲面的属性设置

单击【曲面】工具栏中的 【等距曲面】按钮或选择【插入】|【曲面】|【等距曲面】菜单命令，在【属性管理器】中弹出【等距曲面】属性管理器，如图7-113所示。

（1） 【要等距的曲面或面】：在图形区域中选择要等距的曲面或平面。

（2）【等距距离】：可以输入等距距离数值。

（3） 【反转等距方向】：改变等距的方向。

2. 生成等距曲面的操作步骤

单击【曲面】工具栏中的 【等距曲面】按钮或选择【插入】|【曲面】|【等距曲面】菜单命令，在【属性管理器】中弹出【等距曲面】属性管理器。在【等距参数】选项组中，单击 【要等距的曲面或面】选择框，在图形区域中选择如图7-114所示的面1，设置【等距距离】为30mm，其设置如图7-115所示，单击 【确定】按钮，生成等距曲面，如图7-116所示。

图7-113　【等距曲面】的属性管理器

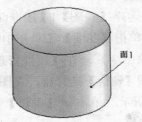

图7-114　选择面

图7-115　【等距曲面】的属性管理器

图7-116　生成等距曲面

7.2.6　延展曲面

通过沿所选平面方向延展实体或曲面的边线而生成的曲面称为延展曲面。

1. 延展曲面的属性设置

选择【插入】|【曲面】|【延展曲面】菜单命令，在【属性管理器】中弹出【延展曲面】属性管理器，如图7-117所示。

（1）【沿切面延伸】：使曲面沿模型中相切面继续延展。

（2） 【反转延展方向】：改变曲面延展的方向。

（3） 【要延展的边线】：在图形区域中选择一条边线或一组连续边线。

（4）【沿切面延伸】：使曲面沿模型中相切面继续延展。

（5） 【延展距离】：设置延展曲面的宽度。

2. 生成延展曲面的操作步骤

选择【插入】|【曲面】|【延展曲面】菜单命令，在【属性管理器】中弹出【延展曲面】属性管理器。在【延展参数】选项组中，单击【延展方向参考】选择框，在图形区域中选择如图7-118所示的面1，单击 【要延展的边线】选择框，在图形区域中选择如图7-118所示的边线1，设置 【延展距离】为20mm，其他设置如图7-119所示，单击 ✔【确定】按钮，生成延展曲面，如图7-120所示。

图7-117 【延展曲面】的属性管理器

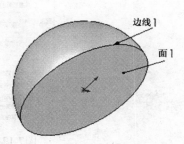

图7-118 选择面和边线

图7-119 【延展曲面】的属性管理器

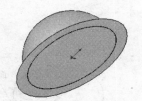

图7-120 生成延展曲面

7.3 曲面编辑

在SolidWorks中，既可以生成曲面，也可以对生成的曲面进行编辑。用户可通过菜单命令选择或从工具栏调用编辑曲面的命令。

7.3.1 圆角曲面

使用圆角将曲面实体中以一定角度相交的两个相邻面间的边线平滑过渡，生成的圆角被称为圆角曲面。

1. 圆角曲面的属性设置

单击【曲面】工具栏中的 【圆角】按钮或选择【插入】|【曲面】|【圆角】菜单命令，在【属性管理器】中弹出【圆角】的属性管理器，如图7-121所示。

圆角曲面命令与圆角特征命令基本相同，在此不再赘述。

2. 生成圆角曲面的操作步骤

（1）单击【曲面】工具栏中的 【圆角】按钮或选择【插入】|【曲面】|【圆角】菜单命令，在【属性管理器】中弹出【圆角】属性管理器。在【圆角类型】选项组中，选中【面圆角】

单选按钮。在【圆角项目】选项组中，单击 ◠ 【面组1】选择框，在图形区域中选择如图7-122所示的面1，单击 ◠ 【面组2】选择框，在图形区域中选择如图7-122所示的面2，其他设置如图7-123所示。

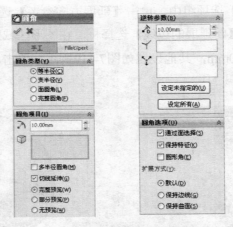

图7-121　【圆角】的属性管理器

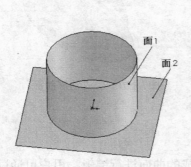

图7-122　选择曲面

图7-123　【圆角】的属性管理器

（2）此时在图形区域中会显示圆角曲面的预览，注意箭头指示的方向，如果方向不正确，系统会提示错误或生成不同效果的面圆角，单击 ✅ 【确定】按钮，生成圆角曲面。

如图7-124所示为面圆角箭头指示的方向，如图7-125所示为其生成面圆角曲面后的图形，如图7-126所示为面圆角箭头指示的另一方向，如图7-127所示为其生成面圆角曲面后的图形。

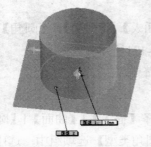

图7-124　面圆角指示的方向

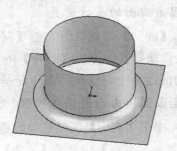

图7-125　生成面圆角曲面

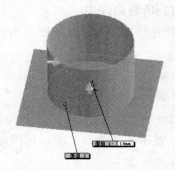 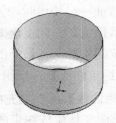

图7-126 面圆角指示的方向   图7-127 生成面圆角曲面

7.3.2 填充曲面

在现有模型边线、草图或曲线定义的边界内生成带任何边数的曲面修补称为填充曲面。填充曲面可用来构造填充模型中缝隙的曲面。

1. 填充曲面的属性设置

单击【曲面】工具栏中的 ◈【填充曲面】按钮或选择【插入】|【曲面】|【填充】菜单命令，在【属性管理器】中弹出【填充曲面】的属性管理器，如图7-128所示。

（1）【修补边界】选项组

· ◈【修补边界】：定义修补的边线。对于曲面或实体边线，可用2D和3D草图作为修补的边界；对于所有草图边界，只可以设置【曲率控制】类型为【相触】。

· 【交替面】：只在实体模型上生成修补时使用，用于控制修补曲率的反转边界面。

· 【曲率控制】：在生成的修补上进行控制，可在同一修补中应用不同的曲率控制，其选项如图7-129所示。

图7-128 【填充曲面】的属性管理器   图7-129 【曲率控制】选项

- 【应用到所有边线】：可将相同的曲率控制应用到所有边线中。
- 【优化曲面】：用于对曲面进行优化，其潜在优势包括加快重建时间以及当与模型中的其他特征一起使用时增强稳定性。
- 【显示预览】：以上色方式显示曲面填充预览。
- 【预览网格】：在修补的曲面上显示网格线以直观地观察曲率的变化。

（2）【约束曲线】选项组

【约束曲线】：在填充曲面时添加斜面控制，主要用于工业设计中，可用如草图点或样条曲线等草图实体生成约束曲线。

（3）【选项】选项组

- 【修复边界】：可自动修复填充曲面的边界。
- 【合并结果】：如果边界至少有一个边线是开环薄边，那么选择此选项，则可用边线所属的曲面进行缝合。
- 【尝试形成实体】：如果边界实体都是开环边线，可以选择此选项生成实体。在默认情况下，此选项以灰色显示（即未选中此项）。
- 【反向】：此选项用于纠正填充曲面时不符合填充需要的方向。

2. 生成填充曲面的操作步骤

（1）单击【曲面】工具栏中的 【填充曲面】按钮或选择【插入】|【曲面】|【填充】菜单命令，在【属性管理器】中弹出【填充曲面】属性管理器。在【修补边界】选项组中，单击 【修补边界】选择框，在图形区域中选择如图7-130所示的边线1，其他设置如图7-131所示，单击 【确定】按钮，生成填充曲面，如图7-132所示。

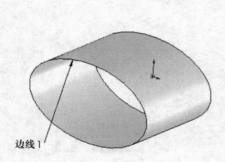

边线1

图7-130　选择边线

图7-131　【填充曲面】的属性管理器

（2）在填充曲面时，可选择不同的曲率控制类型，使填充曲面更加平滑。在【修补边界】选项组中，设置【曲率控制】类型为【曲率】，如图7-133所示，单击 【确定】按钮，生成填充曲面，如图7-134所示。

（3）在【修补边界】选项组中，单击【交替面】按钮，单击 【确定】按钮，生成填充曲面，如图7-135所示。

7.3.3　中面

在实体上选择合适的双对面生成中面。合适的双对面必须处处等距，且属于同一实体。例如，两个平行的基准面或两个同心圆柱面即是合适的双对面。中面对在有限元素造型中生成二维元素网格很有帮助。

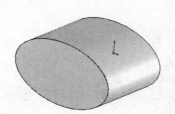

图7-132 生成填充曲面

图7-133 设置【曲率控制】类型为【曲率】

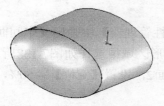

图7-134 生成填充曲面

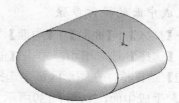

图7-135 生成填充曲面

1. 中面的类型

在SolidWorks中可以生成以下中面：

（1）单个：在图形区域中选择单个等距面生成中面。

（2）多个：在图形区域中选择多个等距面生成中面。

（3）所有：单击【中面】属性管理器中的【查找双对面】按钮，系统会自动选择模型上所有合适的等距面以生成所有等距面的中面。

2. 中面的属性设置

选择【插入】|【曲面】|【中面】菜单命令，在【属性管理器】中弹出【中间面】的属性管理器，如图7-136所示。

（1）【选择】选项组

· 【面1】：选择生成中间面的其中一个面。

· 【面2】：选择生成中间面的另一个面。

· 【查找双对面】：单击此按钮，系统会自动查找模型中合适的双对面，并自动过滤不合适的双对面。

· 【识别阈值】：由【阈值运算符】和【阈值厚度】两部分组成，如图7-137所示。【阈值运算符】为数学操作符，【阈值厚度】为壁厚度数值。

· 【定位】：设置生成中间面的位置。系统默认的位置为从【面1】开始的50%处。

（2）【选项】选项组

· 【缝合曲面】：将中间面和临近面缝合，若取消选择此选项，则保留单个曲面。

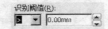

图7-136 　【中间面】的属性管理器　　　　　　　　　图7-137 　【识别阈值】参数

3. 生成中面的操作步骤

选择【插入】|【曲面】|【中面】菜单命令，在【属性管理器】中弹出【中间面】属性管理器。在【选择】选项组中，单击【面1】选择框，在图形区域中选择如图7-138所示的面1，单击【面2】选择框，在图形区域中选择如图7-138所示的面2，设置【定位】为50%，单击【确定】按钮，生成中面，如图7-139所示。

提示： 生成中面的两个面必须位于同一实体中，【定位】从【面1】开始，位于【面1】和【面2】之间，即【定位】数值必须小于1。

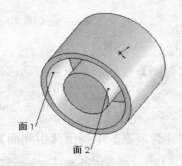

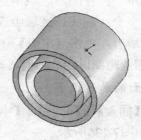

图7-138　选择面　　　　　　　　　　　　　　　图7-139　生成中面

图7-140 　【延伸曲面】的
属性管理器

7.3.4　延伸曲面

将现有曲面的边缘沿着切线方向进行延伸形成的曲面称为延伸曲面。

1. 延伸曲面的属性设置

单击【曲面】工具栏中的 【延伸曲面】按钮（或选择【插入】|【曲面】|【延伸曲面】菜单命令），在【属性管理器】中弹出【延伸曲面】属性管理器，如图7-140所示。

（1）【拉伸的边线/面】选项组

【所选面/边线】：在图形区域中选择延伸的边线或面。

（2）【终止条件】选项组

· 【距离】：按照设置的 🖋【距离】数值确定延伸曲面的距离。

· 【成形到某一面】：在图形区域中选择某一面，将曲面延伸到指定的面。

· 【成形到某一点】：在图形区域中选择某一顶点，将曲面延伸到指定的点。

（3）【延伸类型】选项组

· 【同一曲面】：以原有曲面的曲率沿曲面的几何体进行延伸。

· 【线性】：沿指定的边线相切于原有曲面进行延伸。

2. 生成延伸曲面的操作步骤

（1）单击【曲面】工具栏中的 🖋【延伸曲面】按钮或选择【插入】|【曲面】|【延伸曲面】菜单命令，在【属性管理器】中弹出【延伸曲面】属性管理器。在【拉伸的边线/面】选项组中，单击 🖎【所选面/边线】选择框，在图形区域中选择如图7-141所示的边线1；在【终止条件】选项组中，选中【距离】单选按钮，设置 🖋【距离】为40mm；在【延伸类型】选项组中，选中【同一曲面】单选按钮，其他设置如图7-142所示，单击 ✅【确定】按钮，生成延伸曲面，如图7-143所示。

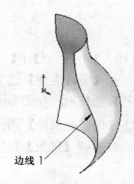

边线1

图7-141　选择边线

图7-142　【延伸曲面】的属性管理器

（2）在【延伸类型】选项组中，选中【线性】单选按钮，生成延伸曲面，如图7-144所示。

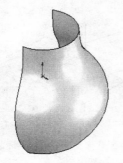

图7-143　生成延伸曲面

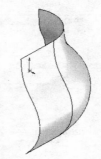

图7-144　生成线性延伸曲面

7.3.5　剪裁曲面

可用曲面、基准面或草图作为剪裁工具剪裁相交曲面，也可将曲面和其他曲面配合使用，作为相互的剪裁工具。

1. 剪裁曲面的属性设置

单击【曲面】工具栏中的 ⊘ 【剪裁曲面】按钮（或选择【插入】|【曲面】|【剪裁曲面】菜单命令），在【属性管理器】中弹出【剪裁曲面】的属性管理器，如图7-145所示。

（1）【剪裁类型】选项组

· 【标准】：使用曲面、草图实体、曲线或基准面等剪裁曲面。

· 【相互】：使用曲面本身剪裁多个曲面。

（2）【选择】选项组

· ▧ 【剪裁工具】：在图形区域中选择曲面、草图实体、曲线或基准面作为剪裁其他曲面的工具。

· 【保留选择】：设置剪裁曲面中选择的部分为要保留的部分。

· 【移除选择】：设置剪裁曲面中选择的部分为要移除的部分。

（3）【曲面分割选项】选项组

· 【分割所有】：显示曲面中的所有分割。

· 【自然】：强迫边界边线随曲面形状变化。

· 【线性】：强迫边界边线随剪裁点的线性方向变化。

2. 生成剪裁曲面的操作步骤

（1）生成【标准】类型的剪裁曲面

单击【曲面】工具栏中的 ⊘ 【剪裁曲面】按钮或选择【插入】|【曲面】|【剪裁曲面】菜单命令，在【属性管理器】中弹出【剪裁曲面】属性管理器。在【剪裁类型】选项组中，选中【标准】单选按钮；在【选择】选项组中，单击 ▧ 【剪裁工具】选择框，在图形区域中选择如图7-146所示的曲面2，选中【保留选择】单选按钮，再单击 ▧ 【保留的部分】选择框，在图形区域中选择如图7-146所示的曲面1，其他设置如图7-147所示，单击 ✓ 【确定】按钮，生成的剪裁曲面如图7-148所示。

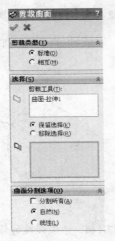

图7-145　【剪裁曲面】的属性管理器

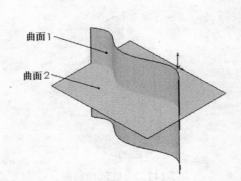

图7-146　选择曲面

（2）生成【相互】类型的剪裁曲面

单击【曲面】工具栏中的 ⊘ 【剪裁曲面】按钮或选择【插入】|【曲面】|【剪裁曲面】菜单命令，在【属性管理器】中弹出【剪裁曲面】属性管理器。在【剪裁类型】选项组中，选中

【相互】单选按钮；在【选择】选项组中，单击 🖑【曲面】选择框，在图形区域中选择如图7-146所示的曲面1和曲面2，选中【保留选择】单选按钮，再单击 ▣【保留的部分】选择框，在图形区域中选择如图7-146所示的曲面1和曲面2，其他设置如图7-149所示，单击 ✅【确定】按钮，生成剪裁曲面，如图7-150所示。

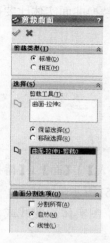

图7-147 【剪裁曲面】的属性管理器

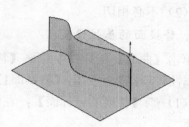

图7-148 生成剪裁曲面

图7-149 【剪裁曲面】的属性管理器

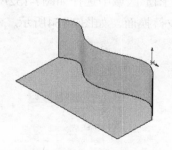

图7-150 生成剪裁曲面

7.3.6 替换面

用新曲面实体替换曲面或实体中的面称为替换面。替换曲面实体不必与旧的面具有相同的边界。在替换面时，原来实体中的相邻面自动延伸并剪裁到替换曲面实体。

1. 替换面的命令

在以下几种情况下可以通过替换面命令来实现：

（1）以一个曲面实体替换另一个或一组相连的面。

（2）在单一操作中，用一个相同的曲面实体替换一组以上相连的面。

（3）在实体或曲面实体中替换面。

2. 替换面的类型

替换曲面实体可以是以下几种类型：

（1）任何类型的曲面特征，如拉伸曲面、放样曲面等。

（2）缝合曲面实体或复杂的输入曲面实体。

（3）在通常情况下，替换曲面实体比要替换的面大。当替换曲面实体比要替换的面小时，替换曲面实体会自动延伸以与相邻面相交。

3. 替换面的特点

替换曲面实体通常具有以下特点：

（1）必须相连。

（2）不必相切。

4. 替换面的属性设置

单击【曲面】工具栏中的 🎲【替换面】按钮或选择【插入】|【面】|【替换】菜单命令，在【属性管理器】中弹出【替换面1】属性管理器，如图7-151所示。

（1）🔶【替换的目标面】：在图形区域中选择曲面、草图实体、曲线或基准面作为要替换的面。

（2）🔷【替换曲面】：选择替换曲面实体。

5. 生成替换面的操作步骤

（1）单击【曲面】工具栏中的 🎲【替换面】按钮或选择【插入】|【面】|【替换】菜单命令，在【属性管理器】中弹出【替换面】属性管理器。在【替换参数】选项组中，单击 🔷【替换的目标面】选择框，在图形区域中选择如图7-152所示的面1和面2，单击 🔶【替换曲面】选择框，在图形区域中选择如图7-152所示的曲面3，其他设置如图7-153所示，单击 ✅【确定】按钮，生成替换面，如图7-154所示。

图7-151　【替换面1】的属性管理器

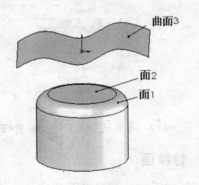

图7-152　选择面

（2）用鼠标右键单击替换面，在弹出的菜单中选择【隐藏】命令，如图7-155所示。替换的目标面被隐藏，如图7-156所示。

7.3.7　删除面

删除面是将存在的面删除并进行编辑。

图7-153 【替换面1】的属性管理器

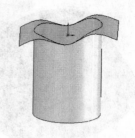

图7-154 生成替换面

图7-155 在快捷菜单中选择【隐藏】命令

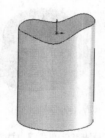

图7-156 隐藏面

1. 删除面的属性设置

单击【曲面】工具栏中的 ⊗【删除面】按钮或选择【插入】|
【面】|【删除】菜单命令，在【属性管理器】中弹出【删除面】的
属性管理器，如图7-157所示。

（1）【选择】选择组

◇【要删除的面】：在图形区域中选择要删除的面。

（2）【选项】选项组

· 【删除】：从曲面实体删除面或从实体中删除一个或者多个
面以生成曲面。

· 【删除并修补】：从曲面实体或实体中删除一个面，并自动
对实体进行修补和剪裁。

图7-157 【删除面】的
属性管理器

· 【删除并填充】：删除存在的面并生成单一面，填补任何缝隙。

2. 删除面的操作步骤

（1）单击【曲面】工具栏中的 ⊗【删除面】按钮或选择【插入】|【面】|【删除】菜单命
令，在【属性管理器】中弹出【删除面】的属性管理器。在【选择】选项组中，单击 ◇【要删
除的面】选择框，在图形区域中选择如图7-158所示的面1；在【选项】选项组中，选中【删除】
单选按钮，如图7-159所示，单击 ✔【确定】按钮，将所选面删除，如图7-160所示。

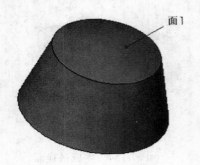

面1

图7-158　选择面 　　　　　图7-159　【删除面】的属性管理器

（2）在【特征管理器设计树】中用鼠标右键单击【删除面1】图标，在弹出的菜单中选择【编辑特征】命令，如图7-161所示。

图7-160　删除面 　　　　　图7-161　在快捷菜单中选择【编辑特征】命令

（3）在【属性管理器】中弹出【删除面1】的属性管理器，其他设置保持不变，在【选项】选项组中，选中【删除和修补】单选按钮，如图7-162所示，单击 ✅【确定】按钮，删除并修补选择的面，如图7-163所示。

图7-162　选中【删除和修补】单选按钮 　　　　　图7-163　删除并修补面

（4）重复第（2）步的操作，在【属性管理器】中弹出【删除面1】的属性管理器，其他设置保持不变，在【选项】选项组中，选中【删除和填充】单选按钮，如图7-164所示，单击 ✅【确定】按钮，删除并填充选择的面，如图7-165所示。

图7-164　【删除面1】的属性管理器 　　　　　图7-165　删除并填充面

7.4 曲面设计范例

下面介绍一个曲面设计的范例，这个范例设计的是可乐瓶的底部，模型如图7-166所示。可乐瓶底的曲线轮廓合理还可以达到美化瓶体的作用，本例中应用的特征有曲面拉伸、曲面填充、缝合曲面和加厚等。在曲面中的缝合功能主要是为消除曲面之间的分割线，若分割线被取消则该曲面将作为一个完整的对象被选择和操作，否则，该曲面将被视作两个曲面对待。

图7-166 可乐瓶底模型

下面来具体讲解这个范例的制作过程。

7.4.1 建立瓶底突起部分

（1）启动SolidWorks 2010，单击 【新建】按钮，打开【新建SolidWorks文件】对话框，在模板中选择【零件】选项，单击【确定】按钮。选择【文件】|【另存为】菜单命令，打开【另存为】对话框，在【文件名】文本框中输入"可乐瓶底"，单击【保存】按钮。

（2）单击前视基准面，选择【插入】|【参考几何体】|【基准面】菜单命令，设置基准面与前视基准面距离31mm，如图7-167所示。

（3）单击【特征管理器设计树】中的【前视基准面】，使其成为草图绘制平面。

（4）按下空格键，打开【方向】菜单，选择【正视于】选项，视图平面将自动垂直于计算机屏幕。

（5）单击 【草图绘制】按钮，进入草图的绘制模式。单击【草图】工具栏中的 【直线】按钮，绘制一个如图7-168所示的草图。

图7-167 【基准面】属性管理器

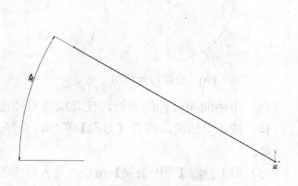

图7-168 绘制草图

（6）单击【曲面】工具栏中的 【拉伸曲面】按钮，打开【曲面-拉伸】属性管理器，如图7-169所示。在【方向1】的【开始终止条件】下拉列表框中选择【给定深度】，设置【距离】为90mm。

（7）单击【特征管理器设计树】中的【前视基准面】，使其成为草图绘制平面。

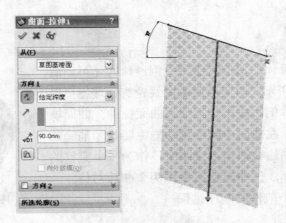

图7-169　【曲面-拉伸】属性管理器及拉伸曲面特征

（8）按下空格键，打开【方向】菜单，选择【正视于】选项，视图平面将自动垂直于计算机屏幕。

（9）单击 ![草图绘制]【草图绘制】按钮，进入草图的绘制模式。单击【草图】工具栏中的◎【圆】按钮，绘制如图7-170所示的圆形草图。

（10）单击【特征管理器设计树】中的【基准面1】，使其成为草图绘制平面。

（11）按下空格键，打开【方向】菜单，选择【正视于】选项，视图平面将自动垂直于计算机屏幕。

（12）单击 ![草图绘制]【草图绘制】按钮，进入草图的绘制模式。单击【草图】工具栏中的◎【圆】按钮，绘制如图7-171所示的另一个圆形草图。

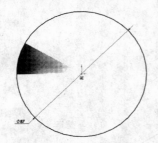

图7-170　绘制圆形草图

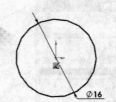

图7-171　绘制另一个圆形草图

（13）单击曲面拉伸的表面，使其成为草图绘制平面。

（14）按下空格键，打开【方向】菜单，选择【正视于】选项，视图平面将自动垂直于计算机屏幕。

（15）单击 ![草图绘制]【草图绘制】按钮，进入草图的绘制模式。单击【草图】工具栏中的～【样条曲线】按钮，绘制如图7-172所示的样条曲线草图。

（16）单击【特征管理器设计树】中的【上视基准面】，使其成为草图绘制平面。

（17）按下空格键，打开【方向】菜单，选择【正视于】选项，视图平面将自动垂直于计算机屏幕。

（18）单击 ![草图绘制]【草图绘制】按钮，进入草图的绘制模式。单击【草图】工具栏中的～【样条曲线】按钮，绘制如图7-173所示的样条曲线草图。

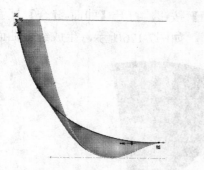

图7-172 绘制样条曲线草图（1）

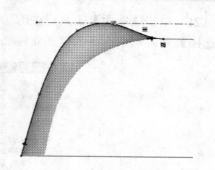

图7-173 绘制样条曲线草图（2）

（19）单击【曲面】工具栏中的 ⚬【放样曲面】按钮，打开【曲面-放样】属性管理器，选择两个圆的曲线为【轮廓】，选择两个样条曲线为【引导线】，如图7-174所示，生成曲面放样特征。

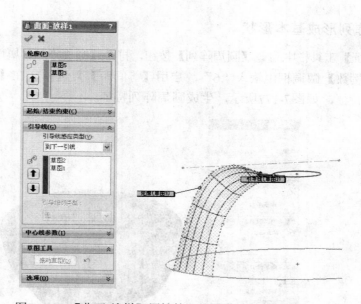

图7-174 【曲面-放样】属性管理器及曲面放样特征

（20）单击【特征】工具栏中的 ⚬【镜向】按钮，打开【镜向】属性管理器，在【镜向面/基准面】中选择上视基准面，在【要镜向的实体】选择曲面放样特征，如图7-175所示。

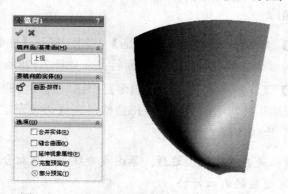

图7-175 【镜向】属性管理器及镜向特征

（21）单击【曲面】工具栏中的  【缝合曲面】按钮，打开【曲面-缝合】属性管理器，在【选择】列表框中选择放样曲面特征和镜向特征，如图7-176所示，生成缝合曲面特征。

图7-176 【曲面-缝合】属性管理器及缝合曲面

提示： 缝合曲面将两个或多个相邻曲面实体合成为一个。

7.4.2 圆周阵列形成基本形状

单击【特征】工具栏中的 【圆周阵列】按钮，打开【圆周阵列】属性管理器，在【参数】选项组的【实例数】微调框中输入"6"，启用【等间距】复选框，在【要阵列的实体】中选择曲面缝合的特征，如图7-177所示，生成圆周阵列特征。

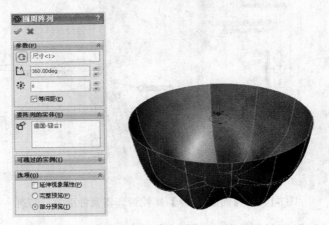

图7-177 【圆周阵列】属性管理器及圆周阵列特征

7.4.3 缝合曲面并加厚

（1）单击【曲面】工具栏中的 【缝合曲面】按钮，打开【曲面-缝合】属性管理器，在【选择】列表框中选择圆周阵列特征和缝合曲面特征，如图7-178所示，生成缝合曲面特征。

（2）单击【曲面】工具栏中的 【填充曲面】按钮，打开【曲面填充】属性管理器，在【修补边界】中选择圆周阵列特征中生成的底部边线，在【边线设定】下拉列表框中选择【相触】，如图7-179所示，生成曲面填充特征。

提示： 填充曲面特征是在现有模型边线、草图或曲线（包括组合曲线）定义的边界内构成带任何边数的曲面修补。

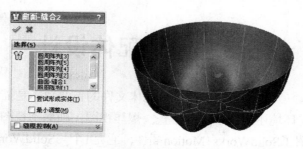

图7-178　【曲面-缝合】属性管理器及缝合曲面特征

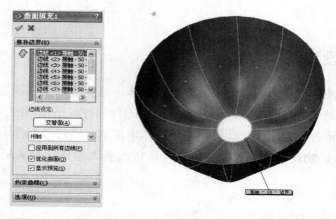

图7-179　【曲面填充】属性管理器及曲面填充特征

（3）单击【曲面】工具栏中的 📍【缝合曲面】按钮，打开【曲面-缝合】属性管理器，在【选择】列表框中选择曲面缝合特征和曲面填充特征，如图7-180所示，生成缝合曲面特征。

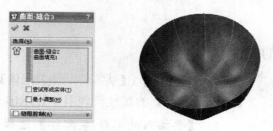

图7-180　【曲面-缝合】属性管理器及缝合曲面特征

（4）单击【特征】工具栏中的 📍【加厚】按钮，打开【加厚】属性管理器，在【加厚参数】中选择曲面缝合特征，在【厚度】微调框中输入"0.5mm"，启用【合并结果】复选框，如图7-181所示，生成加厚特征，即为可乐瓶底模型。

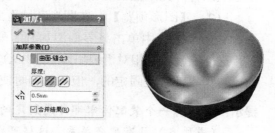

图7-181　【加厚】属性管理器及加厚特征

第8章 装配体设计

装配是SolidWorks三大基本功能之一，装配体文件的首要功能是描述产品零件之间的配合关系，除此之外，装配环境还提供了干涉检查、爆炸视图、轴测剖视图、压缩状态和装配统计等。另外，本章还介绍了SolidWorks Motion插件，它是1个与SolidWorks完全集成的动画制作软件，其最大特点在于能够方便地制作出丰富的动画效果来演示产品的外观和性能，从而增强客户与企业之间的交流。

8.1 装配体设计基本设置

装配体可生成由许多零部件组成的复杂装配体，这些零部件可以是零件或其他装配体，被称为子装配体。对于大多数操作，零件和装配体的行为方式是相同的。当在SolidWorks中打开装配体时，系统将查找零部件文件以便在装配体中显示，同时零部件中的更改会反映到装配体中。在SolidWorks 2010中新增了一些增强功能以改善大型或复杂装配体的性能，已实现性能提升的命令包括：

- 窗口选择
- 复制和添加子零部件
- 删除子装配体
- 保存装配体
- 添加配合关系
- 编辑零件

8.1.1 插入零部件的属性设置

图8-1 【插入零部件】
的属性管理器

选择【文件】|【从零件制作装配体】菜单命令，装配体文件会在【插入零部件】的属性管理器中显示出来，如图8-1所示。

1. 【要插入的零件/装配体】选项组

单击【浏览】按钮打开现有零件文件。

2. 【选项】选项组

（1）【生成新装配体时开始指令】：当生成新装配体时，选择该选项以打开此属性管理器。

（2）【图形预览】：在图形区域看到所选文件的预览。

在图形区域中单击将零件添加到装配体。可以固定零部件的位置，这样它就不能相对于装配体原点移动。在默认情况下，装配体中的第一个零部件是固定的，但可以随时使之浮动。

提示： 至少有一个装配体零部件是固定的，或与装配体基准面（或原点）具有配合关系，这样可以为其余的配合提供参考，还可防止零部件在添加配合关系时意外移动。

其注意事项如下：

（1）在【特征管理器设计树】中，一个固定的零部件有一个符号出现在名称之前。

（2）在【特征管理器设计树】中，一个浮动且欠定义的零部件有一个符号出现在名称之前。

（3）完全定义的零部件没有任何前缀。

8.1.2　设计装配体的两种方式

设计装配体有两种方式，下面来介绍一下。

1. 自下而上设计装配体

自下而上设计法是比较传统的方法。先设计并造型零件，然后将之插入装配体，接着使用配合来定位零件。若想更改零件，必须单独编辑零件，更改完成后可在装配体中看见。

自下而上设计法对于先前建造、现售的零件，或者对于诸如金属器件、皮带轮、马达等之类的标准零部件是优先技术，这些零件不根据设计而更改其形状和大小，除非选择不同的零部件。

2. 自上而下设计装配体

在自上而下装配体设计中，零件的一个或多个特征由装配体中的某项定义，如布局草图或另一零件的几何体。设计意图（特征大小、装配体中零部件的放置、与其他零件的靠近，等等）来自顶层（装配体）并下移（到零件中），因此称为"自上而下"。例如，当使用拉伸命令在塑料零件上生成定位销时，可选择成形到面选项并选择线路板的底面（不同零件）。该选择将使定位销长度刚好接触线路板，即使线路板在将来设计更改中移动。这样销钉的长度在装配体中定义，而不被零件中的静态尺寸所定义。

下面介绍一些自上而下设计法中的方法。

（1）单个特征可通过参考装配体中的其他零件而自上而下设计，如在上述定位销情形中。在自下而上设计中，零件在单独窗口中建造，此窗口中只可看到零件。

（2）完整零件可通过在关联装配体中创建新零部件而以自上而下方法建造。用户所建造的零部件实际上附加（配合）到装配体中的另一现有零部件。用户所建造的零部件的几何体基于现有零部件。该方法对托架和器具之类的零件较有用，它们大多或完全依赖其他零件来定义形状和大小。

（3）整个装配体亦可自上而下设计，先通过建造定义零部件位置、关键尺寸等的布局草图。接着使用以上方法之一建造3D零件，这样3D零件遵循草图的大小和位置。草图的速度和灵活性可让在建造任何3D几何体之前快速尝试数个设计版本。在建造3D几何体后，草图可让用户在某一中心位置进行大量更改。

8.2　装配体的干涉检查

在一个复杂装配体中，用视觉检查零部件之间是否存在干涉的情况是件困难的事情。

8.2.1　干涉检查的功能

在SolidWorks中，装配体可以进行干涉检查，其功能如下：

（1）决定零部件之间的干涉。

（2）显示干涉的真实体积为上色体积。

（3）更改干涉和不干涉零部件的显示设置以更好地查看干涉。

（4）选择忽略需要排除的干涉，如紧密配合、螺纹扣件等。

（5）选择将实体之间的干涉包括在多实体零件中。

（6）选择将子装配体看成单一零部件，这样子装配体零部件之间的干涉将不报出。

（7）将重合干涉和标准干涉区分开。

8.2.2 干涉检查的属性设置

单击【装配体】工具栏中的 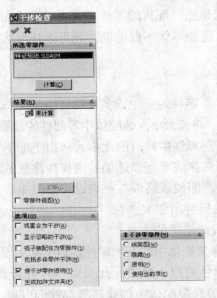 【干涉检查】按钮（或选择【工具】|【干涉检查】菜单命令），在【属性管理器】中弹出【干涉检查】的属性管理器，如图8-2所示。

图8-2 【干涉检查】的属性管理器

1. 【所选零部件】选项组

（1）【要检查的零部件】：显示为干涉检查所选择的零部件。根据默认设置，除非预选了其他零部件，否则顶层装配体将出现在选择框中。当检查一个装配体的干涉情况时，其所有零部件都将被检查。如果选择单一零部件，将只报告出涉及该零部件的干涉。如果选择两个或多个零部件，则只报告出所选零部件之间的干涉。

（2）【计算】：单击此按钮，检查干涉情况。

检测到的干涉显示在【结果】列表框中，干涉的体积数值显示在每个列举项的右侧，如图8-3所示。

2. 【结果】选项组

（1）【忽略】、【解除忽略】：所选干涉在【忽略】和【解除忽略】模式之间进行转换。如果设置干涉为【忽略】，将会在以后的干涉计算中始终保持【忽略】模式。

（2）【零部件视图】：按照零部件名称而非干涉标号显示干涉。

在【结果】列表框中，可以进行如下操作：

（1）选择某干涉，使其在图形区域中以红色高亮显示。

（2）展开干涉以显示互相干涉的零部件的名称，如图8-4所示。

（3）用鼠标右键单击某干涉，在弹出的快捷菜单（如图8-5所示）中选择【放大所选范围】命令，在图形区域中放大干涉。

图8-3 被检测到的干涉

图8-4 展开干涉

（4）用鼠标右键单击某干涉，在弹出的快捷菜单中选择【忽略】命令。

（5）用鼠标右键单击某忽略的干涉，在弹出的快捷菜单（如图8-6所示）中选择【解除忽略】命令。

图8-5 快捷菜单（1）

图8-6 快捷菜单（2）

3.【选项】选项组

（1）【视重合为干涉】：将重合实体报告为干涉。

（2）【显示忽略的干涉】：显示在【结果】选项组中设置为忽略的干涉。取消选择此选项时，忽略的干涉将不列举。

（3）【视子装配体为零部件】：取消选择此选项时，子装配体被看作单一零部件，子装配体零部件之间的干涉将不报告出来。

（4）【包括多体零件干涉】：报告多实体零件中实体之间的干涉。

（5）【使干涉零件透明】：以透明模式显示所选干涉的零部件。

（6）【生成扣件文件夹】：将扣件（如螺母和螺栓等）之间的干涉隔离为在【结果】选项组中的单独文件夹。

4.【非干涉零部件】选项组

以所选模式显示非干涉的零部件，包括【线架图】、【隐藏】、【透明】、【使用当前项】。

8.2.3 干涉检查的操作步骤

干涉检查的操作步骤如下：

（1）单击【装配体】工具栏中的【干涉检查】按钮（或者选择【工具】|【干涉检查】菜单命令），在【属性管理器】中弹出【干涉检查】的属性管理器。装配体的名称自动显示在【所

选零部件】选项组中，单击【计算】按钮，【结果】列表框中将显示装配体的干涉体积，如图
8-7所示。

(2) 单击某干涉，在图形区域中会将干涉区域高亮显示（图中深色区域），如图8-8所示。

图8-7　【干涉检查】的属性管理器

图8-8　高亮显示干涉体积

8.3　爆炸视图

为了便于制造，经常需要分离装配体中的零部件以直观地分析它们之间的相互关系。装配
体的爆炸视图可以分离其中的零部件以便查看该装配体。

一个爆炸视图由一个或多个爆炸步骤组成，每一个爆炸视图保存在所生成的装配体配置中，
而每一个配置都可以有一个爆炸视图。可以通过在图形区域中选择和拖动零部件的方式生成爆
炸视图。

8.3.1　爆炸视图的属性设置

单击【装配体】工具栏中的  【爆炸视图】按钮（或选择【插入】|【爆炸视图】菜单命
令），在【属性管理器】中弹出【爆炸】的属性管理器，如图8-9所示。

1. 【爆炸步骤】列表框

显示现有的爆炸步骤。

【爆炸步骤】：爆炸到单一位置的一个或多个所选零部件。

2. 【设定】选项组（如图8-10所示）

(1) 【爆炸步骤的零部件】：显示当前爆炸步骤所选的零部件。

(2) 【爆炸方向】：显示当前爆炸步骤所选的方向。

(3) 【反向】：改变爆炸的方向。

(4) 【爆炸距离】：显示当前爆炸步骤零部件移动的距离。

(5) 【应用】：单击以预览对爆炸步骤的更改。

(6) 【完成】：单击以完成新的或已经更改的爆炸步骤。

图8-9 【爆炸】的属性管理器

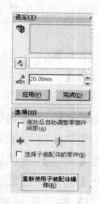

图8-10 【设定】和【选项】选项组

3. 【选项】选项组（如图8-10所示）

（1）【拖动后自动调整零部件间距】：沿轴心自动均匀地分布零部件组的间距。

（2）【调整零部件链之间的间距】：调整零部件之间的距离。

（3）【选择子装配体的零件】：选择此选项，可以选择子装配体的单个零件；取消选择此选项，可以选择整个子装配体。

（4）【重新使用子装配体爆炸】：使用先前在所选子装配体中定义的爆炸步骤。

8.3.2 编辑爆炸视图

1. 生成爆炸视图

（1）单击【装配体】工具栏中的 【爆炸视图】按钮（或者选择【插入】|【爆炸视图】菜单命令），在【属性管理器】中弹出【爆炸】的属性管理器。

（2）在图形区域或【特征管理器设计树】中，选择一个或多个零部件以将其包含在第一个爆炸步骤中，有一个三重轴出现在图形区域。零部件名称显示在【设定】选项组中的 【爆炸步骤的零部件】选择框中。

（3）将鼠标指针移动到指向零部件爆炸方向的三重轴臂杆上，鼠标指针变为 形状。

（4）拖动三重轴臂杆以爆炸零部件，爆炸步骤显示在【爆炸步骤】列表框中。

（5）在【设定】选项组中，单击【完成】按钮，清除 【爆炸步骤的零部件】选择框并为下一爆炸步骤做准备。

（6）根据需要生成更多爆炸步骤，单击✅【确定】按钮。

2. 自动调整零部件间距

（1）选择两个或更多零部件。

（2）在【选项】选项组中，选择【拖动后自动调整零部件间距】选项。

（3）拖动三重轴臂杆以爆炸零部件。

放置零部件时，其中一个零部件保持在原位，系统会沿着相同的轴自动调整剩余零部件的间距以使其相等。

3. 在装配体中使用子装配体的爆炸视图

选择先前已经定义爆炸视图的子装配体。在【爆炸】的属性管理器中，单击【重新使用子装配体爆炸】按钮，子装配体在图形区域中爆炸，且子装配体爆炸视图的步骤显示在【爆炸步骤】列表框中。

4. 编辑爆炸步骤

在【爆炸步骤】列表框中，用鼠标右键单击某个爆炸步骤，在弹出的菜单中选择【编辑步骤】命令。根据需要进行以下修改：

（1）拖动零部件以将它们重新定位。

（2）选择零部件以添加到爆炸步骤。

（3）更改【设定】选项组中的参数。

（4）更改【选项】选项组中的参数。

单击【应用】按钮以预览更改的效果。单击【完成】按钮以完成此操作。

5. 从【爆炸步骤】列表框中删除零部件

在【爆炸步骤】列表框中展开某个爆炸步骤。用鼠标右键单击零部件，在弹出的菜单中选择【删除】命令。

6. 删除爆炸步骤

在【爆炸步骤】列表框中，用鼠标右键单击某个爆炸步骤，在弹出的菜单中选择【删除】命令。

8.3.3 生成爆炸视图的操作步骤

生成爆炸视图的操作步骤如下：

（1）打开一个装配体文件，单击【装配体】工具栏中的✍【爆炸视图】按钮（或选择【插入】|【爆炸视图】菜单命令），在【属性管理器】中弹出【爆炸】的属性管理器。

（2）在【设定】选项组中，单击图形区域中装配体的一个零部件，零部件名称显示在🦴【爆炸步骤的零部件】选择框中，同时该零件上也显示出一个三重轴，单击某一轴，设置🔩【爆炸距离】为100mm，如图8-11所示。

（3）单击【应用】按钮，在图形区域中显示出爆炸视图的预览，单击【完成】按钮，完成一个爆炸步骤，在【爆炸步骤】列表框中显示【爆炸步骤1】，在图形区域中显示出爆炸视图的效果，如图8-12所示。

（4）用鼠标右键单击【爆炸步骤1】，在弹出的菜单中选择【编辑步骤】命令，设置【爆炸距离】为200mm，单击✅【确定】按钮，完成对爆炸视图的修改，如图8-13所示。

图8-11 设置【爆炸距离】数值

图8-12 显示【爆炸步骤1】及爆炸效果　　　　图8-13 修改爆炸视图的效果

（5）单击其他零件，重复第（2）步~第（4）步的操作，生成整个装配体的爆炸视图。

8.3.4 爆炸与解除爆炸

爆炸视图保存在生成爆炸图的装配体配置中，每一个装配体配置都可以有一个爆炸视图。

1. 爆炸和解除爆炸的动态显示

选择 【配置管理器】。展开【爆炸视图】图标以查看爆炸步骤。

如果需要爆炸，可进行如下操作：

（1）双击【爆炸视图】图标。

（2）用鼠标右键单击【爆炸视图】图标，在弹出的菜单（如图8-14所示）中选择【爆炸】命令。

（3）用鼠标右键单击【爆炸视图】图标，在弹出的菜单（如图8-14所示）中选择【动画爆炸】命令，在装配体爆炸时显示【动画控制器】工具栏。

如果需要解除爆炸，用鼠标右键单击【爆炸视图】图标，在弹出的菜单（如图8-15所示）中选择【解除爆炸】命令。

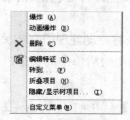

图8-14 快捷菜单（1）　　　　　　　　　　图8-15 快捷菜单（2）

2. 生成爆炸和解除爆炸的操作步骤

（1）选择 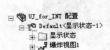 【配置管理器】选项卡，在【配置管理器】中弹出装配体的配置管理，如图8-16所示。

（2）用鼠标右键单击【爆炸视图1】图标，在弹出的菜单中选择【解除爆炸】命令，效果如图8-17所示。

（3）用鼠标右键单击【爆炸视图1】图标，在弹出的菜单中选择【爆炸】命令，效果如图8-18所示。

图8-16　装配体的配置管理　　　　图8-17　解除爆炸　　　　图8-18　生成爆炸

8.4　轴测剖视图

隐藏零部件和更改零件透明度等是观察装配体模型的常用手段，但在许多产品中零部件之间的空间关系非常复杂，具有多重嵌套关系，需要进行剖切以便于观察其内部结构，借助SolidWorks中的装配体特征可以实现轴测剖视图的功能。

装配体特征是在装配体窗口中生成的特征实体，虽然装配体特征改变了装配体的形态，但并不对零件产生影响。装配体特征主要包括切除和孔，用于展示装配体的剖视图。

8.4.1　轴测剖视图的属性设置

在装配体窗口中，选择【插入】|【装配体特征】|【切除】|【拉伸】菜单命令，在【属性管理器】中弹出【切除-拉伸】的属性管理器，如图8-19所示。

【特征范围】选项组使用特征范围来选择应包含在特征中的实体，从而应用特征到一个或者多个多实体零件中。

（1）【所有零部件】：每次特征重新生成时，都要应用到所有的实体。如果将被特征所交叉的新实体添加到模型上，则这些新实体也被重新生成以将该特征包括在内。

（2）【所选零部件】：应用特征到选择的实体。

（3）【自动选择】：当以多实体零件生成模型时，特征将自动处理所有相关的交叉零件。【自动选择】选项比【所有零部件】选项快，因为它只处理初始清单中的实体，并不会重新生成整个模型。

（4）　【影响到的零部件】（在取消选择【自动选择】选项时可用）：在图形区域中选择受影响的实体，如图8-20所示。

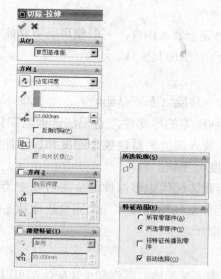 

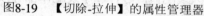

图8-19　【切除-拉伸】的属性管理器　　　　　图8-20　【影响到的零部件】选择框

8.4.2　生成轴测剖视图的操作步骤

生成轴测剖视图的操作步骤如下：

（1）单击【草图】工具栏中的□【矩形】按钮，在装配体的上表面绘制矩形草图。

（2）在装配体窗口中，选择【插入】|【装配体特征】|【切除】|【拉伸】菜单命令，在【属性管理器】中弹出【切除-拉伸】的属性管理器。在【方向1】选项组中，设置【终止条件】为【完全贯穿】，如图8-21所示，单击 ✅ 【确定】按钮，装配体将生成轴测剖视图，如图8-22所示。

图8-21　【切除-拉伸】的属性管理器　　　　　图8-22　生成轴测剖视图

8.5　复杂装配体中零部件的压缩状态

根据某段时间内的工作范围，可以指定合适的零部件压缩状态。这样可以减少工作时装入和计算的数据量。装配体的显示和重建速度会更快，也可以更有效地使用系统资源。

8.5.1　压缩状态的种类

装配体零部件共有三种压缩状态。

1. 还原

装配体零部件的正常状态。完全还原的零部件会完全装入内存，可以使用所有功能及模型数据并可以完全访问，可选取、参考、编辑及在配合中使用其实体。

2. 压缩

（1）可以使用压缩状态暂时将零部件从装配体中移除（而不是删除），零部件不装入内存，也不再是装配体中有功能的部分，用户无法看到压缩的零部件，也无法选取其实体。

（2）一个压缩的零部件将从内存中移除，所以装入速度、重建模型速度和显示性能均有提高，由于减少了复杂程度，其余的零部件计算速度会更快。

（3）压缩零部件包含的配合关系也被压缩，因此装配体中零部件的位置可能变为"欠定义"，参考压缩零部件的关联特征也可能受影响，当恢复压缩的零部件为完全还原状态时，可能会产生矛盾，所以在生成模型时必须小心使用压缩状态。

3. 轻化

可以在装配体中激活的零部件完全还原或轻化时装入装配体，零件和子装配体都可以轻化。

（1）当零部件完全还原时，其所有模型数据被装入内存。

（2）当零部件为轻化时，只有部分模型数据被装入内存，其余的模型数据根据需要装入。

通过使用轻化零部件，可以显著提高大型装配体的性能，将轻化的零部件装入装配体比将完全还原的零部件装入同一装配体速度更快，因为计算的数据更少，所以包含轻化零部件的装配体重建速度也更快。

零部件的完整模型数据只有在需要时才被装入，所以轻化零部件的效率很高。只有受当前编辑进程中所做更改影响的零部件才完全还原，可以不对轻化零部件还原而进行多项装配体操作，包括添加（或者移除）配合、干涉检查、边线（或者面）选择、零部件选择、碰撞检查、装配体特征、注解、测量、尺寸、截面属性、装配体参考几何体、质量属性、剖面视图、爆炸视图、高级零部件选择、物理模拟、高级显示（或者隐藏）零部件等。零部件压缩状态的比较如表8-1所示。

表8-1　压缩状态比较表

	还原	轻化	压缩	隐藏
装入内存	是	部分	否	是
可见	是	是	否	否
在【特征管理器设计树】中可以使用的特征	是	否	否	否
可以添加配合关系的面和边线	是	是	否	否
解出的配合关系	是	是	否	是
解出的关联特征	是	是	否	是
解出的装配体特征	是	是	否	是
在整体操作时考虑	是	是	否	是
可以在关联中编辑	是	是	否	否
装入和重建模型的速度	正常	较快	较快	正常
显示速度	正常	正常	较快	较快

8.5.2 生成压缩状态的操作步骤

1. 压缩零部件

（1）在装配体窗口中，在【特征管理器设计树】中单击零部件名称或在图形区域选择零部件。

（2）用鼠标右键单击【特征管理器设计树】中的零件名称，弹出快捷菜单，如图8-23所示。

（3）在弹出的菜单中选择【压缩】命令，选择的零部件被压缩，如图8-24所示。

图8-23 快捷菜单

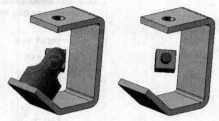

图8-24 压缩零部件

（4）也可用鼠标右键在图形区域单击零部件，弹出的快捷菜单如图8-25所示。

（5）选择【压缩】命令，则该零件处于压缩状态，在图形区域中该零件被隐藏，如图8-26所示。

图8-25 快捷菜单

图8-26 设置成压缩状态

2. 轻化零部件

（1）在装配体窗口中，在【特征管理器设计树】中单击零部件名称或在图形区域选择零部件。

（2）单击【编辑】菜单中的【轻化】按钮，在弹出的菜单中选择【轻化状态】命令，选择的零部件被轻化。

（3）也可以用鼠标右键在【特征管理器设计树】中单击零部件名称或在图形区域单击零部件，在弹出的菜单中选择【设定为轻化】命令，如图8-27所示。

图8-27 快捷菜单

8.6　装配体统计

装配体统计可以在装配体中生成零部件和配合报告。

8.6.1　装配体统计的信息

在装配体窗口中，选择【工具】|【AssemblyXpert】菜单命令，弹出【AssemblyIpert】对话框，如图8-28所示。

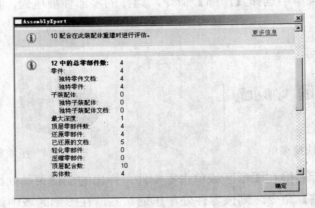

图8-28　【AssemblyIpert】对话框

8.6.2　生成装配体统计的操作步骤

在装配体窗口中，选择【工具】|【AssemblyXpert】菜单命令，弹出【AssemblyIpert】对话框，装配体统计数据如图8-29所示。

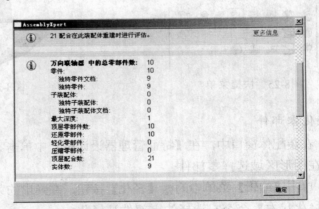

图8-29　装配体统计

8.7　制作动画

SolidWorks运动算例用于制作产品的演示动画，动画是交流设计思想最好的途径，能更有效地促进多方设计人员的协同工作。使用运动算例能使SolidWorks的三维模型实现动态的可视化，并且及时录制产品设计的模拟装配过程、模拟拆卸过程和产品的模拟运行过程，将设计者的意图更好地传递给客户。

8.7.1 运动算例基础介绍

1. 基本介绍

SolidWorks运动算例使用基于键码画面的界面。先决定装配体在各个时间点的外观，然后SolidWorks运动算例应用程序会计算从一个位置移动到下一个位置所需的顺序。

基于键码画面的动画使用以下这些基本的用户界面元素：

（1）键码画面：与装配体零部件运动、视像属性更改等对应的实体。

（2）键码点：与装配体零部件、视像属性等对应的实体，如图8-30所示。

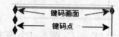

图8-30 键码画面和键码点

（3）时间线：显示时间和动画事件类型的区域。

（4）时间栏：沿时间线定位的实体，指示在动画中查看或编辑的时间。

（5）更改栏：连接键码点的水平实体，在生成动画时添加。

（6）基于键码画面的动画的基础设计：沿时间线定位时间栏，以定义要更改的终点的位置。更改可包括装配体零部件的运动、不同的视点以及对视像属性的更改。

将装配体零部件放置在图形区域中的所需位置以及由时间栏位置所指示的时间处。

SolidWorks运动算例基于时间栏的位置定位相应的键码点，并解出所需动画，从而使零部件可到达指定的位置。

SolidWorks运动算例工具栏提供以下工具可控制动画功能，如表8-2所示。

表8-2 运动算例工具栏中的工具

工具	功能
▶	从头播放
▷	播放
■	停止
→	正常
↻	连续播放
↔	往复
💾	保存到.avi文件
🔄	动画向导
🔍	放大：放大时间线来增加时间栏之间的间距
🔍	缩小：缩小时间线来减小时间栏之间的间距

2. 时间线

时间线是动画的时间界面，它显示在动画【特征管理器设计树】的右侧。

（1）用户界面

当定位时间栏、在图形区域中移动零部件或更改视像属性时，时间栏会使用键码点和更改栏来显示这些更改。

时间线被竖直网格线均分，这些网络线对应于表示时间的数字标记。数字标记从00:00:00开始，其间距取决于窗口的大小。例如，沿时间线可能每隔一秒、两秒或五秒就会有一个标记，如图8-31所示。

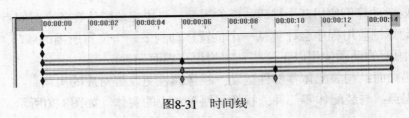

图8-31　时间线

（2）预览

欲显示零部件，可以沿时间线单击任意位置，以更新该点的零部件位置。

（3）时间线上的快捷键

定位时间栏和图形区域中的零部件后，可以通过控制键码点来编辑动画。

（4）时间线区域

在时间线区域中用鼠标右键单击，然后选择以下命令之一：

- 放置键码：在指针位置添加一新键码点。可以拖动键码点来调整其位置。新键码属性与当前模型状态匹配。
- 粘贴：如果先前已选择了一个键码点，则进行粘贴。
- 选择所有：如果选择所有键码点，当指针在任一键码点上时，拖动键码点以沿时间线的任意位置定位所有键码点。可以选择所有键码点，然后选择删除返回到动画在动画之前的状态。
- 动画向导：打开【动画向导】对话框。

（5）键码点

沿时间线用右键单击任一键码点，然后执行以下操作：

- 剪切、复制、粘贴或删除：剪切、粘贴或删除，对 00:00:00 标记处的键码点不可用；粘贴，在选择剪切、复制或选择所有之后，沿时间线的任意位置都可用。
- 选择所有：对任何键码点都可用。
- 多个键码点：按下Ctrl键并选取一个以上键码点，选择反转路径来反转与所选键码点相对应的实体动画。注意：位置和任何视像属性都会被反转。不会生成额外的反转动画序列。
- 替换键码：更新所选键码来反映模型的当前状态。例如，如果以某一压缩配合来定义动画，然后解除压缩配合，有些键码可能会变成红色，因为先前定义的配合阻止移动或视觉更改。
- 压缩：将所选键码及相键码从其指定的函数中排除。

（6）插值模式

在播放过程中选取某一插值模式以控制零部件的加速、减速或视像属性。例如，如果零部件从00:00:02变为00:00:06，则可以调整从A到B的播放运动，方法是选择以下按钮之一：

- ✎【线性】
- ◻【捕捉】
- ◡【渐入】
- ⌐【渐出】

· ∫【渐入/渐出】

3. 时间栏

时间线上的实体黑色竖直线即为时间栏，它表示动画的当前时间。欲移动时间栏，沿时间线拖动时间栏到任意位置，或单击时间线上的任意位置，键码点除外。

注意： 当指针位于时间线上时，按空格键以往前移动时间栏到下一个增量。

4. 更改栏

更改栏是表示一段时间内所发生更改的水平实体，更改包括：

· 动画时间长度
· 零部件运动
· 模拟单元属性更改
· 视图定向（如旋转）
· 视像属性（如颜色或视图）

更改栏沿时间线连接键码点，根据实体的不同，更改栏使用不同的颜色来直观地识别零部件和类型的更改。选项栏如表8-3所示。

注意： 除颜色外，还可以通过设计树中的图标来识别实体。

表8-3 运动算例选项栏

图标和更改栏	更改栏功能
	动画总时间长度
	视图定向
	压缩的视图定向
	模拟单元
	驱动运动
	从动运动
	爆炸
	外观
	配合尺寸
	任何零部件或配合键
	任何压缩键
	位置仍未解出
	位置无法到达
	隐藏线子位置

5. 关键帧和键码点

每个键码画面在时间线上都包括代表开始运动或结束运动的时间的键码点，无论何时定位一个新的键码点，它都会对应于运动或视像属性的更改。

· 键码画面：键码点之间可以为任何时间长度的区域。

· 键码点：与装配体零部件、视像属性等对应的实体。

（1）识别键码点

可以通过颜色来识别键码点，与连接大多数键码点的更改栏一样，也可以编辑颜色。

（2）识别或编辑键码点的颜色的操作步骤

· 单击【运动算例】按钮，即会打开【运动算例】对话框。

· 欲识别键码点，将指针移到键码点上以显示工具提示。

· 欲编辑颜色：单击键码点，显示颜色调色板。选择颜色后单击【确定】按钮，关闭颜色
  调色板。

· 再次单击【确定】按钮，关闭【运动算例】对话框。

（3）键码属性

当将指针移动到任一键码点上时，零件序号将会显示此键码点的键码属性。如果零部件在
设计树中折叠，则所有的键码属性都会包含在零件序号中，如表8-4所示。

表8-4 键码属性表

键码属性	描述
Slide2<1> 00:00:06	特征管理器设计树中的零部件Slide2<1>
	移动零部件
	爆炸步骤（运动）
	外观：应用到零部件的相同颜色
=100%	透明度：表示100%透明度
	零部件显示：线架图

8.7.2 旋转动画

通过单击 【动画向导】按钮，可以生成旋转动画。

（1）打开一个装配体文件，单击图形区域下方的【动画1】图标，在图形区域下方出现
【SolidWorks Motion】工具栏和时间线。单击【SolidWorks Motion】工具栏中的【动画向导】
按钮，弹出【选择动画类型】对话框，如图8-32所示。

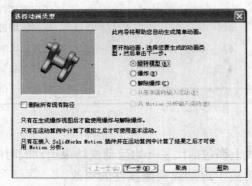

图8-32 【选择动画类型】对话框

（2）选择【旋转模型】单选按钮，如果删除现有的动画序列，则启用【删除所有现有路径】复选框，单击【下一步】按钮，弹出【选择一旋转轴】对话框，如图8-33所示。

（3）选择【X-轴】、【Y-轴】或者【Z-轴】单选按钮，设置【旋转次数】，选择【顺时针】或者【逆时针】单选按钮，单击【下一步】按钮，弹出【动画控制选项】对话框，如图8-34所示。

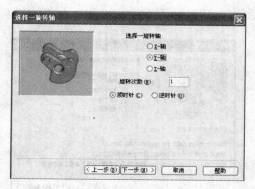 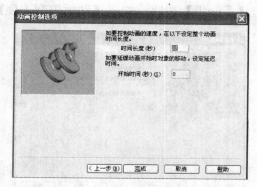

图8-33 【选择一旋转轴】对话框　　　　　图8-34 【动画控制选项】对话框

（4）设置动画播放的【时间长度（秒）】和运动延迟的【开始时间（秒）】（时间线含有相应的更改栏和键码点，具体取决于【时间长度（秒）】和【开始时间（秒）】的属性管理器），单击【完成】按钮，完成旋转动画的设置，单击【SolidWorks Motion】工具栏中的【播放】按钮▶，观看旋转动画效果。

8.7.3 装配体爆炸动画

装配体爆炸动画是将装配体的爆炸视图步骤按照时间先后顺序转化为动画形式。

（1）打开1个装配体文件，单击【装配体】工具栏中的 【爆炸视图】按钮，生成爆炸视图。用鼠标右键单击【动画1】图标，在弹出的菜单中选择【新建】命令，则在图形区域下方出现【动画2】图标。

（2）单击【SolidWorks Motion】工具栏中的【动画向导】按钮，弹出【选择动画类型】对话框，如图8-35所示。

（3）在【选择动画类型】对话框中，选择【爆炸】单选按钮，如图8-36所示，单击【下一步】按钮，弹出【动画控制选项】对话框。

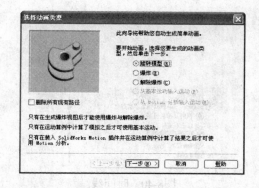 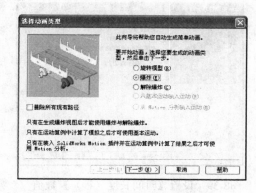

图8-35 【选择动画类型】对话框　　　　　图8-36 选择【爆炸】单选按钮

（4）在【动画控制选项】对话框中，设置【时间长度（秒）】为"1"，如图8-37所示，单击【完成】按钮，完成爆炸动画的设置，单击【SolidWorks Motion】工具栏中的【播放】按钮 ▶ ，观看爆炸动画效果。

（5）继续单击【SolidWorks Motion】工具栏中的 ▨ 【动画向导】按钮，弹出【选择动画类型】对话框。在【选择动画类型】对话框中，选择【解除爆炸】单选按钮，如图8-38所示，单击【下一步】按钮，弹出【动画控制选项】对话框。

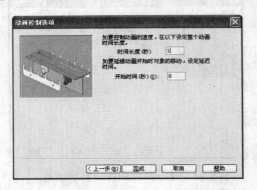

图8-37　设置【时间长度（秒）】数值　　　　　图8-38　选择【解除爆炸】单选按钮

（6）在【动画控制选项】对话框中，设置【时间长度（秒）】为"1"，如图8-39所示，单击【完成】按钮，完成解除爆炸动画的设置，单击【SolidWorks Motion】工具栏中的 ▶ 【播放】按钮，观看爆炸和解除爆炸的动画效果。

8.7.4　距离或角度配合动画

在SolidWorks中可以添加限制运动的配合。这些配合也影响到SolidWorks Motion中的移动。距离和角度这两种配合具有可以在动画中更改的值。例如，可以添加1个角度配合将零部件的位置限制到30°，使SolidWorks Motion在一段时间内动画配合的值从15°到45°变化，零部件产生相应移动。

（1）打开1个装配体文件，其中应含有【距离】配合或者【角度】配合。用鼠标右键单击界面底部【运动算例】，选择【生成新运动算例】命令，新建动画文件。

（2）单击某一零件，沿时间线拖动时间栏，设置动画顺序的时间长度，单击动画的最后时刻，如图8-40所示。

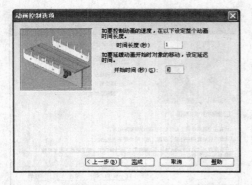

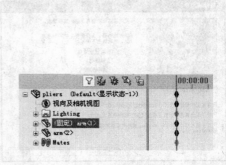

图8-39　设置【时间长度（秒）】数值　　　　　图8-40　时间线

（3）在动画【特征管理器设计树】中，双击【距离1】图标，在弹出的【修改】对话框中，更改数值为1in（英寸）。

（4）单击【SolidWorks Motion】工具栏中的 ▶ 【播放】按钮，当动画开始时，下方的两个球之间的距离为2in（英寸），如图8-41所示；当动画结束时，下方的两个球之间的距离变为1in（英寸），如图8-42所示。

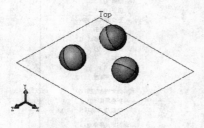

图8-41　动画开始时效果

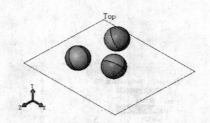

图8-42　动画结束时效果

8.7.5　视像属性动画

可以在动画过程中的任意点改变动画视像属性。例如，当零部件开始移动时，可以将视图从 🔲 【上色】改变为 🔲 【线架图】显示方式，还可以只改变动画视像属性，而不必移动动画零部件。

可以改变的动画装配体零部件的视像属性包括隐藏/显示、透明度、外观等。

可以动态改变单个或者多个零部件的显示，并且在相同或者不同的装配体零部件中组合不同的显示选项。如果需要更改任意1个零部件的视像属性，沿时间线选择1个与想要影响的零部件相对应的键码点，然后改变零部件的视像属性即可。单击【SolidWorks Motion】工具栏中的 ▶ 【播放】按钮，该零部件的视像属性将会随着动画的进程而变化。

1. 视像属性动画的属性设置

在动画【特征管理器设计树】中，用鼠标右键单击想要影响的零部件，在弹出的快捷菜单中进行选择。

（1）🔲 【隐藏零部件】：隐藏或者显示零部件。

（2）🔲 【更改透明度】：向零部件添加透明度。如果已经添加了透明度，则选择【更改透明度】命令以删除透明度。

（3）【零部件显示】：更改零部件的显示方式，单击后其快捷菜单如图8-43所示。

（4）🔲 【外观】：改变零部件的外观属性，单击后其快捷菜单如图8-44所示。

图8-43　【零部件显示】快捷菜单

图8-44　【外观】快捷菜单

2. 生成视像属性动画的操作步骤

（1）打开1个装配体文件，首先利用【SolidWorks Motion】工具栏中的【动画向导】按钮制作装配体的爆炸动画。

（2）单击时间线上的最后时刻，如图8-45所示。

（3）用鼠标右键单击1个零件，在弹出的快捷菜单中选择【更改透明度】命令，如图8-46所示。

图8-45　时间线　　　　　　　　　　　　图8-46　选择【更改透明度】命令

（4）单击【SolidWorks Motion】工具栏中的 ▶ 【播放】按钮，观看动画效果。被更改了透明度的零件在装配后变成了半透明效果。

8.7.6　物理模拟动画

物理模拟可允许模拟马达、弹簧及引力在装配体上的效果。可使用物理模拟中的结果来自动设置装配体中每个零件的载荷和边界条件，以进行COSMOSXpress分析。

物理模拟包括：引力、线性或旋转马达和线性弹簧，下面来分别介绍一下。

1. 引力

引力是模拟沿某一方向的万有引力，物理模拟将模拟要素与其他如配合和物理动力之类的工具组合，以在零部件自由度之内逼真地移动零部件。

在使用引力时，应满足以下规则：

- 可在每个装配体中定义一个引力模拟成分。
- 所有零部件无论其质量如何都在引力效果下以相同速度移动。
- 由于马达的运动优先于由于引力的运动，如果有一马达将零部件向左移动并有一引力将零部件向右移动，零部件将向左移动，无任何向右的拉力。
- 如果使用数字选项，可以使用物理模拟的结果来自动设置装配体中每个零件的载荷和边界条件，从而进行COSMOSXpress分析。

（1）引力的属性设置

单击【模拟】工具栏中的 ● 【引力】按钮，弹出【引力】属性管理器，如图8-47所示。

- 【引力参数】：选择线性边线、平面、基准面或者基准轴作为引力的方向参考。如果选择基准面或者平面，方向参考与所选实体正交。
- ↗【反向】：改变引力的方向。
- 【数字】：选择此选项，可以设置【数字引力值】，如图8-48所示。

（2）生成引力的操作步骤

单击【模拟】工具栏中的 ● 【引力】按钮，弹出【引力】属性管理器。

图8-47 【引力】的属性管理器

图8-48 选择【数字】选项

根据需要，设置引力的参数，单击 ✔【确定】按钮，1个【引
力】图标 ⬤ 被添加到【特征管理器设计树】的【模拟】图标 ⬤
下，如图8-49所示。

图8-49 【引力】图标

2. 线性马达和旋转马达

线性或旋转马达为使用物理动力绕一装配体移动零部件的模
拟成分。使用线性或旋转马达时，需满足以下要求：

- 马达以所选方向移动零部件，但马达不是力，马达强度不根据零部件大小或质量而变化。
  例如，如果速度滑杆设定到相等的值，一小立方体与一大立方体以相同速度移动。
- 如果另一个力使马达的方向参考更改方向，马达将以新的方向移动零部件。
- 推荐不要在同一零部件上添加一个以上相同类型的马达。
- 由于马达的运动优先于由于引力或弹簧的运动，如果有一马达将零部件向左移动并有一
  弹簧将零部件向右移动，零部件将向左移动。
- 如果使用数字选项，可以使用物理模拟的结果来自动设置装配体中每个零件的载荷和边
  界条件，从而进行COSMOSXpress分析。

注意： 物理模拟默认范围之外的数值只影响分析应用程序。例如，线性马达的最大
默认速度为300毫米/秒。如果指定的值大于300毫米/秒，则当重新播放物理模
拟时，零部件不会相应地以更快速度做运动，但在分析应用程序中会运动得
更快。

（1）线性马达的属性设置

单击【模拟】工具栏中的【马达】按钮 ⬤，弹出【马达】属性管理器，如图8-50所示。

- 【零部件/方向】：选择零部件的线性（或者圆形）边线、平面、圆柱（或者圆锥面）、
  基准轴（或者基准面）作为方向参考。如果选择圆形边线或者圆锥面，方向参考将与圆
  柱的轴平行；如果选择基准面或者平面，方向参考与实体正交。
- ⬤【反向】：改变线性马达的方向。
- 【速度】：零部件在无其他力作用时所移动的速度。拖动滑杆，增加或者减小线性马达
  的速度。
- 【数字】：选择此选项，可以设置数字马达值。

（2）生成线性马达的操作步骤

打开1个装配体文件，单击【模拟】工具栏中的 ⬤【马达】按钮，弹出【马达】属性管理
器。

单击模型的1个平面，马达的速度方向将垂直于该平面，设置【等速马达】值为"10mm/

s"，如图8-51所示，单击 ✔【确定】按钮，1个【马达】的图标 🔩 被添加到【特征管理器设计树】的【模拟】图标 🔩 下。

图8-50　【马达】属性管理器

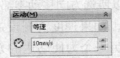

图8-51　设置【等速马达】

单击【模拟】工具栏中的 ▷【播放】按钮，观察动画效果。动画开始时如图8-52所示，动画结束时如图8-53所示。

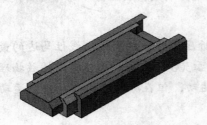

图8-52　动画开始时

图8-53　动画结束时

（3）旋转马达的属性设置

单击【模拟】工具栏中的 🔩【马达】按钮，弹出【马达】属性管理器，如图8-54所示。

- 【方向参考】：选择零部件的线性（或者圆形）边线、平面、圆柱（或者圆锥面）、基准轴（或者基准面）作为方向参考。方向参考为旋转的方向，并非旋转的轴心。方向参考与旋转轴平行。如果选择线性边线，方向参考将围绕边线旋转；如果选择平面，方向参考将围绕面的法线旋转。

- 🔩【反向】：改变旋转马达的方向。

- 【速度】：零部件在无其他力作用时所移动的速度。拖动滑杆，增加或者减小旋转马达的速度。

- 【数字】：选择此选项，可以设置【数字马达值】。

（4）生成旋转马达的操作步骤

打开1个装配体文件，单击【模拟】工具栏中的 🔩【马达】按钮，弹出【马达】属性管理器。

单击模型的1个平面，旋转马达的速度方向将垂直于该平面，设置【位移马达】值为"45deg"，如图8-55所示，单击 ✅【确定】按钮，1个【马达】的图标 ⚙ 被添加到【特征管理器设计树】的【模拟】图标下。

图8-54 【马达】属性管理器

图8-55 【马达】的属性管理器

单击【模拟】工具栏中的【播放】按钮 ▷，观察动画效果。动画运行到0秒时，如图8-56所示，动画运行到2秒时，如图8-57所示。

图8-56 动画运行0s时

图8-57 动画运行2s时

3. 线性弹簧

线性弹簧为使用物理动力绕一装配体移动零部件的模拟成分。使用线性弹簧应满足以下要求：

- 弹簧应用力到零部件，具有高弹簧常数的弹簧比具有较低弹簧常数的弹簧会更快速移动零部件。此外，如果被一相等强度弹簧所作用，具有较小质量的零部件比具有较大质量的零部件更快速地移动。
- 当弹簧到达其自由长度时，弹簧的运动将停止。
- 由于马达的运动优先于由于弹簧的运动。如果有一马达将零部件向左移动并有一弹簧将零部件向右拖动，零部件将向左移动。

（1）线性弹簧的属性设置

单击【模拟】工具栏中的 ⧈【线性弹簧】按钮，弹出【弹簧】属性管理器，如图8-58所示。

- ⬡【弹簧端点】：连接弹簧，可以选择线性边线、顶点或者草图点。如果选择边线，弹簧端点将附加到边线的中点。

- 📇【自由长度】：设置弹簧是否延展或者压缩。
- k【弹簧常数】：设置弹簧的强度。

（2）生成线性弹簧的操作步骤

打开1个装配体文件，单击【模拟】工具栏中的📇【线性弹簧】按钮，弹出【弹簧】属性管理器。

选择模型中的两个点，设置【自由长度】和【弹簧常数】数值，如图8-59所示，在图形区域中显示出弹簧的预览，如图8-60所示，单击✔【确定】按钮，1个【弹簧】图标📇被添加到【特征管理器设计树】的【模拟】图标📇下。

图8-58　【弹簧】的属性管理器

图8-59　【弹簧】的属性管理器

图8-60　弹簧预览

8.7.7　插值模式动画

插值模式可以控制零部件的加速或减速运动，包括物理模拟和零部件旋转等。例如，如果零部件从 00:00:02（位置A）变为00:00:06（位置B），则可以调整从A到B的播放运动，其中A和B代表沿时间线的键码点。

下面介绍添加插值模式的方法。

（1）生成包括零部件运动或视像属性更改的动画。

（2）在时间线上，用鼠标右键单击想要影响的零部件的键码点。

（3）单击插值模式并选择以下选项之一：

- ◿【线性】：默认设置为零部件以匀速从位置A移到位置B。
- ◻【捕捉】：零部件以匀速从位置A开始移动，直到捕捉到位置B。
- ◿【渐入】：零部件开始匀速移动，但随后会朝着位置B方向加速移动。

- **⌐**【渐出】：零部件一开始加速移动，但当快接近位置B时减速移动。
- **✓**【渐入/渐出】：结合这二者移动，这样零部件在接近位置A和位置B的中间位置过程中加速移动，然后在接近位置B过程中减速移动。

（4）单击 **▷** 【从头播放】按钮来观看动画。

8.7.8 播放、录制动画

在生成物理模拟后，当单击【模拟】工具栏中的 **▷** 【播放】按钮，就可以对物理模型进行播放。

1. 动画控制器的功能

- **▷**【播放】：单击 **▷** 【播放】按钮开始播放动画。
- **▷▷**【从头播放】：将动画从第一个画面开始播放。
- **▥**【计算】：计算运动算例。
- **■**【停止】：停止动画。

2. 下面介绍录制动画的方法

（1）单击【动画控制器】弹出式工具栏上的 **▥**【保存】按钮。

（2）在【保存动画到文件】对话框中进行如下设置：

- 输入文件名的名称。
- 为保存类型选择一格式（.avi格式，或一系列.bmp或.tga静态图像）。
- 在【渲染器】微调框输入数值。

（3）在画面信息下进行以下操作：

- 为每秒的画面键入一数值（默认为7.5）。
- 选择整个动画，或者要保存的部分动画，选择【时间范围】并输入开始和结束数值的秒数。

（4）单击【保存】按钮。

（5）在【视频压缩】对话框中调整数值，然后单击【确定】按钮。

8.8 装配设计范例

下面介绍一个圆柱蜗杆减速器的装配设计范例。圆柱蜗杆减速器与齿轮减速器功能一致，但它能在单位体积中得到更大的传动比。蜗杆减速器模型如图8-61所示。蜗杆减速器装配体建模主要应用装配体中的重合和同心配合来定位模型零件，并使用了爆炸视图的功能。SolidWorks中的爆炸视图功能非常简便，动画功能又非常强大，不仅包括爆炸动画，还可以实现物理模拟。将这两个功能完美地结合在一起，可以生动形象地展示机械结构的内部信息。下面来具体讲解这个范例的制作过程。

8.8.1 插入固定零件

（1）启动SolidWorks 2010，单击 **□**【新建】按钮，打开【新建SolidWorks文件】对话框，在模板中选择【装配体】选项，单击【确定】按钮。选择【文件】|【另存为】菜单命令，弹出【另存为】对话框，在【文件名】文本框中输入"蜗杆减速器"，单击【保存】按钮。

（2）单击【装配体】工具栏中的 ☞ 【插入零部件】按钮，在【要插入的零件/装配体】中选择【下箱体.SLDPRT】，单击绘图区，绘图区会放置【下箱体.SLDPRT】零件，并被系统设置为固定状态，如图8-62所示。

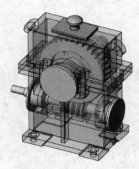

图8-61　蜗杆减速器模型　　　　　　　　　　　图8-62　插入下箱体

8.8.2　安装蜗杆轴系

（1）单击【装配体】工具栏中的 ☞ 【插入零部件】按钮，在【要插入的零件/装配体】中选择【蜗杆.SLDPRT】，单击绘图区，放置【蜗杆.SLDPRT】零件。继续插入两个【30206.SLDPRT】零件，如图8-63所示。

（2）单击【装配体】工具栏中的 ☒ 【配合】按钮，打开【配合】属性管理器，在【配合选择】中分别选择绘图区中【蜗杆.SLDPRT】零件的圆柱面和【30206.SLDPRT】零件的内圆柱面，在【配合】中选择【同心】；选择绘图区中【蜗杆.SLDPRT】零件的圆柱面和【下箱体.SLDPRT】零件的内圆柱面，在【配合】中选择【同心】，如图8-64所示。

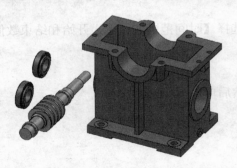
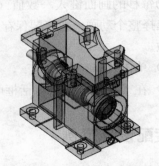

图8-63　插入蜗杆轴系零件　　　　　　　　　　图8-64　蜗杆轴系装配

8.8.3　安装蜗轮轴系

（1）单击【装配体】工具栏中的 ☞ 【插入零部件】按钮，分别插入零件文件【蜗轮.SLDPRT】、【蜗轮轴.SLDPRT】和两个【30208.SLDPRT】零件，如图8-65所示。

（2）单击【装配体】工具栏中的 ☒ 【配合】按钮，打开【配合】属性管理器，在【配合选择】中分别选择绘图区中【蜗轮轴.SLDPRT】零件的圆柱面和【30208.SLDPRT】零件的内圆柱面，在【配合】中选择【同心】；选择绘图区中【蜗轮轴.SLDPRT】零件的圆柱面和【蜗轮.SLDPRT】零件的内圆柱面，在【配合】中选择【同心】；选择绘图区中【蜗轮.SLDPRT】零件的前视基准面和【蜗杆.SLDPRT】零件的右视基准面，在【配合】中选择【重合】；选择绘图区中【蜗轮.SLDPRT】零件的上视基准面和【蜗杆.SLDPRT】零件的前视基准面，在【配合】中选择【重合】，如图8-66所示。

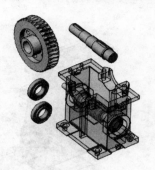

图8-65 插入蜗轮轴系零件

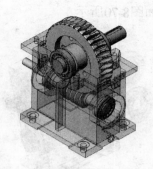

图8-66 蜗轮轴系装配

8.8.4 安装上箱体及附件

（1）单击【装配体】工具栏中的 【插入零部件】按钮，插入零件文件【上箱体.SLDPRT】。单击【装配体】工具栏中的 【配合】按钮，在【配合选择】中分别选择绘图区中【上箱体.SLDPRT】零件的轴承孔面和【下箱体.SLDPRT】零件的轴承孔面，在【配合】中选择【同心】；选择绘图区中【上箱体.SLDPRT】零件的前侧面和【下箱体.SLDPRT】零件的前侧面，在【配合】中选择【重合】；选择绘图区中【上箱体.SLDPRT】零件的右侧面和【下箱体.SLDPRT】零件的右侧面，在【配合】中选择【重合】，如图8-67所示。

（2）单击【装配体】工具栏中的 【插入零部件】按钮，分别插入零件文件【轴承盖1.SLDPRT】和【轴承盖2.SLDPRT】。单击【装配体】工具栏中的 【配合】按钮，在【配合选择】中分别选择绘图区中【轴承盖1.SLDPRT】零件的外圆柱面和【下箱体.SLDPRT】零件的轴承孔面，在【配合】中选择【同心】；选择绘图区中【轴承盖1.SLDPRT】零件的侧面和【下箱体.SLDPRT】零件的轴承孔端面，在【配合】中选择【重合】；轴承盖2的设置方法也相同。单击【确定】按钮，如图8-68所示，完成减速器装配。

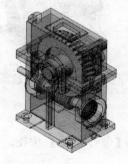

图8-67 上箱体装配

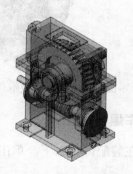

图8-68 安装蜗杆轴承端盖

（3）单击【装配体】工具栏中的 【插入零部件】按钮，分别插入零件文件【蜗轮轴承盖1.SLDPRT】和【蜗轮轴承盖2.SLDPRT】，如图8-69所示。

（4）单击【装配体】工具栏中的 【配合】按钮，在【配合选择】中分别选择绘图区中【蜗轮轴承盖1.SLDPRT】零件的外圆柱面和【下箱体.SLDPRT】零件的轴承孔面，在【配合】

中选择【同心】；选择绘图区中【蜗轮轴承盖1.SLDPRT】零件的侧面和【下箱体.SLDPRT】零件的轴承孔端面，在【配合】中选择【重合】；蜗轮轴承盖2的设置方法也相同。单击【确定】按钮，如图8-70所示。

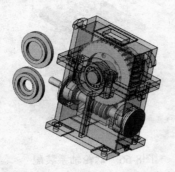

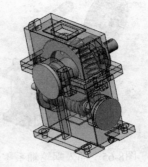

图8-69　插入蜗轮轴承端盖　　　　　　　　　图8-70　装配蜗轮轴承端盖

（5）单击【装配体】工具栏中的 [] 【插入零部件】按钮，分别插入零件文件【观察盖板.SLDPRT】和【通气器.SLDPRT】，如图8-71所示。

（6）单击【装配体】工具栏中的 [] 【配合】按钮，打开【配合】属性管理器，在【配合选择】中分别选择绘图区中【观察盖板.SLDPRT】零件的底面和【上箱体.SLDPRT】零件观察孔的上表面，在【配合】中选择【重合】；选择【观察盖板.SLDPRT】零件的两个侧面和【二级齿轮减速器上箱体.SLDPRT】零件观察孔对应的两个侧面，在【配合】中选择【重合】。选择绘图区中【通气器.SLDPRT】零件的外圆柱面和【观察盖板.SLDPRT】零件孔的圆柱面，在【配合】中选择【同心】；选择绘图区中【通气器.SLDPRT】零件的下端面和【观察盖板.SLDPRT】零件上端面，在【配合】中选择【重合】，如图8-72所示。完成蜗杆减速器的装配。

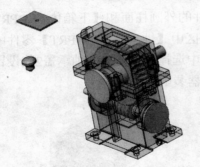

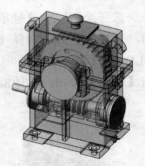

图8-71　插入其他附件　　　　　　　　　　　图8-72　蜗杆减速器

8.8.5　制作爆炸视图动画

（1）在装配体状态下，单击【装配体】工具栏中的 [] 【爆炸视图】按钮，打开【爆炸】属性管理器。

（2）在【设定】属性管理器中，单击装配体中的通气器，【设定】文本框中将出现零件名称，同时该零件也显示出一个三维坐标轴。单击某一个轴，则该轴将高亮度显示，如图8-73所示。

提示： 高亮度显示的轴表示零件将沿该轴方向产生爆炸效果。

（3）在【爆炸距离】微调框输入"400mm"，单击【应用】按钮，绘图区将显示出爆炸视图的预览；单击【完成】按钮，完成了一个爆炸步骤。【爆炸步骤】中将显示爆炸步骤1，右侧绘图区将显示爆炸视图结果，如图8-74所示。

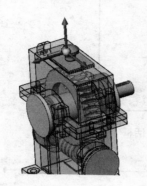
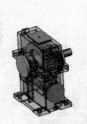

图8-73 选择爆炸方向　　　　　　　　图8-74 爆炸预览

（4）选择减速器中其他零件，沿着不同方向将各个零件重新布置，单击【应用】按钮，绘图区将出现爆炸预览，如图8-75所示。

（5）单击右侧绘图区左下方的 模型 动画1 【动画1】标签，切换到【动画1】选项卡，则在绘图区下方出现【SolidWorks Animator】工具栏和时间栏。

（6）单击 【动画向导】按钮，打开【选择动画类型】对话框，如图8-76所示。

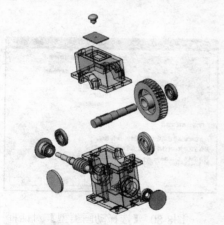
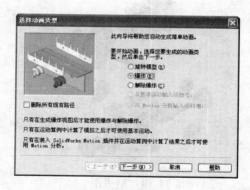

图8-75 爆炸预览2　　　　　　　　　图8-76 【选择动画类型】对话框

（7）在【选择动画类型】对话框中选中【爆炸】单选按钮，单击【下一步】按钮，弹出【动画控制选项】对话框如图8-77所示。

（8）在【动画控制选项】对话框的【时间长度】文本框中输入"14"，在动画延缓时间【开始时间】文本框中输入"0"，单击【完成】按钮，实现了爆炸动画的设定。时间栏如图8-78所示，减速器的爆炸结果如图8-79所示。单击【SolidWorks Animator】工具栏中的 【播放】按钮，观看爆炸动画效果。

（9）继续单击 【动画向导】按钮，打开【选择动画类型】对话框，如图8-80所示。

（10）在【选择动画类型】对话框中选择【解除爆炸】单选按钮，单击【下一步】按钮，如图8-81所示。

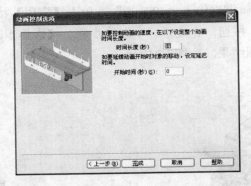

图8-77 【动画控制选项】对话框

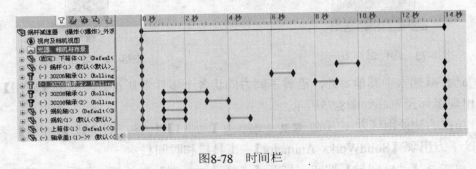

图8-78 时间栏

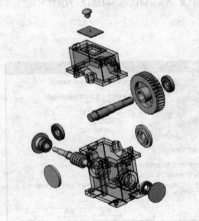

图8-79 爆炸结果图

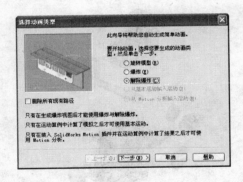

图8-80 【选择动画类型】对话框

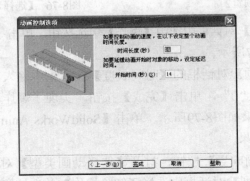

图8-81 【动画控制选项】对话框

（11）在【动画控制选项】对话框的【时间长度】文本框中输入"14"，在动画延缓时间【开始时间】文本框中输入"14"，单击【完成】按钮，实现了解除爆炸动画的设定。时间栏如图8-82所示，减速器的爆炸结果如图8-83所示。单击【SolidWorks Animator】工具栏中的 【播放】按钮，观看爆炸和解除爆炸的动画效果。

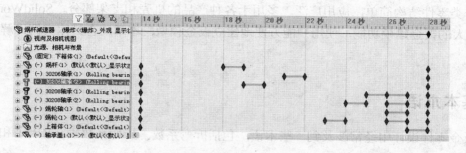

图8-82 时间栏

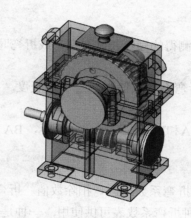

图8-83 解除爆炸图

第9章 钣金设计基础

钣金类零件结构简单，应用广泛，多用于各种产品的机壳和支架部分。SolidWorks软件具有功能强大的钣金建模功能，使用户能方便地建立钣金模型，本章结合具体实例讲解钣金的功能。

9.1 基本术语

在钣金零件设计中经常涉及到一些术语，包括折弯系数、折弯系数表、K因子和折弯扣除等。

9.1.1 折弯系数

折弯系数是沿材料中性轴所测得的圆弧长度。在生成折弯时，可输入数值以指定明确的折弯系数给任何一个钣金折弯。

以下方程式用来决定使用折弯系数数值时的总平展长度。

$$L_t = A + B + BA$$

式中：L_t表示总平展长度，A和B的含义如图9-1所示，BA表示折弯系数值。

9.1.2 折弯系数表

折弯系数表指定钣金零件的折弯系数或折弯扣除数值。折弯系数表还包括折弯半径、折弯角度以及零件厚度的数值。有两种折弯系数表可供使用，一种是带有*.BTL扩展名的文本文件，另一种是嵌入的Excel电子表格。

9.1.3 K因子

K因子代表中立板相对于钣金零件厚度的位置的比率。带K因子的折弯系数使用以下计算公式。

$$BA = （R + KT）A/180$$

式中：BA表示折弯系数值，R表示内侧折弯半径，K表示K因子，T表示材料厚度，A表示折弯角度（经过折弯材料的角度）。

9.1.4 折弯扣除

折弯扣除，通常是指回退量，也是一个通过简单算法来描述钣金折弯的过程。在生成折弯时，可以通过输入数值来给任何钣金折弯指定一个明确的折弯扣除。

以下方程用来决定使用折弯扣除数值时的总平展长度：

$$L_t = A + B - BD$$

式中：L_t表示总平展长度，A和B的含义如图9-2所示，BD表示折弯扣除值。

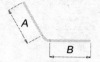

图9-1 折弯系数中A和B的含义

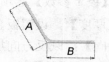

图9-2 折弯扣除中A和B的含义

9.2 钣金特征和零件设计

有两种基本方法可生成钣金零件，一种是利用钣金命令直接生成，另一种是将现有零件进行转换。

9.2.1 生成钣金零件

1. 基体法兰

基体法兰是钣金零件的第一个特征。将基体法兰添加到SolidWorks零件后，系统将该零件标记为钣金零件，在适当位置生成折弯，并且在【特征管理器设计树】中显示特定的钣金特征。其注意事项如下：

基体法兰特征是从草图生成的，草图可以是单一开环、单一闭环，也可以是多重封闭轮廓。

在一个SolidWorks零件中，只能有一个基体法兰特征。

基体法兰特征的厚度和折弯半径将成为其他钣金特征的默认值。

单击【钣金】工具栏中的 【基体法兰/薄片】按钮或选择【插入】|【钣金】|【基体法兰】菜单命令，在【属性管理器】中弹出【基体法兰】的属性管理器，如图9-3所示。

（1）【钣金规格】选项组

根据指定的材料，选择【使用规格表】选项定义钣金的电子表格及数值。规格表由Solid-Works软件提供，位于<安装目录>\lang\<chinese-simplified>\Sheet Metal Gauge Tables\中，如图9-4所示。

图9-3 【基体法兰】的属性管理器

图9-4 选择【使用规格表】选项

（2）【钣金参数】选项组

· 🔩 【厚度】：设置钣金厚度。

· 【反向】：以反方向加厚草图。

（3）【折弯系数】选项组

· 选择【K因子】选项，其参数如图9-5所示。

· 选择【折弯系数】选项，其参数如图9-6所示。

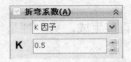 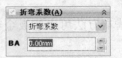

图9-5　选择【K因子】选项　　　　　　　图9-6　选择【折弯系数】选项

· 选择【折弯扣除】选项，其参数如图9-7所示。

· 选择【折弯系数表】选项，其参数如图9-8所示。

图9-7　选择【折弯扣除】选项　　　　　　图9-8　选择【折弯系数表】选项

（4）【自动切释放槽】选项组

在【自动释放槽类型】中可以进行选择，如图9-9所示。

在【自动释放槽类型】中选择【矩形】或【矩圆形】选项，其参数如图9-10所示。取消启用【使用释放槽比例】复选框，则可以设置🔲【释放槽宽度】和🔲【释放槽深度】，如图9-11所示。

 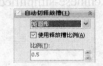

图9-9　【自动释放槽　　　图9-10　选择【矩圆　　　图9-11　取消启用【使用释
　　　　类型】选项　　　　　　　形】选项　　　　　　　放槽比例】复选框

2. 边线法兰

在一条或多条边线上可添加边线法兰。单击【钣金】工具栏中的 🔩 【边线法兰】按钮或选择【插入】|【钣金】|【边线法兰】菜单命令，在【属性管理器】中弹出【边线-法兰】的属性管理器，如图9-12所示。

（1）【法兰参数】选项组

· 🔩 【边线】：在图形区域中选择边线。

· 【编辑法兰轮廓】：编辑轮廓草图。

· 【使用默认半径】：可使用系统默认的半径。

· ↗ 【折弯半径】：在取消启用【使用默认半径】复选框时可用。

· 🔩 【缝隙距离】：设置缝隙数值。

图9-12　【边线-法兰】的属性管理器

（2）【角度】选项组

· 【法兰角度】：设置角度数值。

· 【选择面】：为法兰角度选择参考面。

（3）【法兰长度】选项组

· 【长度终止条件】：选择终止条件，其选项如图9-13所示。

· 【反向】：改变法兰边线的方向。

· 【长度】：设置长度数值，然后为测量选择一个原点，包括【外部虚拟交点】和【内部虚拟交点】。

（4）【法兰位置】选项组

· 【法兰位置】：可以单击以下按钮之一，包括【材料在内】、【材料在外】、【折弯在外】、【虚拟交点的折弯】。

· 【剪裁侧边折弯】：移除邻近折弯的多余部分。

· 【等距】：启用此选复选框，可以生成等距法兰，其参数如图9-14所示。

图9-13　【长度终止条件】选项

图9-14　【等距】选项

（5）【自定义折弯系数】选项组

选择【折弯系数类型】并为折弯系数设置数值，如图9-15所示。

（6）【自定义释放槽类型】选项组

选择【释放槽类型】以添加释放槽切除，如图9-16所示。

图9-15 【折弯系数类型】选项　　　　　　图9-16 【释放槽类型】选项

3. 斜接法兰

单击【钣金】工具栏中的 【斜接法兰】按钮或选择【插入】|【钣金】|【斜接法兰】菜单命令，在【属性管理器】中弹出【斜接法兰】的属性管理器，如图9-17所示。

（1）【斜接参数】选项组

【沿边线】：选择要斜接的边线。

其他参数不再赘述。

（2）【起始/结束处等距】选项组

如果需要令斜接法兰跨越模型的整个边线，将 【开始等距距离】和 【结束等距距离】设置为零。

4. 褶边

可将褶边添加到钣金零件所选的边线上。注意事项如下：

（1）所选边线必须为直线。

（2）斜接边角被自动添加到交叉褶边上。

（3）如果选择多个要添加褶边的边线，则这些边线必须在同一面上。

单击【钣金】工具栏中的 【褶边】按钮或选择【插入】|【钣金】|【褶边】菜单命令，在【属性管理器】中弹出【褶边】的属性管理器，如图9-18所示。

图9-17 【斜接法兰】的属性管理器

图9-18 【褶边】的属性管理器

（1）【边线】选项组

【边线】：在图形区域中选择需要添加褶边的边线。

（2）【类型和大小】选项组

选择褶边类型，包括 【闭环】、 【开环】、 【撕裂形】和 【滚轧】，选择不同类型的效果如图9-19所示。

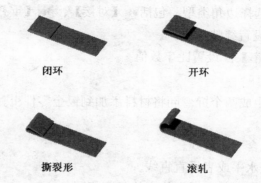

闭环　　　　　　开环

撕裂形　　　　　　滚轧

图9-19　不同褶边类型的效果

- · 〖长度〗：在选择【闭环】和【开环】选项时可用。
- · 〖缝隙距离〗：在选择【开环】选项时可用。
- · 〖角度〗：在选择【撕裂形】和【滚轧】选项时可用。
- · 〖半径〗：在选择【撕裂形】和【滚轧】选项时可用。

5. 绘制的折弯

绘制的折弯在钣金零件处于折叠状态时将折弯线添加到零件，将折弯线的尺寸标注到其他折叠的几何体上。注意事项如下：

（1）在草图中只允许使用直线，可以为每个草图添加多条直线。

（2）折弯线长度不一定与正折弯的面的长度相同。

单击【钣金】工具栏中的 【绘制的折弯】按钮或选择【插入】|【钣金】|【绘制的折弯】菜单命令，在【属性管理器】中弹出【绘制的折弯】的属性管理器，如图9-20所示。

（1） 【固定面】：在图形区域中选择一个不因特征而移动的面。

（2）【折弯位置】：包括 【折弯中心线】、 【材料在内】、 【材料在外】和 【折弯在外】。

图9-20　【绘制的折弯】
　　　　　的属性管理器

6. 闭合角

该功能可在钣金法兰之间添加闭合角。其功能如下：

（1）通过为想闭合的所有边角选择面来同时闭合多个边角。

（2）关闭非垂直边角。

（3）将闭合边角应用到带有90°以外折弯的法兰。

（4）调整缝隙距离，即由边界角特征所添加的两个材料截面之间的距离。

（5）调整重叠/欠重叠比率（即重叠的部分与欠重叠的部分之间的比率），数值1表示重叠和欠重叠相等。

（6）闭合或打开折弯区域。

单击【钣金】工具栏中的 【闭合角】按钮或选择【插入】|【钣金】|【闭合角】菜单命令，在【属性管理器】中弹出【闭合角】的属性管理器，如图9-21所示。

【要延伸的面】：选择一个或多个平面。

【边角类型】：可选择边角类型，包括【对接】、【重叠】、【欠重叠】。

【缝隙距离】：设置缝隙数值。

【重叠/欠重叠比率】：设置比率数值。

7. 转折

转折通过从草图线生成两个折弯而将材料添加到钣金零件上。

注意事项如下：

（1）草图必须只包含一条直线。

（2）直线不一定是水平或者垂直直线。

（3）折弯线长度不一定与正折弯的面的长度相同。

单击【钣金】工具栏中的【转折】按钮或选择【插入】|【钣金】|【转折】菜单命令，在【属性管理器】中弹出【转折】的属性管理器，如图9-22所示。

其属性设置和其他基本相同，这里不再赘述。

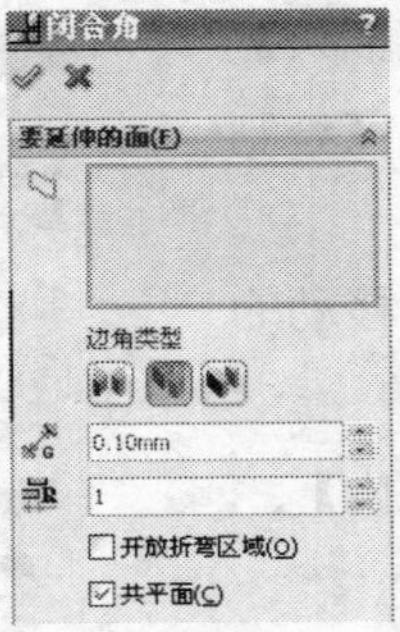

图9-21 【闭合角】的属性管理器

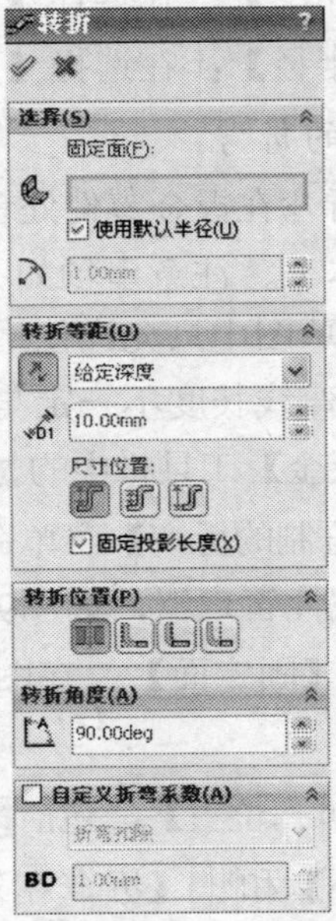

图9-22 【转折】的属性管理器

8. 断开边角

单击【钣金】工具栏中的【断开边角/边角剪裁】按钮或者选择【插入】|【钣金】|【断裂边角】菜单命令，在【属性管理器】中弹出【断开边角】的属性管理器，如图9-23所示。

（1）【边角边线和/或法兰面】：选择要断开的边角、边线或者法兰面。

（2）【折断类型】：可以选择折断类型，包括【倒角】、【圆角】，选择不同类型的效果如图9-24所示。

（3）【距离】：在单击【倒角】按钮时可用。

（4）【半径】：在单击【圆角】按钮时可用。

图9-23 【断开边角】的属性管理器

9.2.2 将现有零件转换为钣金零件

1. 使用折弯生成钣金零件

单击【钣金】工具栏中的 【插入折弯】按钮或选择【插入】|【钣金】|【折弯】菜单命令，在【属性管理器】中弹出【折弯】的属性管理器，如图9-25所示。

| 倒角 | 圆角 |

图9-24 不同折断类型的效果

图9-25 【折弯】的属性管理器

（1）【折弯参数】选项组

· 【固定的面或边线】：选择模型上的固定面，当零件展开时该固定面的位置保持不变。

（2）【切口参数】选项组

· 【要切口的边线】：选择内部或外部边线，也可选择线性草图实体。

2. 添加薄壁特征到钣金零件

（1）在零件上选择一个草图。

（2）选择要添加薄壁特征的平面上的线性边线，并单击【草图】工具栏中的 【转换实体引用】按钮。

（3）拖动距折弯最近的顶点至一定的距离，留出折弯半径。

（4）单击【特征】工具栏中的 【拉伸凸台/基体】按钮，在【属性管理器】中弹出【拉伸】的属性管理器。在【方向1】选项组中，选择【终止条件】为【给定深度】，设置 【深度】数值；在【薄壁特征】选项组中，设置 【厚度】数值与基体零件相同，单击 【确定】按钮。

3. 生成包含圆锥面的钣金零件

单击【钣金】工具栏中的 【插入折弯】按钮或选择【插入】|【钣金】|【折弯】菜单命令，在【属性管理器】中弹出【折弯】的属性管理器。在【折弯参数】选项组中，单击 【固定的面或边线】选择框，在图形区域中选择圆锥面一个端面的一线性边线作为固定边线，设置 【折弯半径】；在【折弯系数】选项组中，选择【折弯系数】类型并进行设置。

9.3 编辑钣金特征

9.3.1 切口

切口特征通常用于生成钣金零件，但可以将切口特征添加到任何零件上。

单击【钣金】工具栏中的 【切口】按钮或选择【插入】|【钣金】|【切口】菜单命令，在【属性管理器】中弹出【切口】的属性管理器，如图9-26所示。

生成切口特征的注意事项如下：

（1）沿所选内部或者外部模型边线生成切口。

（2）从线性草图实体上生成切口。

（3）通过组合模型边线从单一线性草图实体上生成切口。

9.3.2 展开

在钣金零件中，单击【钣金】工具栏中的【展开】按钮或选择【插入】|【钣金】|【展开】菜单命令，在【属性管理器】中弹出【展开】的属性管理器，如图9-27所示。

图9-26　【切口】的属性管理器

图9-27　【展开】的属性管理器

（1） 【固定面】：在图形区域中选择一个不因特征而移动的面。

（2） 【要展开的折弯】：选择一个或者多个折弯作为要展开的折弯。

9.3.3 折叠

单击【钣金】工具栏中的 【折叠】按钮或选择【插入】|【钣金】|【折叠】菜单命令，在【属性管理器】中弹出【折叠】的属性管理器，如图9-28所示。

（1）　【固定面】：在图形区域中选择一个不因特征而移动的面。

（2）　【要折叠的折弯】：选择一个或者多个要折叠的折弯。

9.3.4　放样折弯

在钣金零件中，放样折弯使用由放样连接的两个开环轮廓草图，基体法兰特征不与放样折弯特征一起使用。SolidWorks中包含多个以放样的折弯生成的预制钣金零件，位于<安装目录>\data\Design Library\parts\sheetmetal\lofted bends中。

单击【钣金】工具栏中的　【放样折弯】按钮或选择【插入】|【钣金】|【放样折弯】菜单命令，在【属性管理器】中弹出【放样折弯】的属性管理器，如图9-29所示。

图9-28　【折叠】的属性管理器　　　　图9-29　【放样折弯】的属性管理器

【折弯线数量】：为控制平板型式折弯线的粗糙度设置数值。注意事项如下；

（1）使用K因子或者折弯系数计算折弯。

（2）不能被镜向。

（3）要求两个草图，包括无尖锐边线的开环轮廓，且轮廓开口同向对齐以使平板型式更精确。

9.4　钣金成形工具

成形工具可以用作折弯、伸展或成形钣金的冲模，生成一些成形特征，例如百叶窗、矛状器具、法兰和筋等。这些工具存储在<安装目录>\data\design library\forming tools中。可以从【设计库】中插入成形工具，并将其应用到钣金零件上。生成成形工具的许多步骤与生成SolidWorks零件的步骤相同。

9.4.1　成形工具的属性设置

生成成形工具时，可添加定位草图以确定成形工具在钣金零件上的位置，并应用颜色区分停止面和要移除的面。

选择【插入】|【钣金】|【成形工具】菜单命令，在【属性管理器】中弹出【成形工具】的属性管理器，如图9-30所示。

图9-30　【成形工具】的属性管理器

9.4.2　使用成形工具生成钣金零件的操作步骤

在SolidWorks中，可以使用【设计库】中的成形工具生成钣金零件。

（1）打开钣金零件，在任务窗口中选择█【设计库】选项卡，选择【forming tools（成形工具）】文件夹，如图9-31所示。

（2）选择成形工具，将其从【设计库】任务窗口中拖动到要改变形状的面上。

（3）按Tab键改变其方向到材质的另一侧，如图9-32所示。

（4）将特征拖动至要应用的位置，设置【放置成形特征】对话框中的参数。

（5）使用◇【智能尺寸】、┻【添加几何关系】或∩【修改】等命令定义成形工具，单击【完成】按钮。

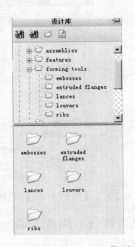

图9-31　选择【forming tools】文件夹

图9-32　改变方向

9.4.3　定位成形工具的操作步骤

可使用草图工具在钣金零件上定位成形工具。

（1）在钣金零件的一个面上绘制任何实体（如构造性直线等），从而使用尺寸和几何关系帮助定位成形工具。

（2）在【设计库】任务窗口中，选择【forming tools（成形工具）】文件夹。

（3）选择成形工具，将其拖动到要定位的面上后释放鼠标，成形工具被放置在该面上，设置【放置成形特征】对话框中的参数。

（4）使用◇【智能尺寸】、┻【添加几何关系】或∩【修改】等命令定位成形工具，单击【完成】按钮。

9.5　钣金设计范例

下面介绍一个电器外壳的钣金设计范例。电器的外壳一般都用钣金零件制作，不仅可以防尘、防锈，还具有一定的强度，本范例中的壳体模型如图9-33所示。本例中应用的特征有基体法兰、斜接法兰、边线法兰、镜向、折弯、闭合角、展开和折叠特征。在钣金零件中，第一个特征是基体法兰，它是其他特征的基础，因此判断一个零件是否是钣金零件的关键是看是否有基体法兰特征。下面具体讲解这个范例的制作过程。

9.5.1　生成基体法兰

（1）启动SolidWorks 2010，单击□【新建】按钮，打开【新建SolidWorks文件】对话框，在模板中选择【零件】选项，单击【确定】按钮。选择【文件】|【另存为】菜单命令，打开【另存为】对话框，在【文件名】文本框中输入"壳体"，单击【保存】按钮。

（2）单击【特征管理器设计树】中的【上视基准面】，使其成为草图绘制平面。

（3）按下空格键，打开【方向】菜单，选择【正视于】选项，视图平面将自动垂直于计算机屏幕。

（4）单击╚【草图绘制】按钮，进入草图绘制模式。单击██【直线】按钮和██【智能尺寸】按钮绘制一个草图，如图9-34所示。

图9-33　钣金零件图

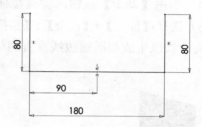

图9-34　平面草图

（5）单击╚【退出草图】按钮，退出草图绘制模式，选择【插入】|【钣金】|【基体法兰】菜单命令，打开【基体法兰】属性管理器，在【方向1】选项组的【终止条件】下拉列表框中选择【给定深度】，在【深度】微调框中输入"75"，在【钣金参数】选项组的【厚度】微调框中输入"3"，在【折弯半径】微调框中输入"1"，如图9-35所示。

（6）单击【确定】按钮，完成基体法兰的创建，如图9-36所示。

图9-35　【基体法兰】属性管理器

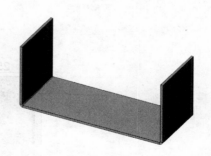

图9-36　基体法兰图

9.5.2　添加斜接法兰

（1）单击【特征】工具栏中的▣【拉伸切除】按钮，选择底面为草图绘制平面。

（2）单击 【圆】按钮和 【智能尺寸】按钮绘制一个草图，如图9-37所示。

（3）单击 【退出草图】按钮，退出草图绘制模式，在【切除-拉伸】属性管理器的【方向1】选项组中启用【与厚度相等】复选框，如图9-38所示。

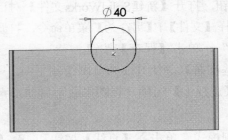

图9-37　圆形草图

图9-38　【方向1】选项组

（4）单击【确定】按钮，完成拉伸切除特征，如图9-39所示。

（5）选择【插入】|【钣金】|【斜接法兰】菜单命令，打开【斜接法兰】属性管理器，选择内竖直边线以生成与所选边线垂直的草图基准面，其原点位于边线的最近端点处，如图9-40所示。

图9-39　拉伸切除特征

图9-40　选择边线

（6）单击【标准视图】工具栏中的 【下视】按钮，沿基体法兰的边线绘制草图，如图9-41所示。

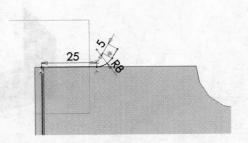

图9-41　边线草图

（7）单击 【退出草图】按钮，退出草图绘制模式，单击 【延伸】按钮，使斜接法兰延伸到切边，在凹口处停止。在【法兰位置】选项组中单击【折弯在外】按钮，如图9-42所示。

（8）单击【确定】按钮，完成斜接法兰特征的创建，如图9-43所示。

图9-42 【斜接参数】选项组

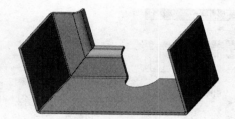

图9-43 斜接法兰模型

9.5.3 镜向钣金

（1）单击【特征】工具栏中的 【镜向】按钮，在【镜向面/基准面】中选择基体法兰的侧面，如图9-44所示。

（2）在【要镜向的实体】框中选择钣金实体，如图9-45所示。

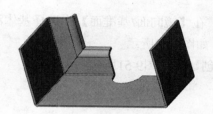

图9-44 选择基体法兰侧面

图9-45 【镜向】属性管理器

（3）单击【确定】按钮，完成镜向钣金的创建，如图9-46所示。

9.5.4 添加边线法兰

（1）选择【插入】|【钣金】|【边线法兰】菜单命令，打开【边线法兰】属性管理器，选择外边线，如图9-47所示。

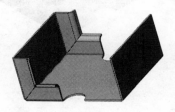

图9-46 镜向实体

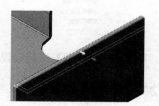

图9-47 选择边线法兰

（2）在【边线法兰】属性管理器的【法兰长度】选项组的【长度】微调框中输入"30"，在【法兰位置】选项组中单击【材料在外】按钮，在【法兰位置】选项组中启用【等距】复选框，并设定【等距终止距离】为"15"，如图9-48所示。

（3）单击【编辑法兰轮廓】按钮，选择沿基体法兰（内边线）的端点，然后将其向中央拖动，单击【完成】按钮关闭轮廓草图，如图9-49所示。

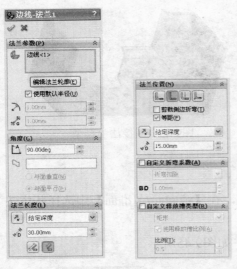

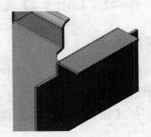

图9-48 【边线法兰】属性管理器参数设置   图9-49 生成边线法兰

9.5.5 镜向特征

（1）单击【特征】工具栏中的 📖【镜向】按钮，在【镜向面/基准面】中选择基体法兰的【右视】图，在【要镜向的实体】中选择边线法兰，如图9-50所示。

（2）单击【确定】按钮，完成镜向边线法兰的创建，如图9-51所示。

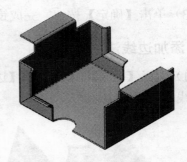

图9-50 【镜向】属性管理器   图9-51 镜向边线法兰

9.5.6 添加和折弯薄片

（1）单击边线法兰的上表面，然后选择【插入】|【钣金】|【薄片】菜单命令，在所选的平面上绘制一个矩形，并标注尺寸，如图9-52所示。

（2）单击 ⤶【退出草图）】按钮，完成添加薄片操作，如图9-53所示。

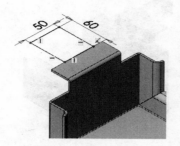

图9-52 绘制矩形草图

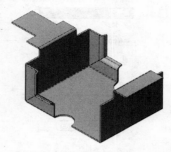

图9-53 添加薄片

（3）选择【插入】|【钣金】|【绘制的折弯】菜单命令，选择添加的薄片上表面为草图绘制平面，绘制一条直线，如图9-54所示。

（4）单击 ⤶【退出草图】按钮，打开【折弯】属性管理器，在【折弯角度】微调框中输入"90"，单击【折弯在外】按钮，如图9-55所示。

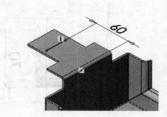

图9-54 绘制直线草图

（5）单击【确定】按钮，完成折弯薄片的创建，如图9-56所示。

图9-55 【折弯】属性管理器

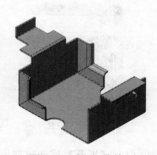

图9-56 折弯薄片

9.5.7 添加穿过折弯的切除

（1）选择【插入】|【钣金】|【展开】菜单命令，在【展开】属性管理器中选择【固定面】为钣金的底面，在【要展开的折弯】框中选择一个侧边，如图9-57所示。

（2）单击【确定】按钮，钣金的一个侧边将展开，如图9-58所示。

（3）单击【特征】工具栏中的 ▣【拉伸切除】按钮，单击钣金的底面作为绘图平面，绘制一个矩形，并进行标注，如图9-59所示。

（4）单击 ⤶【退出草图】按钮，打开【切除-拉伸】属性管理器，在【终止条件】下拉列表框中选择【完全贯穿】，单击 ✅【确定】按钮，实现拉伸切除操作，如图9-60所示。

（5）选择【插入】|【钣金】|【折叠】菜单命令，打开【折叠】属性管理器，选择【固定面】为钣金的底面，在【要折叠的折弯】中选择展开的侧边，如图9-61所示。

图9-57　【展开】属性管理器

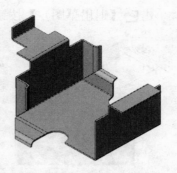

图9-58　展开的折弯

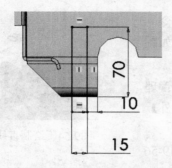

图9-59　绘制矩形草图

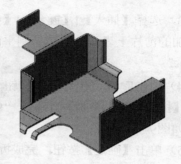

图9-60　切除特征

（6）单击【确定】按钮，完成折叠操作，如图9-62所示。

图9-61　【折叠】属性管理器

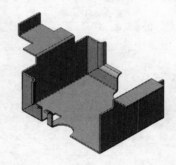

图9-62　折叠特征

9.5.8　生成闭合角

　　（1）选择【插入】|【钣金】|【边线法兰】菜单命令，打开【边线法兰】属性管理器，在【法兰参数】中选择基体法兰的边线，在【角度】微调框中输入"75deg"，在【法兰长度】微调框中输入"85"，在【法兰位置】选项组中单击【材料在外】按钮，如图9-63所示。

　　（2）单击【确定】按钮，完成边线法兰的建立，如图9-64所示。

　　（3）选择【插入】|【钣金】|【闭合角】菜单命令，打开【闭合角】属性管理器，在【要延伸的面】中选择基体法兰的边线，在【对角类型】中单击【对接】按钮，如图9-65所示。

　　（4）单击【确定】按钮，完成钣金零件的制作，如图9-66所示。

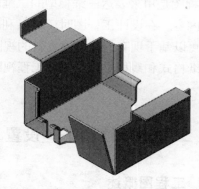

图9-63　【边线法兰】属性管理器参数设置　　　　　　　图9-64　建立边线法兰

图9-65　【闭合角】属性管理器及设置闭合角

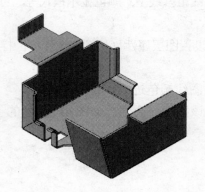

图9-66　钣金零件图

第10章 工程图设计基础

工程图是用来表达三维模型的二维图样，通常包含一组视图、完整的尺寸、技术要求、标题栏等内容。在设计工程图时，可以利用SolidWorks设计的实体零件和装配体直接生成所需视图，也可以基于现有的视图建立新的视图。本章介绍了工程图的基本知识、建立工程图文件、设置图纸格式和线型，以及建立工程视图和进行尺寸标注的方法，最后结合范例讲解具体的使用方法。

10.1 工程图概述和基本设置

10.1.1 工程图概述

工程图是产品设计的重要技术文件，一方面它体现了设计成果，另一方面它也是指导生产的参考依据。在产品的生产制造过程中，工程图还是设计人员进行交流和提高工作效率的重要工具，是工程界的技术语言。SolidWorks提供了强大的工程图设计功能，用户可以很方便地借助于零部件或者装配体三维模型生成所需的各个视图，包括剖视图、局部放大视图等。

SolidWorks在工程图与零部件或装配体三维模型之间提供全相关的功能，即在对零部件或装配体三维模型进行修改时，所有相关的工程视图将自动更新，以反映零部件或装配体的形状和尺寸变化；反之，当在一个工程图中修改零部件或装配体尺寸时，系统也自动将相关的其他工程视图及三维零部件或装配体中相应结构的尺寸进行更新。

10.1.2 工程图线型设置

对于视图中图线的线色、线粗、线型、颜色显示模式等，可利用【线型】工具栏进行设置。【线型】工具栏如图10-1所示。

（1）◪【图层属性】：设置图层属性（如颜色、厚度、样式等），将实体移动到图层中，然后为新的实体选择图层。

（2）◪【线色】：可对图线颜色进行设置。

（3）≡【线粗】：单击该按钮，会弹出如图10-2所示的【线粗】菜单，可对图线粗细进行设置。

图10-1 【线型】工具栏

图10-2 【线粗】菜单

（4）▦【线条样式】：单击该按钮，会弹出如图10-3所示的【线条样式】菜单，可对图线样式进行设置。

（5）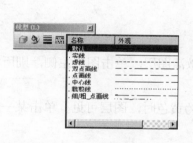【颜色显示模式】：单击该按钮，线色会在所设置的颜色中进行切换。

如果需要对线型进行设置，一般在绘制草图实体之前，先利用【线型】工具栏中的【线色】、【线粗】和【线条样式】按钮对要绘制的图线设置所需的格式，这样可使被添加到工程图中的草图实体均使用指定的线型格式，直到重新设置另一种格式为止。

如果需要改变直线、边线或草图视图的格式，可先选择需要更改的直线、边线或草图实体，然后利用【线型】工具栏中的相应按钮进行修改，新格式将被应用到所选视图中。

10.1.3 工程图图层设置

在工程图文件中，用户可根据需求建立图层，并为在每个图层上生成的新实体指定线条颜色、线条粗细和线条样式。新的实体会自动添加到激活的图层中。图层可以被隐藏或显示。另外，还可将实体从一个图层移动到另一个图层。创建好工程图的图层后，可分别为每个尺寸、注解、表格和视图标号等局部视图选择不同的图层设置。例如，可创建两个图层，将其中一个分配给直径尺寸，另一个分配给表面粗糙度注解。可在文档层设置各个局部视图的图层，无需在工程图中切换图层即可应用自定义图层。

可以将尺寸和注解（包括注释、区域剖面线、块、折断线、局部视图图标、剖面线及表格等）移动到图层上并使用图层指定的颜色。

草图实体使用图层的所有属性。

可将零件或装配体工程图中的零部件移动到图层。【零部件线型】对话框中包括一个用于为零部件选择命名图层的清单，如图10-4所示。

图10-3 【线条样式】菜单

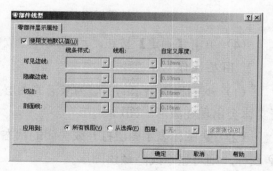

图10-4 【零部件线型】对话框

如果将*.DXF或者*.DWG文件输入到SolidWorks工程图中，会自动生成图层。在最初生成*.DXF或*.DWG文件的系统中指定的图层信息（如名称、属性和实体位置等）将保留。

如果将带有图层的工程图作为*.DXF或*.DWG文件输出，则图层信息包含在文件中。当在目标系统中打开文件时，实体都位于相同图层上，并且具有相同的属性，除非使用映射将实体重新导向新的图层。

在工程图中，单击【线型】工具栏中的【图层属性】按钮，可进行相关的图层操作。

1. 建立图层

（1）在工程图中，单击【线型】工具栏中的【图层属性】按钮，弹出如图10-5所示的【图层】对话框。

（2）单击【新建】按钮，输入新图层的名称。

（3）更改图层默认图线的颜色、样式和粗细等。

- 【颜色】：单击【颜色】下方的方框，弹出【颜色】对话框，可选择或设置颜色，如图10-6所示。

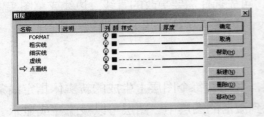

图10-5　【图层】对话框　　　　　　　　　图10-6　【颜色】对话框

- 【样式】：单击【样式】下方的图线，在弹出的菜单中选择图线样式，如图10-7所示。
- 【厚度】：单击【厚度】下方的直线，在弹出的菜单中选择图线的粗细，如图10-8所示。

图10-7　选择样式　　　　　　　　　　　图10-8　选择粗细

（4）单击【确定】按钮，可为文件建立新的图层。

2. 图层操作

（1）⇨ 图标所指示的图层为激活的图层。如果要激活图层，单击图层左侧，则所添加的新实体会出现在激活的图层中。

（2）💡 图标表示图层打开或关闭的状态。当灯泡为黄色时，图层可见。单击某一图层的💡 图标，则可显示或隐藏该图层。

（3）如果要删除图层，选择图层，然后单击【删除】按钮。

（4）如果要移动实体到激活的图层，选择工程图中的实体，然后单击【移动】按钮，即可将其移动至激活的图层。

（5）如果要更改图层名称，则单击图层名称，输入新名称即可。

10.1.4　图纸格式设置

当生成新的工程图时，必须选择图纸格式。图纸格式可采用标准图纸格式，也可自定义和修改图纸格式。通过对图纸格式的设置，有助于生成具有统一格式的工程图。

图纸格式主要用于保存图纸中相对不变的部分，如图框、标题栏和明细栏等。

1. 图纸格式的属性设置

（1）标准图纸格式

SolidWorks提供了各种标准图纸大小的图纸格式。可在【图纸格式/大小】对话框的【标准图纸大小】列表框中进行选择。其中A格式相当于A4规格的纸张尺寸，B格式相当于A3规格的纸张尺寸，依此类推。单击【浏览】按钮，可加载用户自定义的图纸格式。【图纸格式/大小】对话框如图10-9所示。

【显示图纸格式】：显示边框、标题栏等。

（2）无图纸格式

【自定义图纸大小】选项可定义无图纸格式，即选择无边框、标题栏的空白图纸。此选项要求指定纸张大小，用户也可定义自己的格式，如图10-10所示。

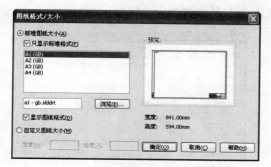

图10-9　【图纸格式/大小】对话框　　　图10-10　选中【自定义图纸大小】单选按钮

2. 使用图纸格式的操作步骤

（1）单击【标准】工具栏中的 ☐ 【新建】按钮，弹出如图10-11所示的【新建SolidWorks文件】对话框。

（2）单击【工程图】按钮，单击【确定】按钮，弹出【图纸格式/大小】对话框，根据需要设置参数，单击【确定】按钮。

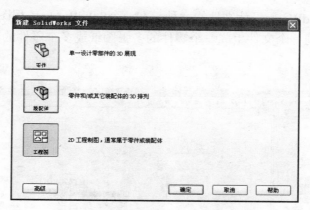

图10-11　【新建SolidWorks文件】对话框

10.1.5　编辑图纸格式

生成一个工程图文件后，可随时对图纸大小、图纸格式、绘图比例、投影类型等图纸细节进行修改。

在【特征管理器设计树】中，用鼠标右键单击 ☐ 图标，或在工程图纸的空白区域单击鼠标右键，在弹出的快捷菜单中选择【属性】命令，如图10-12所示，弹出【图纸属性】对话框，如图10-13所示。

【图纸属性】对话框中各选项如下。

- 【投影类型】：为标准三视图投影选择【第一视角】或【第三视角】（我国采用的是【第一视角】）。
- 【下一视图标号】：指定用作下一个剖面视图或局部视图标号的英文字母。
- 【下一基准标号】：指定用作下一个基准特征标号的英文字母。
- 【使用模型中此处显示的自定义属性值】：如果在图纸上显示了一个以上的模型，且工程图中包含链接到模型自定义属性的注释，则选择希望使用的属性所在的模型视图；如果没有另外指定，则将使用图纸第一个视图中的模型属性。

图10-12　快捷菜单　　　　　　　　　图10-13　【图纸属性】对话框

10.2　工程图文件

　　工程图文件是SolidWorks设计文件的一种。在一个SolidWorks工程图文件中，可包含多张图纸，这使用户可用同一个文件生成一个零件的多张图纸或多个零件的工程图，如图10-14所示。

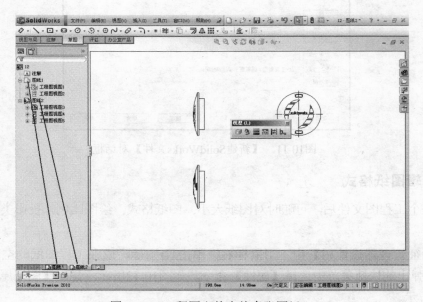

图10-14　工程图文件中的多张图纸

工程图文件窗口可分成两部分。左侧区域为文件的管理区域，显示了当前文件的所有图纸及图纸中包含的工程视图等内容；右侧图纸区域可认为是传统意义上的图纸，包含了图纸格式、工程视图、尺寸、注解、表格等工程图样必需的内容。

10.2.1　设置多张工程图纸

在工程图文件中可随时添加多张图纸。

（1）选择【插入】|【图纸】菜单命令（或在【特征管理器设计树】中用鼠标右键单击如图10-15所示的图纸图标，在弹出的快捷菜单中选择【添加图纸】命令），生成新的图纸。

（2）如果需更改图纸格式，可按照本章10.3.3介绍的内容进行操作。

10.2.2　激活图纸

如果需要激活图纸，可使用如下方法之一：

（1）在图纸区域下方单击要激活的图纸的图标。

（2）用鼠标右键单击图纸区域下方要激活的图纸的图标，在弹出的快捷菜单中选择【激活】命令，如图10-16所示。

图10-15　快捷菜单

图10-16　快捷菜单

（3）用鼠标右键单击【特征管理器设计树】中的图纸图标，在弹出的快捷菜单中选择【激活】命令，如图10-17所示。

10.2.3　删除图纸

（1）用鼠标右键单击【特征管理器设计树】中要删除的图纸图标，在弹出的快捷菜单中选择【删除】命令。

（2）弹出【确认删除】对话框，单击【是】按钮即可删除图纸，如图10-18所示。

图10-17　快捷菜单

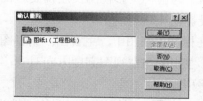

图10-18　【确认删除】对话框

10.3　工程视图

工程视图是指在图纸中生成的所有视图。在SolidWorks中，用户可根据需要生成各种表达零件模型的视图，如投影视图、剖面视图、局部放大视图、轴测视图等。

在生成工程视图之前，应首先生成零部件或装配体的三维模型，然后根据此三维模型考虑和规划视图，如工程图由几个视图组成、是否需要剖视等，最后再生成工程视图。

图10-19　工程视图菜单

新建工程图文件，完成图纸格式的设置后，就可生成工程视图。选择【插入】|【工程视图】菜单命令，弹出工程视图菜单，如图10-19所示，根据需要选择相应的命令生成工程视图。

（1）【投影视图】：指从主、俯、左三个方向插入视图。

（2）【辅助视图】：垂直于所选参考边线的视图。

（3）【剖面视图】：以一条剖切线分割父视图。剖面视图可以是直切剖面或是用阶梯剖切线定义的等距剖面。

（4）【旋转剖视图】：与剖面视图相似，但旋转剖面的剖切线由连接到一个夹角的两条或多条线组成。

（5）【局部视图】：通常是以放大比例显示一个视图的某个部分，可以是正交视图、空间（等轴测）视图、剖面视图、裁剪视图、爆炸装配体视图或另一局部视图等。

（6）【相对于模型】：正交视图，由模型中两个直交面或基准面及各自的具体方位的规格定义。

（7）【标准三视图】：前视视图为模型视图，其他两个视图为投影视图，使用在图纸属性中指定的第一视角或第三视角投影法。

（8）【断开的剖视图】：是现有工程视图的一部分，不是单独的视图。可用闭合的轮廓（通常是样条曲线）定义断开的剖视图。

（9）【断裂视图】：也称为中断视图。断裂视图可将零件以较大比例显示在较小的工程图纸上。与断裂区域相关的参考尺寸和模型尺寸反映实际的模型数值。

（10）【剪裁视图】：除了局部视图、已用于生成局部视图的视图或爆炸视图，用户可根据需要裁剪任何工程视图。

10.3.1　标准三视图

标准三视图可生成三个默认的正交视图，其中主视图方向为零件或装配体的前视投影视图，其他两个为俯视投影视图及左视投影视图，其投影类型则按照图纸格式设置的第一视角或第三视角投影法来进行。

在标准三视图中，主视图、俯视图及左视图有固定的对齐关系。主视图与俯视图长度方向对齐，主视图与左视图高度方向对齐，俯视图与左视图宽度相等。俯视图可竖直移动，左视图可水平移动。

下面介绍一下标准三视图的属性设置方法。

单击【工程图】工具栏中的【标准三视图】按钮（或选择【插入】|【工程视图】|【标准三视图】菜单命令），在【属性管理器】中弹出【标准三视图】的属性管理器，如图10-20所示，鼠标指针变为形状。

10.3.2　投影视图

投影视图是根据已有视图利用正交投影生成。投影视图的投影方法是根据在【图纸属性】

对话框中所设置的第一视角或第三视角投影类型确定。

下面来介绍一下投影视图的属性设置。

单击【工程图】工具栏中的  【投影视图】按钮（或选择【插入】|【工程视图】|【投影视图】菜单命令），在【属性管理器】中弹出【投影视图】的属性管理器，如图10-21所示，鼠标指针变为 形状。

图10-20 【标准三视图】的属性管理器 　　　　图10-21 【投影视图】的属性管理器

1. 【箭头】选项组

【标号】：表示按父视图相应的投影方向得到的投影视图的名称。

2. 【显示样式】选项组

【使用父关系样式】：取消选择此选项，可选择与父视图不同的显示样式，显示样式包括 【线架图】、 【隐藏线可见】、 【消除隐藏线】、 【带边线上色】和 【上色】。

3. 【比例缩放】选项组

（1）【使用父关系比例】选项：可应用为父视图所使用的相同比例。

（2）【使用图纸比例】选项：可应用为工程图图纸所使用的相同比例。

（3）【使用自定义比例】选项：可根据需要应用自定义的比例。

10.3.3 剪裁视图

生成剪裁视图的操作步骤如下。

（1）新建工程图文件，生成零部件模型的工程视图。

（2）单击要生成剪裁视图的工程视图，使用草图绘制工具绘制一条封闭的轮廓，如图10-22所示。

（3）选择封闭的剪裁轮廓，单击【工程图】工具栏中的 【剪裁视图】按钮（或选择【插入】|【工程视图】|【剪裁视图】菜单命令）。此时，剪裁轮廓以外的视图消失，生成剪裁视图，如图10-23所示。

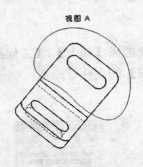

图10-22 绘制剪裁轮廓

图10-23 生成剪裁视图

10.3.4 局部视图

局部视图是一种派生视图，可用来显示父视图的某一局部形状，通常采用放大比例显示。局部视图的父视图可以是正交视图、空间（等轴测）视图、剖面视图、裁剪视图、爆炸装配体视图或另一局部视图，但不能在透视图中生成模型的局部视图。

下面介绍一下局部视图的属性设置。

单击【工程图】工具栏中的 【局部视图】按钮（或选择【插入】|【工程视图】|【局部视图】菜单命令），在【属性管理器】中弹出【局部视图】的属性管理器，如图10-24所示。

1. 【局部视图图标】选项组

（1） 【样式】：可选择一种样式，如图10-25所示，也可选中【轮廓】（必须在此之前绘制好一条封闭的轮廓曲线）或【圆】单选按钮。

（2） 【标号】：编辑与局部视图相关的字母。

（3）【字体】：如果要为局部视图标号选择文件字体以外的字体，取消启用【文件字体】复选框，然后单击【字体】按钮。

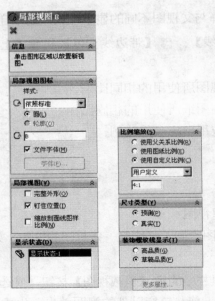

图10-24 【局部视图】的属性管理器

图10-25 【样式】选项

2. 【局部视图】选项组

（1）【完整外形】：局部视图轮廓外形全部显示。

（2）【钉住位置】：可阻止父视图比例更改时局部视图发生移动。

（3）【缩放剖面线图样比例】：可根据局部视图的比例缩放剖面线图样比例。

10.3.5　剖面视图

剖面视图是通过一条剖切线切割父视图而生成的，属于派生视图，可显示模型内部的形状和尺寸。剖面视图可以是剖切面或是用阶梯剖切线定义的等距剖面视图，并可生成半剖视图。

下面介绍一下剖面视图的属性设置。

单击【草图】工具栏中的 ┆【中心线】按钮，在激活的视图中绘制单一或相互平行的中心线（也可单击【草图】工具栏中的 ＼【直线】按钮，在激活的视图中绘制单一或相互平行的直线段）。选择绘制的中心线（或直线段），单击【工程图】工具栏中的 ♫【剖面视图】按钮（或选择【插入】|【工程视图】|【剖面视图】菜单命令），在【属性管理器】中弹出【剖面视图G-G】（根据生成的剖面视图，字母顺序排序）的属性管理器，如图10-26所示。

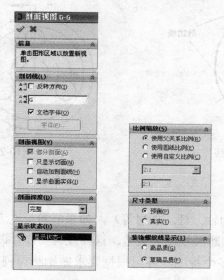

图10-26　【剖面视图G-G】的属性管理器

1. 【剖切线】选项组

（1） ⬌【反转方向】：反转剖切的方向。

（2） ⬌【标号】：编辑与剖切线或者剖面视图相关的字母。

（3）【字体】：如果剖切线标号选择文件字体以外的字体，取消选择【文档字体】选项，然后单击【字体】按钮，可为剖切线或剖面视图相关字母选择其他字体。

2. 【剖面视图】选项组

（1）【部分剖面】：当剖切线没有完全切透视图中模型的边框线时，会弹出剖切线小于视图几何体的提示信息，并询问是否生成局部剖视图。

（2）【只显示切面】：只有被剖切线切除的曲面出现在剖面视图中。

（3）【自动加剖面线】：选择此选项，系统可自动添加必要的剖面（切）线。

10.3.6 旋转剖视图

旋转剖视图可用来表达具有回转轴的零件模型的内部形状，生成旋转剖视图的剖切线，必须由两条连续的线段构成，并且这两条线段必须具有一定的夹角。

下面介绍一下旋转剖视图的属性设置方法。

（1）在图纸区域中激活现有视图。

（2）单击【草图】工具栏中的┆【中心线】按钮（或╲【直线】按钮）。

（3）根据需要绘制相交的中心线（或者直线段）。一般情况下，交点与回转轴重合，如图10-27所示，同时选择一条中心线（或直线段）。

（4）单击【工程图】工具栏中的 【旋转剖视图】按钮（或选择【插入】|【工程视图】|【旋转剖视图】菜单命令），在【属性管理器】中弹出【剖面视图A-A】（根据生成的剖面视图，字母顺序排序）的属性管理器。在图纸区域中拖动鼠标指针，显示视图的预览。单击鼠标左键，将旋转剖视图放置在合适位置，单击 【确定】按钮，生成旋转剖视图，如图10-28所示。

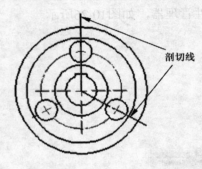

图10-27　绘制剖切线

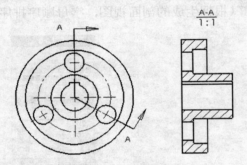

图10-28　生成旋转剖视图

10.3.7 断裂视图

对于一些较长的零件（如轴、杆、型材等），如果沿着长度方向的形状是一致的或按一定规律变化时，可用折断显示的断裂视图来表达，这样就可将零件以较大比例显示在较小的工程图纸上。断裂视图可应用于多个视图，并可根据要求撤销断裂视图。

下面介绍一下断裂视图的属性设置。

图10-29　【断裂视图】的属性管理器

单击【工程图】工具栏中的 【断裂视图】按钮（或选择【插入】|【工程视图】|【断裂视图】菜单命令），在【属性管理器】中弹出【断裂视图】的属性管理器，如图10-29所示。

（1） 【添加竖直折断线】：生成断裂视图时，将视图沿水平方向断开。

（2） 【添加水平折断线】：生成断裂视图时，将视图沿竖直方向断开。

（3）【缝隙大小】：改变折断线缝隙之间的间距量。

（4）【折断线样式】：定义折断线的类型，包含的选项如图10-30所示，其效果如图10-31所示。

图10-30 【折断线样式】选项

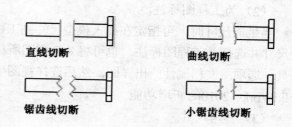

图10-31 不同折断线样式的效果

10.3.8 相对视图

如果需要零件视图正确清晰地表达零件的形状结构，使用模型视图和投影视图生成的工程视图可能会不符合实际情况。此时可以利用相对视图自行定义主视图，解决零件视图定向与工程视图投影方向的矛盾。

相对视图是一个相对于模型中所选面的正交视图，由模型的两个直交面及各自具体方位规格定义。通过在模型中依次选择两个正交平面或基准面，并指定所选面的朝向，生成特定方位的工程视图。相对视图可作为工程视图中的第一个基础正交视图。

下面介绍一下相对视图的属性设置。

选择【插入】|【工程视图】|【相对于模型】菜单命令，在【属性管理器】中弹出【相对视图】的属性管理器，如图10-32所示，鼠标指针变为形状。

（1）【第一方向】：选择方向（如图10-33所示），然后单击【第一方向的面/基准面】选择框，在图纸区域中选择一个面或者基准面。

（2）【第二方向】：选择方向，然后单击【第二方向的面/基准面】选择框，在图纸区域中选择一个面或基准面。

图10-32 【相对视图】的属性管理器

图10-33 【第一方向】选项

10.4 尺寸标注

10.4.1 尺寸标注概述

工程图中的尺寸标注与模型相关联，而且模型中的变更会反映到工程图中。

（1）模型尺寸。

通常在生成每个零件特征时即生成尺寸，然后将这些尺寸插入各个工程视图。在模型中改变尺寸会更新工程图，在工程图中改变插入的尺寸也会改变模型。

（2）为工程图标注。

当生成尺寸时，可指定在插入模型尺寸到工程图中时是否应包括尺寸在内。用鼠标右键单击尺寸并选择为工程图标注。也可将为工程图所标注的尺寸自动插入到新的工程视图中。单击工具、选项、文档属性、出详图，然后选择视图生成时自动插入的为工程图标注的尺寸，这是SolidWorks 2010的新增功能。

（3）参考尺寸。

也可在工程图文档中添加尺寸，但是这些尺寸是参考尺寸，并且是从动尺寸，不能通过编辑参考尺寸的数值更改模型。然而，当模型的标注尺寸改变时，参考尺寸值也会改变。

（4）颜色。

在默认情况下，模型尺寸为黑色。还包括零件或装配体文件中以蓝色显示的尺寸（例如拉伸深度）。参考尺寸以灰色显示，并默认带有括号。可在工具、选项、系统选项、颜色中为各种类型尺寸指定颜色，并在工具、选项、文件属性、尺寸标注中指定添加默认括号。

（5）箭头。

尺寸被选中时尺寸箭头上出现圆形控标。单击箭头控标时（如果尺寸有两个控标，可以单击任一个控标），箭头向外或向内反转。用鼠标右键单击控标时，出现箭头样式清单。可用此方法单独更改任何尺寸箭头的样式。

（6）选择。

可通过单击尺寸的任何地方，包括尺寸、延伸线和箭头来选择尺寸。

（7）隐藏和显示尺寸。

可使用工程图工具栏中的隐藏/显示注解或视图菜单来隐藏和显示尺寸。也可用鼠标右键单击尺寸，然后选择隐藏来隐藏尺寸。也可在注解视图中隐藏和显示尺寸。

（8）隐藏和显示直线。

若要隐藏一尺寸线或延伸线，用鼠标右键单击直线，然后选择隐藏尺寸线或隐藏延伸线。若想显示隐藏线，用鼠标右键单击尺寸或某一可见直线，然后选择显示尺寸线或显示延伸线。

10.4.2 添加尺寸标注的操作步骤

添加尺寸标注的操作步骤如下。

（1）单击智能尺寸 ◙ （尺寸/几何关系工具栏），或单击【工具】|【标注尺寸】|【智能尺寸】菜单命令。

（2）单击要标注尺寸的几何体，如表10-1所示。

表10-1 标注尺寸

标注项目	单击…
直线或边线的长度	直线
两直线之间的角度	两条直线，或一直线和模型上的一边线
两直线之间的距离	两条平行直线，或一条直线与一条平行的模型边线
点到直线的垂直距离	点以及直线或模型边线
两点之间的距离	两个点

（续表）

标注项目	单击…
圆弧半径	圆弧
圆弧真实长度	圆弧及两个端点
圆的直径	圆周
一个或两个实体为圆弧或圆时的距离	圆心或圆弧/圆的圆周，及其他实体（直线，边线，点等）
线性边线的中点	用右键单击要标注中点尺寸的边线，然后单击选择中点。接着选择第二个要标注尺寸的实体

（3）在视图中单击可以放置尺寸。

10.5　注释

利用注释工具可在工程图中添加文字信息和一些特殊要求的标注形式。注释文字可以独立浮动，也可指向某个对象（如面、边线或者顶点等）。注释中可包含文字、符号、参数文字或超文本链接。如果注释中包含引线，则引线可以是直线、折弯线或多转折引线。

10.5.1　注释的属性设置

单击【注解】工具栏中的 A 【注释】按钮（或选择【插入】|【注解】|【注释】菜单命令），在【属性管理器】中弹出【注释】的属性管理器，如图10-34所示。

图10-34　【注释】的属性管理器

1. 【样式】选项组

（1） 📷【将默认属性应用到所选注释】：将默认类型应用到所选注释中。

（2） 📷【添加或更新常用样式】：单击该按钮，在弹出的对话框中输入新名称，然后单击【确定】按钮，即可将常用样式添加到文件中，如图10-35所示。

（3）![图标]【删除常用样式】：从【设定当前常用样式】中选择一种样式，单击该按钮，即可将常用样式删除。

（4）![图标]【保存常用样式】：在【设定当前常用样式】中显示一种常用类型，单击该按钮，在弹出的【另存为】对话框中，选择保存该文件的文件夹，编辑文件名，最后单击【保存】按钮。

（5）![图标]【装入常用样式】：单击该按钮，在弹出的【打开】对话框中选择合适的文件夹，然后选择一个或多个文件，单击【打开】按钮，装入的常用尺寸出现在【设定当前常用类型】列表中。

2. 【文字格式】选项组

（1）文字对齐方式：包括![图标]【左对齐】、![图标]【居中】和![图标]【右对齐】。

（2）![图标]【角度】：设置注释文字的旋转角度（正角度值表示逆时针方向旋转）。

（3）![图标]【插入超文本链接】：单击该按钮，可在注释中包含超文本链接。

（4）![图标]【链接到属性】：单击该按钮，可将注释链接到文件属性。

（5）![图标]【添加符号】：将鼠标指针放置在需要显示符号的【注释】文本框中，单击【添加符号】按钮，弹出【符号】对话框，如图10-36所示，选择一种符号，单击【确定】按钮，符号显示在注释。

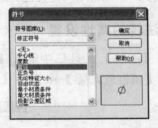

图10-35　【添加或更新常用样式】对话框　　　　图10-36　【符号】对话框

（6）![图标]【锁定/解除锁定注释】：将注释固定到位。当编辑注释时，可以调整其边界框，但不能移动注释本身（只可用于工程图）。

（7）![图标]【插入形位公差】：可以在注释中插入形位公差符号。

（8）![图标]【插入表面粗糙度符号】：可以在注释中插入表面粗糙度符号。

（9）![图标]【插入基准特征】：可以在注释中插入基准特征符号。

（10）【使用文档字体】：选择该选项，使用文件设置的字体；取消选择该选项，【字体】按钮处于可选择状态。单击【字体】按钮，弹出【选择字体】对话框，可选择字体样式、大小及效果。

3. 【引线】选项组（一）

（1）单击![图标]【引线】、![图标]【多转折引线】、![图标]【无引线】或![图标]【自动引线】按钮确定是否选择引线。如果单击![图标]【自动引线】按钮，在注释到实体时会自动插入引线。

（2）单击![图标]【引线靠左】、![图标]【引线向右】、![图标]【引线最近】按钮，确定引线的位置。

（3）单击![图标]【直引线】、![图标]【折弯引线】、![图标]【下划线引线】按钮，确定引线样式。

（4）从【箭头样式】中选择一种箭头样式，如图10-37所示。如果选择![图标]【智能箭头】样式，则应用适当的箭头（如根据出详图标准，将![图标]应用到面上、将![图标]应用到边线上等）到注释中。

（5）【应用到所有】：将更改应用到所选注释的所有箭头。如果所选注释有多条引线，而没有选择自动引线，则每个单独引线可使用不同的箭头样式。

4.【引线】选项组（二）

（1）【样式】：指定边界（包含文字的几何形状）的形状，如图10-38所示。

（2）【大小】：指定文字是否为【紧密配合】或有固定的字符数，如图10-39所示。

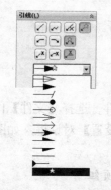

图10-37 【箭头样式】选项

图10-38 【样式】选项

图10-39 【大小】选项

5.【图层】选项组

该选项组用来指定注释所在的图层。

10.5.2 添加注释的操作步骤

添加注释的操作步骤如下。

（1）单击【注解】工具栏中的 **A**【注释】按钮（或选择【插入】|【注解】|【注释】菜单命令），鼠标指针变为 形状，在【属性管理器】中弹出【注释】的属性管理器。

（2）在图纸区域中拖动鼠标指针定义文本框，在文本框中输入相应的注释文字。

（3）如果有多处需要注释文字，只需在相应位置单击鼠标左键，如图10-40所示，即可添加新注释，单击 【确定】按钮，注释添加完成。

添加注释还可在工程图图纸区域中单击鼠标右键，在弹出的快捷菜单中选择【注解】|【注释】命令。注释的每个实例均可修改文字、属性和格式等。

如果需要在注释中添加多条引线，在拖曳注释并放置之前，按住Ctrl键，注释停止移动，第二条引线即会出现，单击鼠标左键放置引线。

如果需要更改项目符号或编号的列表缩进，在处于编辑状态时用鼠标右键单击注释，在弹出的快捷菜单中选择【项目符号和编号】命令，如图10-41所示。

图10-40 添加注释

图10-41 快捷菜单

10.6 打印工程图

在SolidWorks中，可打印整个工程图纸，也可只打印图纸中所选的区域。如果使用彩色打印机，可打印彩色的工程图（默认设置为使用黑白打印），也可为单独的工程图纸指定不同的设置。

在打印图纸时，要求用户正确安装并设置打印机、页面和线粗等。

10.6.1 页面设置

打印工程图前，需要对当前文件进行页面设置。

图10-42 【页面设置】对话框

打开需要打印的工程图文件。选择【文件】|【页面设置】菜单命令，弹出【页面设置】对话框，如图10-42所示。

1. 【分辨率和比例】选项组

（1）【调整比例以套合】（仅对于工程图）：按照使用的纸张大小自动调整工程图纸尺寸。

（2）【比例】：设置图纸打印比例，按照该比例缩放值（即百分比）打印文件。

（3）【高品质】（仅对于工程图）：SolidWorks软件为打印机和纸张大小组合决定最优分辨率，生成Raster输出并打印。

2. 【纸张】选项组

（1）【大小】：设置打印文件的纸张大小。

（2）【来源】：设置纸张所处的打印机纸匣。

3. 【工程图颜色】选项组

（1）【自动】：如果打印机或绘图机驱动程序报告能够进行彩色打印，则发送彩色数据，否则发送黑白数据。

（2）【颜色/灰度级】：忽略打印机或绘图机驱动程序的报告结果，发送彩色数据到打印机或绘图机。黑白打印机通常以灰度级打印彩色实体。当彩色打印机或绘图机使用自动设置进行黑白打印时，使用此选项。

图10-43 【打印】对话框

（3）【黑白】：不论打印机或绘图机的报告结果如何，都发送黑白数据到打印机或绘图机。

10.6.2 线粗设置

选择【文件】|【打印】菜单命令，弹出【打印】对话框，如图10-43所示。

在【打印】对话框中，单击【线粗】按钮，在弹出的【文档属性－线粗】对话框中设置打印时的线粗，如图10-44所示。

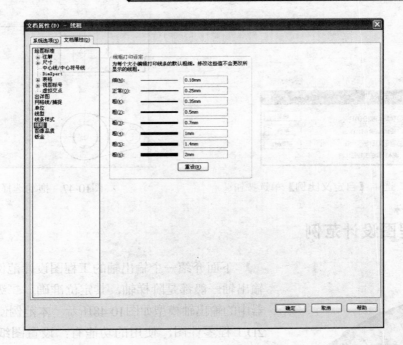

图10-44 【文档属性-线粗】对话框

10.6.3 打印出图

完成页面设置和线粗设置后，即可进行打印出图的操作。

1. 整个工程图图纸

选择【文件】I【打印】菜单命令，弹出【打印】对话框。在对话框的【打印范围】选项组中选中【所有图纸】或【图纸】单选按钮并输入想要打印的页数，单击【确定】按钮打印文件。

2. 打印工程图所选区域

选择【文件】I【打印】菜单命令，弹出【打印】对话框。在对话框的【打印范围】选项组中选中【选择】单选按钮，单击【确定】按钮，弹出【打印所选区域】对话框，如图10-45所示。

图10-45 【打印所选区域】对话框

（1）【模型比例（1：1）】：此选项为默认选项，表示所选的区域按照实际尺寸打印，即mm（毫米）的模型尺寸按照mm（毫米）打印。因此，对于使用不同于默认图纸比例的视图，需要使用自定义比例以获得需要的结果。

（2）【图纸比例（1：1）】：所选区域按照其在整张图纸中的显示比例进行打印。如果工程图大小和纸张大小相同，将打印整张图纸。

（3）【自定义比例】：所选区域按照定义的比例因子打印，如图10-46所示，输入比例因子数值，单击【应用比例】按钮。改变比例因子时，在图纸区域中选择框将发生变化。

拖动选择框到需要打印的区域。可移动、缩放视图，或在选择框显示时更换图纸。此外，选择框只能整框拖动，不能拖动单独的边来控制所选区域，如图10-47所示，单击【确定】按钮，完成所选区域的打印。

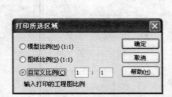

图10-46 选中【自定义比例】单选按钮

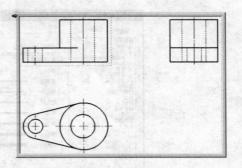

图10-47 拖动选择框

10.7 工程图设计范例

图10-48 输出轴模型

下面介绍一个输出轴的工程图设计范例，减速器中的输出轴一般都是阶梯轴，其定位准确。二级圆柱齿轮减速器中的输出轴模型如图10-48所示。本范例使用3D模型创建2D工程零件图，使用的功能有：设置图纸格式，创建视图，绘制中心线和尺寸标注。在SolidWorks工程图中模型的尺寸和工程图的尺寸是相关的，即改变模型的尺寸则工程图的尺寸也相应地改变，反之亦然。创建出的输出轴的零件图如图10-49所示。下面来具体讲解这个范例的制作过程。

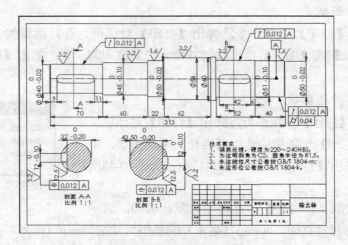

图10-49 输出轴的零件图

10.7.1 设置图纸格式

（1）选择【标准】工具栏上的 □【新建】按钮，新建工程图文件。

（2）根据所创建的装配图的大小选择合适的图纸大小，本例所需图纸为A3（420×297）大小。在【标准图纸大小】中选择"A3（ANSI）横向"，如图10-50所示，单击【确定】按钮。

（3）利用【草图】工具栏中的 □【矩形】工具和 ＼【直线】工具，在图框的右下角绘制标题栏，如图10-51所示。根据标题栏中图线的粗、细，分别置于"图框粗"层和"图框细"层中。设置完的图纸格式如图10-52所示。

图10-50 设置A3图纸

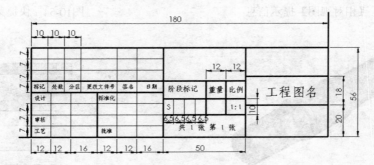

图10-51 标题栏

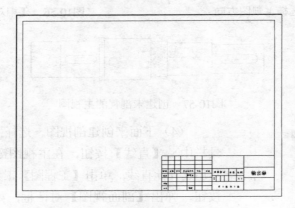

图10-52 图纸格式

10.7.2 创建视图

（1）创建未剖视的主视图。选择【插入】|【工程视图】|【相对于模型】菜单命令，鼠标指针变为形状，并在特性管理器中出现【相对视图】的提示信息，如图10-53所示。在图纸区域单击鼠标右键，弹出快捷菜单，如图10-54所示。选择【从文件中插入】命令，在弹出的【打开】对话框中，选择"输出轴"装配模型文件。

（2）打开模型文件后，分别在主视图方向和左视图方向选择模型上的上视基准面和右视基准面，如图10-55所示，【相对视图】属性管理器如图10-56所示，然后单击【确定】按钮。

（3）在图纸区域会出现装配体主视图的预览，单击鼠标左键将主视图放置于图纸中合适的位置，如图10-57所示。可单击需要修改的视图，在【特性管理器设计树】中修改视图采用的比例。

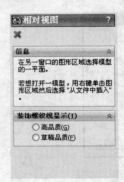

图10-53 【相对视图】提示信息   图10-54 快捷菜单

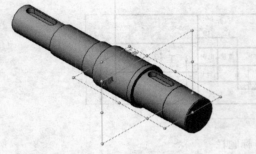

图10-55 选择主视图方向   图10-56 【相对视图】属性管理器

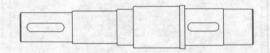

图10-57 创建未剖视的主视图

图10-58 【剖面视图】对话框

（4）下面来创建剖视图。选择主视图，单击【草图】工具栏中 ↘ 【直线】按钮，在主视图键槽位置绘制一条直线。然后选择此直线，单击【工程图】工具栏中的 ⟷ 【剖面视图】按钮，弹出【剖面视图】对话框，如图10-58所示。

10.7.3 添加中心线和注释

（1）单击【草图】工具栏 ⋮ 【中心线】按钮，在需要绘制中心线的视图中绘制各中心线，所绘制的主视图中心线如图10-59所示。

（2）单击【注解】工具栏中的 **A** 【注释】按钮，插入注释文字，在绘图中单击鼠标左键，将注释文字放置在相应的位置。

10.7.4 尺寸标注

在零件图上标注尺寸，必须做到：正确、完整、清晰、合理。主要包括以下几类尺寸：外形尺寸、加工粗糙度、形位公差、技术要求等。

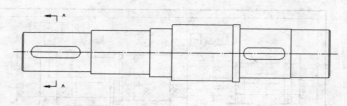

图10-59 绘制俯视图中的中心线

（1）标注前应先进行尺寸样式设置，选择【工具】|【选项】菜单命令，弹出【文件属性】对话框，单击【文件属性】标签，可以对尺寸样式、箭头、标注文字样式、注释文字样式等进行设定，可根据绘图所选图幅的大小合理选择标注样式、文字样式和大小等内容，如图10-60所示。

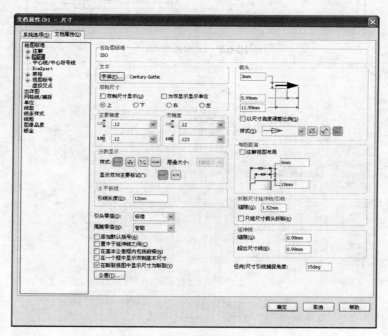

图10-60 【文件属性】对话框

（2）以键槽部分为例进行标注。单击【注解】工具栏中的 【智能尺寸】按钮，选择键槽两侧的边线，就会出现尺寸标注预览，将尺寸放置在视图中合适的位置上，单击鼠标左键，如图10-61所示。

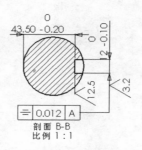

图10-61 尺寸预览

（3）至此，范例制作完成，标注好的零件图如图10-62所示。

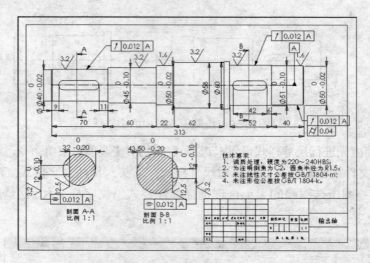

图10-62　轴的零件图

第11章　焊　件　设　计

在SolidWorks中，焊件设计模块可以将多种焊接类型的焊缝零件添加到装配体中，生成的焊缝属于装配体特征，是关联装配体中生成的新装配体零部件，因此，学习它是对装配体设计的一个有效的补充。本章将具体介绍焊件设计的基本操作方法。

11.1　焊件结构

焊件结构为单一多体零件，使用2D和3D草图来定义基本框架，然后沿草图线段添加结构构件。可使用焊件工具栏上的工具添加角撑板、顶端盖等。下面来介绍一下焊件轮廓和结构构件。

11.1.1　焊件轮廓

首先需要生成焊件轮廓，以便在生成焊件结构构件时使用。生成焊件轮廓就是将轮廓创建为库特征零件，再将其保存于一个定义好的位置即可。其具体方法如下：

（1）打开一个新零件。

（2）绘制轮廓草图。当用轮廓生成一个焊件结构构件时，草图的原点为默认穿透点（穿透点可以相对于生成结构构件所使用的草图线段以定义轮廓上的位置），且可以选择草图中的任何顶点或草图点作为交替穿透点。

（3）选择所绘制的草图。

（4）选择【文件】|【另存为】菜单命令，打开【另存为】对话框。

（5）在【保存在】中选择<安装目录>\data\weldment profiles，然后选择或生成一个适当的子文件夹，在【保存类型】中选择库特征零件（*.SLDLFP），输入【文件名】名称，单击【保存】按钮。

11.1.2　结构构件

在零件中生成第一个结构构件时，◣【焊件】图标将添加到【特征管理器设计树】中。在【配置管理器】中生成两个默认配置，即一个父配置（默认<按加工>）和一个派生配置（默认<按焊接>）。

1. 结构构件的属性种类

结构构件包含以下属性：

（1）结构构件都使用轮廓，例如角铁等。

（2）轮廓由【标准】、【类型】及【大小】等属性识别。

（3）结构构件可包含多个片段，但所有片段只能使用一个轮廓。

（4）具有不同轮廓的多个结构构件可属于同一焊接零件。

（5）在一个结构构件中的任何特定点处，只有两个实体才可以交叉。

（6）结构构件在【特征管理器设计树】中以【结构构件1】、【结构构件2】等名称显示。

结构构件生成的实体会出现在  【实体】文件夹下。

（7）可以生成自己的轮廓，并将其添加到焊件现有轮廓库中。

（8）焊件轮廓位于<安装目录>\data\weldment profiles。

（9）结构构件允许相对于生成结构构件所使用的草图线段指定轮廓的穿透点。

（10）可在【特征管理器设计树】的 【实体】文件夹下选择结构构件，并生成用于工程图的切割清单。

2. 结构构件的属性设置

单击【焊件】工具栏中的 【结构构件】按钮（或选择【插入】|【焊件】|【结构构件】菜单命令），在【属性管理器】中弹出【结构构件】的属性管理器，如图11-1所示。

图11-1　【结构构件】的属性管理器

（1）【选择】选项组

· 【标准】：选择先前所定义的iso、ansi inch或自定义标准。

· 【类型】：选择轮廓类型，如图11-2所示。

· 【大小】：选择轮廓大小。

· 【组】：可在图形区域中选择一组草图实体。

（2）【设定】选项组

· 【旋转角度】：可相对于相邻的结构构件按照固定角度进行旋转。

· 【找出轮廓】：更改相邻结构构件之间的穿透点（默认的穿透点为草图原点）。

3. 生成结构构件的操作步骤

（1）绘制草图，如图11-3所示。

图11-2　【类型】选项

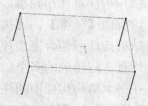

图11-3　绘制草图

（2）单击【焊件】工具栏中的 【结构构件】按钮（或选择【插入】|【焊件】|【结构构件】菜单命令），在【属性管理器】中弹出【结构构件】的属性管理器。在【选择】选项组中，设置【标准】、【类型】和【大小】参数，单击【路径线段】选择框，在图形区域中选择一组草图实体，如图11-4所示，单击 ✅【确定】按钮，消除路径线段的选择并生成额外的结构构件。

图11-4　选择草图实体

（3）按照前面的操作方法，生成另一组结构构件。

（4）如果有必要，可设置不同的【标准】、【类型】和【大小】参数，在图形区域显示预览，如图11-5所示，单击 ✅【确定】按钮，消除路径线段的选择并生成额外的结构构件，如图11-6所示。

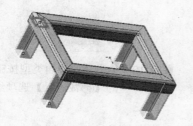

图11-5　结构构件的预览

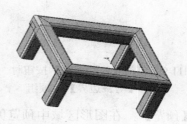

图11-6　生成结构构件

11.2　剪裁/延伸

可用结构构件和其他实体剪裁结构构件，使其在焊件零件中正确对接。可利用【剪裁/延伸】命令剪裁或延伸两个在角落处汇合的结构构件、一个或多个相对于另一实体的结构构件等。

11.2.1　剪裁/延伸的属性设置

单击【焊件】工具栏中的 【剪裁/延伸】按钮（或选择【插入】|【焊件】|【剪裁/延伸】菜单命令），在【属性管理器】中弹出【剪裁/延伸】的属性管理器，如图11-7所示。

（1）【边角类型】选项组

可设置剪裁的边角类型，包括 【终端剪裁】、 【终端斜接】、 【终端对接1】、 【终端对接2】，其效果如图11-8所示。

（2）【要剪裁的实体】选项组

对于【终端斜接】、【终端对接1】和【终端对接2】类型，选择要剪裁的一个实体。

对于 【终端剪裁】类型，选择要剪裁的一个或者多个实体。

（3）【剪裁边界】选项组

单击 【终端剪裁】按钮时，【剪裁边界】选项组如图11-9所示，选择剪裁所相对的一个或者多个相邻面。

图11-7　【剪裁/延伸】的
属性管理器

· 【面/平面】：使用平面作为剪裁边界。

图11-8 设置不同边角类型的效果

· 【实体】：使用实体作为剪裁边界。

单击 ⬚【终端斜接】、⬚【终端对接1】和 ⬚【终端对接2】边角类型按钮时，【剪裁边界】选项组如图11-10所示，选择剪裁所相对的一个相邻结构构件。

图11-9 单击【终端剪裁】按钮时
的【剪裁边界】选项组

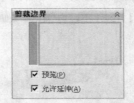

图11-10 单击其他边角类型按钮时
的【剪裁边界】选项组

· 【预览】：在图形区域中预览剪裁效果。

· 【延伸】：允许结构构件进行延伸或剪裁，取消选择此选项，则只可以进行剪裁。

11.2.2 剪裁/延伸结构构件的操作步骤

剪裁/延伸结构构件的操作步骤如下。

（1）单击【焊件】工具栏中的 ⬚【剪裁/延伸】按钮（或选择【插入】|【焊件】|【剪裁/延伸】菜单命令），在【属性管理器】中弹出【剪裁/延伸】的属性管理器。

（2）在【边角类型】选项组中，单击 ⬚【终端剪裁】按钮；在【要剪裁的实体】选项组中，单击【实体】选择框，在图形区域中选择要剪裁的实体，如图11-11所示；在【剪裁边界】选项组中，单击【面/实体】选择框，在图形区域中选择作为剪裁边界的实体，如图11-12所示。在图形区域中显示出剪裁的预览，如图11-13所示，单击 ✅【确定】按钮。

图11-11 选择要剪裁的实体

图11-12 选择实体

图11-13 剪裁预览

11.3 圆角焊缝

可在任何交叉的焊件实体（如结构构件、平板焊件或角撑板等）之间添加全长、间歇或交错的圆角焊缝。

11.3.1 圆角焊缝的属性设置

单击【焊件】工具栏中的 【圆角焊缝】按钮（或选择【插入】|【焊件】|【圆角焊缝】菜单命令），在【属性管理器】中弹出【圆角焊缝】的属性管理器，如图11-14所示。如果希望添加多个圆角焊缝，在其属性管理器中单击 【保持可见】按钮。

（1）【箭头边】选项组

· 【焊缝类型】：可选择焊缝类型，如图11-15所示。

· 【焊缝长度】、【节距】：在设置【焊缝类型】为【间歇】或【交错】时可用，如图11-16所示。

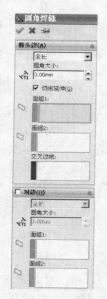

图11-14　【圆角焊缝】的属性管理器　　图11-15　【焊缝类型】选项　　图11-16　选择【交错】选项

（2）【对边】选项组

该选项组主要用来设置对边的类型和圆角大小。

11.3.2 生成圆角焊缝的操作步骤

生成圆角焊缝的操作步骤如下。

（1）单击【焊件】工具栏中的 【圆角焊缝】按钮（或选择【插入】|【焊件】|【圆角焊缝】菜单命令），在【属性管理器】中弹出【圆角焊缝】的属性管理器。

（2）在【箭头边】选项组中，选择【焊缝类型】，设置 【焊缝大小】数值，单击 【面组1】选择框，在图形区域中选择一个面组，如图11-17所示。单击 【面组2】选择框，在图形区域中选择一个交叉面组，如图11-18所示。

（3）在图形区域中沿交叉实体的边线显示圆角焊缝的预览。

（4）在【对边】选项组中，选择【焊缝类型】，设置 【焊缝大小】的数值，单击 【面组1】选择框，在图形区域中选择一个面组，如图11-19所示；单击 【面组2】选择框，在图形区域中选择一个交叉面组（与【箭头边】选项组中 【面组2】所选择的为同一个面组），如图11-20所示。

角撑板面

结构构件面

图11-17　选择【面组1】

结构构件面

平板焊件面

图11-18　选择【面组2】

角撑板面

结构构件面

图11-19　选择【面组1】

结构构件面

平板焊件面

图11-20　选择【面组2】

（5）在图形区域中沿交叉实体之间的边线显示圆角焊缝的预览，单击 ✅【确定】按钮，如图11-21所示。

结构构件和角撑板之间的圆角焊缝

结构构件和平板焊件之间的圆角焊缝

图11-21　生成圆角焊缝

11.4 焊件切割清单

11.4.1 焊件工程图简介

焊件工程图包括整个焊件零件的视图、焊件零件单个实体的视图（即相对视图）、焊件切割清单、零件序号、自动零件序号、剖面视图的备选剖面线等。

所有配置在生成零件序号时均参考同一切割清单。即使零件序号是在另一视图中生成的，也会与切割清单保持关联。附加到整个焊件工程图视图中的实体的零件序号以及附加到只显示实体的工程图视图中同一实体的零件序号具有相同的项目号。

如果将自动零件序号插入到焊件的工程图中，而该工程图不包含切割清单，则会提示是否生成切割清单。如果删除切割清单，所有与该切割清单相关的零件序号的项目号都会变为1。

11.4.2 焊件切割清单介绍

当第一个焊件特征被插入到零件中时，⬜【实体】文件夹会重新命名为⬜【切割清单】，用来显示要包括在切割清单中的项目。⬜图标表示切割清单需要更新，⬜图标表示切割清单已更新。

切割清单中所有焊件实体的选项在新的焊件零件中默认是打开的。如果希望将其关闭，用鼠标右键单击⬜【切割清单】图标，在弹出的快捷菜单中取消选择【自动】命令，如图11-22所示。

11.4.3 生成切割清单的操作步骤

1. 更新切割清单

在焊件零件的【特征管理器设计树】中，用鼠标右键单击⬜【切割清单】图标，在弹出的快捷菜单中选择【更新】命令，如图11-23所示，⬜【切割清单】图标变为⬜。相同项目在⬜【切割清单】项目子文件夹中列组。

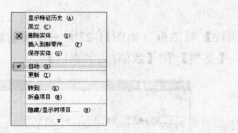

图11-22　快捷菜单

图11-23　快捷菜单

2. 将特征排除在切割清单外

焊缝不包括在切割清单中，也可选择其他排除在外的特征。如果需要将特征排除在切割清单之外，可以用鼠标右键单击特征，在弹出的快捷菜单中选择【制作焊缝】命令，如图11-24所示。

3. 将切割清单插入到工程图中

（1）在工程图中，单击【表格】工具栏中的⬜【焊件切割清单】按钮（或选择【插入】|【表格】|【焊件切割清单】菜单命令），在【属性管理器】中弹出【焊件切割清单】的属性

管理器，如图11-25所示。

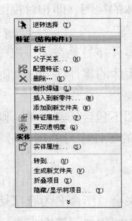

图11-24 快捷菜单   图11-25 【焊件切割清单】的属性管理器

　　（2）选择一个工程视图，设置【焊件切割清单】属性，单击✅【确定】按钮。

　　如果在属性管理器中取消选择【附加到定位点】选项，在图形区域中单击鼠标左键放置切割清单。

11.4.4 自定义属性

　　焊件切割清单包括项目号、数量以及切割清单自定义属性。在焊件零件中，属性包含在用库特征零件轮廓从结构构件生成的切割清单项目中，包括【说明】、【长度】、【角度1】、【角度2】等，可将这些属性添加到切割清单项目中。

　　（1）在零件文件中，用鼠标右键单击切割清单项目图标，在弹出的快捷菜单中选择【属性】命令，如图11-26所示。

　　（2）在【<切割清单项目> 自定义属性】对话框（如图11-27所示为【垂直支架 自定义属性】对话框）中，设置【属性名称】、【类型】和【数值/文字表达】。

图11-26 快捷菜单   图11-27 【垂直支架 自定义属性】对话框

（3）根据需要重复前面的步骤，单击【确定】按钮完成操作。

11.5 焊件范例

下面通过一个角铁架的建模范例来熟悉焊件功能，这个范例的效果如图11-28所示，范例的具体制作如下。

11.5.1 建立结构件

（1）新建一个零件。这个零件包含一些可以用来建立结构构件的布局草图，如图11-29所示。

图11-28 焊件工程图

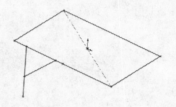

图11-29 草图

（2）建立焊件特征。单击【焊件】工具栏中的 【焊件】按钮，焊件特征会加入到【特征管理器设计树】中。

（3）插入一个结构构件。单击【焊件】工具栏中的 【结构构件】按钮，弹出【结构构件】属性管理器，选择【标准】为【iso】，【类型】为【方型管】，【大小】为【80×80×5】，单击【组】选择框选择路径，如图11-30所示。

（4）选择第一组的路径。系统建立了一个垂直于所选段的平面，并在该平面上应用上面选择的轮廓类型绘制草图，图11-31即是绘制后的预览。

（5）选择其他的三个路径段，它们定义了框架的顶部。在【结构构件】属性管理器中启用【应用边角处理】复选框，并选择 （终端对接2），如图11-30所示，单击边角上的球状体，在出现的【边角处理】工具栏中选择需要的边角处理方式，并单击 【确定】按钮即可。

（6）改变边角的处理方式，使零件呈现图11-32所示的样子。

（7）单击 【确定】按钮后结果如图11-33所示，此时系统建立了4个作为独立实体的结构构件。

（8）下面建立直立支架和倾斜支架。单击 【结构构件】按钮，弹出【结构构件】属性管理器，选择【标准】为【iso】，【类型】为【方型管】，【大小】为【80×80×5】，单击【组】选择框选择路径，先选择垂直的段，再选择倾斜的段，参数设置如图11-34所示，选择的梁如图11-35所示。单击 【确定】按钮，最后结果如图11-36所示。

图11-30 【结构构件】
属性管理器

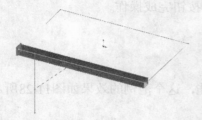

图11-31　预览效果

图11-32　改变边角

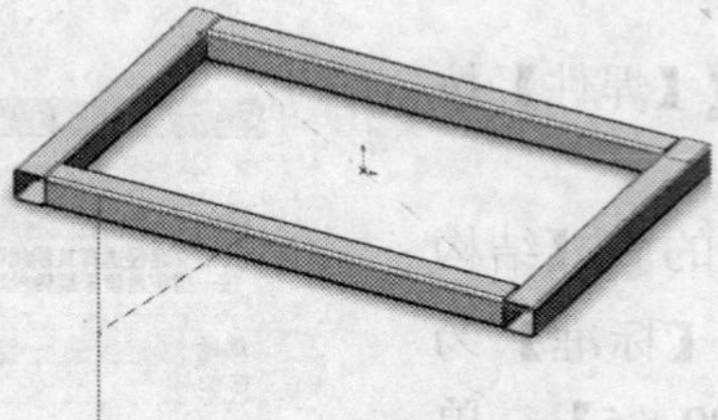

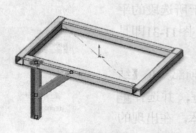

图11-33　结构构件1

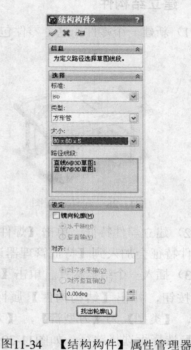

图11-34　【结构构件】属性管理器

图11-36　结构构件2

图11-35　选择梁

提示：第二个段的终点必须和第一个段相连接，因此需要先选择垂直的线段。

图11-37　选择构件

（9）剪裁结构构件。单击 【剪裁/延伸】按钮，打开【剪裁/延伸】属性管理器，设置终端剪裁要剪裁的实体为选择整个支架，如图11-37所示，选择【平面】为剪裁边界，并选择水平方形管的下平面，参数设置如图11-38所示。单击 按钮，结果如图11-39所示。

图11-38 【剪裁／延伸】属性管理器

图11-39 剪裁结果

11.5.2 生成焊缝

（1）首先绘制金属板。选取直立支架的底平面并打开一幅草图，绘制一个矩形，如图11-40所示。

（2）下面向直立支架的下部拉伸，单击【焊件】工具栏中的 【拉伸】按钮，打开【拉伸】属性管理器，选择【终止条件】为【给定深度】，在【深度】微调框输入"10mm"，参数设置如图11-41所示，单击【确定】按钮后结果如图11-42所示。

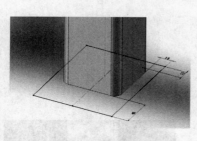

图11-40 绘制草图

图11-41 【拉伸】属性管理器

（3）单击【焊件】工具栏中的 【圆角焊缝】按钮，打开【圆角焊缝】属性管理器，在【焊缝类型】下拉列表框中选择【全长】选项，在【焊缝大小】微调框输入"5"，启用【切线延伸】复选框，参数设置如图11-43所示。在【面组1】中添加前面的一个平面即直立支架的平板面，在【面组2】中选择金属板的上表面，如图11-44所示。单击【确定】按钮，结果如图11-45所示。

11.5.3 建立支腿

（1）首先来添加孔。单击【焊件】工具栏中的 【孔规格】按钮，打开【孔规格】属性管理器，设置各项参数如图11-46所示，单击【确定】按钮后添加1个出砂孔，按照同样设置再添加1个出砂孔，结果如图11-47所示。

图11-43 【圆角焊缝】属性管理器

图11-42 拉伸特征

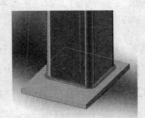

图11-44 选择面

图11-45 焊缝结果

图11-46 【孔规格】属性管理器

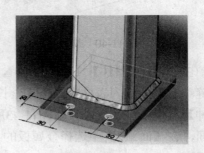

图11-47 添加孔

（2）下面来插入顶端盖。单击【顶端盖】按钮，打开【顶端盖】属性管理器，设置【厚度】为"5"，在【等距】选项组中，启用【使用厚度比率】复选框，在【厚度比率】微调框中输入"0.5"。启用【倒角边角】复选框，在【倒角边角】微调框中输入"3"，选择管子的端面，参数设置如图11-48所示。单击✔【确定】按钮后即可生成顶端盖，如图11-49所示。

图11-48　【顶端盖】属性管理器

图11-49　生成顶端盖

（3）单击【焊件】工具栏中的 ▤【角撑板】按钮，打开【角撑板】属性管理器，选择【多边形轮廓】，并对参数进行设置，如图11-50所示。单击✔【确定】按钮，得到如图11-51所示的结果。

图11-50　【角撑板】属性管理器

图11-51　角撑板结果

（4）单击【特征】工具栏中的 ▤【镜向】按钮，打开【镜向】属性管理器，选择【右视基准面】作为【镜向面】，选择直立支架、倾斜支架、焊缝以及金属板作为【要镜向的实体】，参数设置如图11-52所示，单击✔【确定】按钮，结果如图11-53所示。

（5）再次进行镜向，以前视基准面为参考，镜向前面的直立支架，结果如图11-54所示。

11.5.4　应用库零件

（1）单击 ▣【草图绘制】按钮，选择框架上部方管的上表面，绘制一幅草图。绘制两条直线，并使用【镜向】命令以便使它们关于原点对称，如图11-55所示，退出草图。

图11-52 【镜向】属性管理器

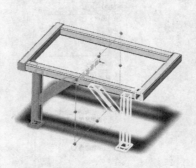

图11-53 镜向的结果

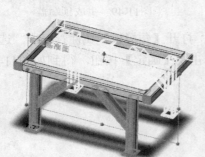

图11-54 再次镜向的结果

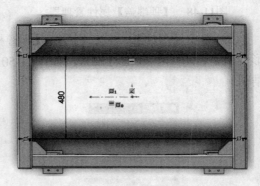

图11-55 草图

（2）单击 【打开】按钮，打开【打开】对话框，设置【文件类型】为"Lib Feat Part(*.lfp, *.sldlfp)"并浏览文件夹"data\weldment profiles\ansi inch\angle iron"，选择零件"35×35×5"，单击【打开】按钮。

（3）将零件的水平尺寸从"35"改为"80"。绘制一条与两段圆弧相切的中心线。在中心线的中点插入一点作为定位点，如图11-56所示。退出草图，把修改后的库零件保存为"80×80×5.sldlfp"文件。

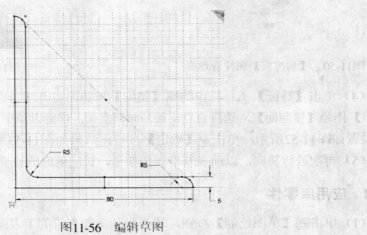

图11-56 编辑草图

（4）选择【文件】|【属性】菜单命令，打开【摘要信息】对话框，并单击【自定义】标签，切换到【自定义】选项卡。查看名为【说明】的属性信息。在【数值/文字表达】列表框中，注意使用结合尺寸。这样就会在尺寸变动时自动更新相关的说明，如图11-57所示。轮廓的相关说明非常重要，在生成切割清单时会用到这个自定义属性。关闭库零件。

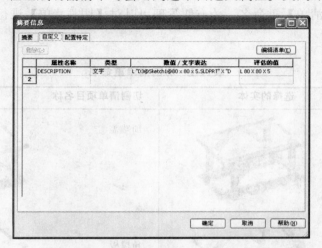

图11-57 【摘要信息】对话框

（5）单击【焊件】工具栏中的 【焊件】按钮，打开【焊件】属性管理器，设置参数如图11-58所示，单击【确定】按钮后结果如图11-59所示。

图11-58 【焊件】属性管理器

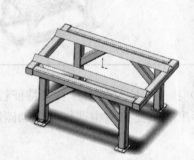

图11-59 结果图

11.5.5 生成切割清单

（1）首先来制作了焊件。在【特征管理器设计树】中双击【切割清单】特征，选择【结构构件1（1）】至【结构构件1（4）】选项，单击右键后在弹出的快捷菜单中选择【生成了焊件】命令。此时名为【了焊件1（4）】的新文件夹出现在【切割清单】之下。"了焊件1"后的"（4）"表示了焊件中实体的数量。

（2）下面来生成切割清单。在属性管理器设计树中用鼠标右键单击【切割清单】特征，在快捷菜单中选择【更新】选项，系统会自动生成切割清单项目。

（3）对【切割清单】重命名。为方便管理可以对【切割清单】进行重命名。重命名的情况如表11-1所示。

表11-1　切割清单重命名

切割清单项目名称	选择的实体	切割清单项目名称	选择的实体
前后部方管		顶端盖	
侧方管		角撑板	
垂直支架		加强筋	
斜支架		圆角焊缝	

（4）接下来定义材料。在【特征管理器设计树】中用鼠标右键单击【材料特征】按钮，然后在弹出的快捷菜单中选择【普通碳钢】选项。

第12章 渲染输出和应力分析

本章主要介绍PhotoWorks的使用方法，SolidWorks中的插件PhotoWorks用于渲染产品效果，利用该插件可生成十分逼真的渲染效果图。用户可在SolidWorks的零件和装配体窗口中使用PhotoWorks功能，包括设置布景、光源、添加外观或贴图、渲染输出图像等。另外，由于SolidWorks是通过SimulationXpress提供的应力分析工具来进行应力分析的。因此，本章还介绍了SimulationXpress应力分析的方法。

12.1 渲染输出——布景

布景是由环绕SolidWorks模型的虚拟框或球形组成的，可以调整布景壁的大小和位置。此外，可以为每个布景壁切换显示状态和反射度，并将背景添加到布景。

选择【工具】|【插件】菜单命令，弹出【插件】对话框，单击【PhotoWorks】前后的方框，单击【确定】按钮，激活PhotoWorks插件，在软件中显示出此插件的相关菜单命令和🖼【渲染管理器】选项卡。

选择【视图】|【工具栏】|【PhotoWorks】菜单命令，调出【PhotoWorks】工具栏。单击【PhotoWorks】工具栏中的🖼【布景】按钮（或选择【PhotoWorks】|【布景】菜单命令），弹出【布景编辑器】对话框，如图12-1所示。

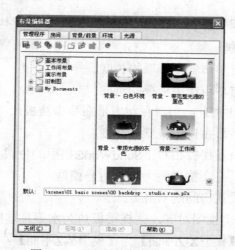

图12-1 【布景编辑器】对话框

12.1.1 【管理程序】选项卡

【管理程序】选项卡可从布景库中选择布景。其选项卡包括工具栏、布景树和布景选择区域。其中，工具栏可复制布景、保存布景等；布景树以树视图的方式显示不同的布景文件夹（预定义的文件夹为黄色，自定义的文件夹为绿色）；布景选择区域可在打开的布景文件夹中显示布景为缩略图像。

1. 工具栏

（1）▣【另存为】：将当前布景及其所有自定义属性保存到自定义文件夹。

（2）▣【切除】：从文件夹中切除自定义布景，但不能切除预定义布景。

（3）▣【复制】：复制自定义或预定义布景。

（4）▣【粘贴】：将自定义或预定义布景粘贴到自定义文件夹中。

（5）▣【新文件夹】：在布景树中生成新文件夹作为自定义布景文件夹的子文件夹，但不能将子文件夹添加到预定义布景文件夹中。

（6）▣【打开文件夹】：将现有文件夹添加到布景树中。

（7）▣【关闭文件夹】：将文件夹从布景树中移除（不会将文件夹从磁盘上删除，只将文件夹在视图中隐藏）。只能移除使用▣【打开文件夹】按钮打开的文件夹。

（8）▣【设为默认】：设置所选布景为默认布景。

2. 额外任务

（1）删除自定义布景文件夹：在布景树中用鼠标右键单击一个自定义文件夹，在弹出的快捷菜单中选择【删除】命令。

（2）选择布景：在布景选择区域单击一个图像选择布景，添加布景到【渲染管理器】中，其属性则被装载到【布景编辑器】对话框中。

（3）拖放：从布景选择区域拖动一个预定义布景到自定义文件夹中以复制该布景，从布景选择区域拖动一个自定义布景到自定义文件夹中以移动该布景。

12.1.2 【房间】选项卡

【房间】选项卡（如图12-2所示）提供所选布景的大小、显示状态以及外观等的属性设置。

1. 【大小/对齐】选项组

（1）【长度】：设置方形布景中楼板的长度。

（2）【宽度】：设置方形布景中楼板的宽度。

（3）【保留长度/宽度比例】：可以保留方形布景中楼板尺寸之间的比例。

（4）【高度】：设置方形布景中墙壁的高度。

（5）【楼板等距】：设置楼板相对于SolidWorks模型的位置。

（6）【自动调整大小】：调整房间大小以适合模型。

（7）【与之对齐】：设置房间的对齐方式。

· 【视图】：布景与模型视图对齐，这样楼板总为水平且墙壁总为竖直。

· 【模型X-Y平面】、【模型X-Z平面】、【模型Y-Z平面】：布景与模型上的平面对齐。如果是旋转模型，布景也将随之旋转。

2. 【显示状态和外观】选项组

（1）【外观】：查看并编辑与所选布景的墙壁、天花板及楼板相关联的外观。

（2）【可见】：设置布景单独边侧是否显示。

（3）【反射】：设置布景单独边侧是否反射。

（4）【链接所有墙壁】：在北、南、东、西墙壁上使用相同外观。选择此选项，对一个墙壁上的外观所做的更改也应用到其他墙壁。

12.1.3　【背景/前景】选项卡

【背景/前景】选项卡（如图12-3所示）提供所选布景的背景和前景的属性设置。

图12-2　【房间】选项卡

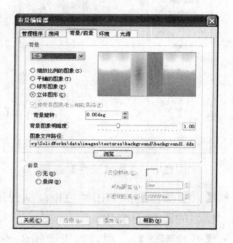

图12-3　【背景/前景】选项卡

1. 【背景】选项组

不被模型或布景遮盖的区域被称为背景。可选择的背景类型如图12-4所示。

（1）【无】：设置黑背景。

（2）【单色】：设置恒定的背景颜色。如果需要编辑背景颜色，单击颜色框，在弹出的【颜色】对话框中进行选择，如图12-5所示。

图12-4　背景类型选项

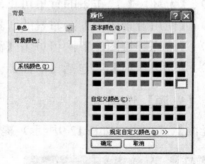

图12-5　【颜色】对话框

（3）【渐变】：在【顶部渐变颜色】和【底部渐变的颜色】两种背景颜色之间设置渐变混合色，如图12-6所示。如果需要编辑颜色，单击颜色框，从弹出的【颜色】对话框中选择。

（4）【图像】：在文件中显示背景图像，如图12-7所示，背景图像根据设置的参数套合图形区域。

2. 【前景】选项组

可模拟空气稀薄的效果。

（1）【无】：设置透明前景。

（2）【景深】：增强布景中的深度信息。

图12-6　选择【渐变】选项

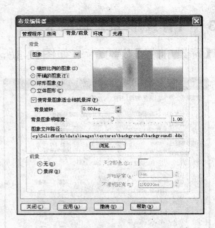

图12-7　选择【图像】选项

- 【天空颜色】：单击颜色框，从弹出的【颜色】对话框中选择，此颜色根据观者相对于模型的距离而变化。
- 【开始距离】：观者到天空颜色为深度效果开始位置的距离。
- 【不透明距离】：观者到只添加了天空颜色的位置的距离。在不透明距离之后的所有模型几何体和布景几何体均被天空颜色所遮盖。在【开始距离】和【不透明距离】之间所产生的颜色是根据模型颜色与天空颜色的线性插值计算而来。

12.1.4　【环境】选项卡

【环境】选项卡（如图12-8所示）提供环境和反射的属性设置。

（1）【无环境】：布景的背景可见，不从模型反射。

（2）【使用背景图像】：布景的背景可见，并从模型反射。

（3）【选择环境图像】：可单击【浏览】按钮，选择环境图像。

（4）【环境映射】：包括【平面】、【球形】、【立体】等选项。

12.1.5　【光源】选项卡

【光源】选项卡（如图12-9所示）提供光源和整体阴影控制的属性设置。

图12-8　【环境】选项卡

图12-9　【光源】选项卡

1. 【预先定义的光源】选项组

（1）【选择光源略图】：将预定义的光源从光源库添加到布景中。SolidWorks文件的现有光源（除环境光源外）被新的预定义的光源所替代。

（2）【保存光源】：保存当前的光源略图为PhotoWorks光源文件（*.P2l）。

2. 【整体阴影控制】选项组

阴影可以增强渲染图像的品质。图像如果没有阴影，看起来平淡且不真实。可以在三种不同的阴影控制间进行选择。

（1）【无阴影】：光源无任何阴影显示。

（2）【不透明】：所有光源有简单不透明阴影显示。

（3）【透明】：所有光源有高品质阴影显示。在阴影计算过程中，透明外观被考虑在内。

如果选中【不透明】或【透明】单选按钮，可设置【边线】滑杆。

（4）【边线】：【粗硬】使阴影的边缘尖锐，【细柔】使阴影的边缘平滑。

（5）【边线品质】（只在将【边线】滑杆拖动到除【粗硬】以外的任何位置时可用）：【低】品质产生锯齿状的阴影边界，【高】品质产生反走样阴影边界。

12.2　渲染输出——光源

SolidWorks提供三种光源类型，即线光源、点光源和聚光源。

12.2.1　线光源

在【特征管理器设计树】中，展开  【光源、相机与布景】文件夹，用鼠标右键单击【线光源1】图标，在弹出的菜单中选择【属性】命令，如图12-10所示。在【属性管理器】中弹出【线光源1】的属性管理器（根据生成的线光源，数字顺序排序），如图12-11所示。

图12-10　快捷菜单　　　　　　　图12-11　【线光源1】的属性管理器

1. 【基本】选项组

（1） 【开/关】：打开或关闭模型中的光源。

（2）【编辑颜色】：单击此按钮，弹出【颜色】对话框，这样就可选择带颜色的光源，而不是默认的白色光源。

（3）【环境光源】：设置光源的强度。移动滑杆或输入0～1之间的数值。数值越高，光源强度越强。在模型各个方向上，光源强度均等地改变。

（4）【明暗度】：设置光源的明暗度。移动滑杆或输入0～1之间的数值。数值越高，在最靠近光源的模型一侧投射越多的光线。

（5）【光泽度】：设置光泽表面在光线照射处显示强光的能力。移动滑杆或输入0～1之间的数值。数值越高，强光越显著且外观更为光亮。

2.【光源位置】选项组

（1）【锁定到模型】：选择此复选框，相对于模型的光源位置被保留；取消选择此选项，光源在模型空间中保持固定。

（2）【经度】：光源的经度坐标。

（3）【纬度】：光源的纬度坐标。

12.2.2 点光源

在【特征管理器设计树】中，展开【光源、相机与布景】文件夹，用鼠标右键单击【点光源1】图标，在弹出的菜单中选择【属性】命令，在【属性管理器】中弹出【点光源1】的属性管理器（根据生成的点光源，数字顺序排序），如图12-12所示。

（1）【基本】选项组与【线光源1】的属性管理器相同，在此不再赘述。

（2）【光源位置】选项组。

· 【球坐标】：使用球形坐标系指定光源的位置，如图12-13所示。其中，【经度】，光源的经度坐标；【纬度】，光源的纬度坐标；【距离】，光源的距离。

· 【笛卡尔式】：使用笛卡儿式坐标系指定光源的位置。其中，【X坐标】：光源的X坐标；【Y坐标】：光源的Y坐标；【Z坐标】：光源的Z坐标。

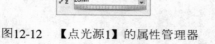

图12-12　【点光源1】的属性管理器　　　　　图12-13　选中【球坐标】单选按钮

· 【锁定到模型】：选择此复选框，相对于模型的光源位置被保留；取消选择此复选框，则光源在模型空间中保持固定。

12.2.3 聚光源

在【特征管理器设计树】中，展开 ▦【光源、相机与布景】文件夹，用鼠标右键单击【聚光源1】图标，在弹出的菜单中选择【属性】命令，在【属性管理器】中弹出【聚光源1】的属性管理器（根据生成的聚光源，数字顺序排序），如图12-14所示。

图12-14 【聚光源1】的属性管理器

1. 【基本】选项组

【基本】选项组与【线光源1】的属性管理器相同，在此不再赘述。

2. 【光源位置】选项组

（1）【坐标系】

· 【球坐标】：使用球形坐标系指定光源的位置。

▦【经度】：光源的经度坐标。

◉【纬度】：光源的纬度坐标。

▦【距离】：光源的距离。

· 【笛卡儿式】：使用笛卡儿式坐标系指定光源的位置。

▨【X坐标】：光源的X坐标。

▨【Y坐标】：光源的Y坐标。

▨【Z坐标】：光源的Z坐标。

▨【目标X坐标】：聚光源在模型上所投射到的点的X坐标。

▨【目标Y坐标】：聚光源在模型上所投射到的点的Y坐标。

▨【目标Z坐标】：聚光源在模型上所投射到的点的Z坐标。

▨【圆锥角】：设置光束传播的角度，较小的角度生成较窄的光束。

（2）【锁定到模型】：选择此选项，相对于模型的光源位置被保留；取消选择此选项，光源在模型空间中保持固定。

3. 【高级】选项组

- ● 【光强度】：控制光束的集中程度。较低的光强度值生成聚集并具有清晰边缘的锥形光束，光线强度在光束中心处及边缘处相同。光强度值越高，光束中心越明亮，光线强度朝着光束边缘的方向减弱，光束边缘显得较柔和。

- 【衰减系数】：在距离增加时降低光强度。

12.3　渲染输出——外观

外观是模型表面的材料属性，添加外观是使模型表面具有某种材料的表面属性。（此处为 SolidWorks 2010新增功能）

单击【PhotoWorks】工具栏中的 ● 【外观】按钮（或选择【PhotoWorks】|【外观】菜单命令），在【属性管理器】中弹出【外观】的属性管理器，如图12-15所示。

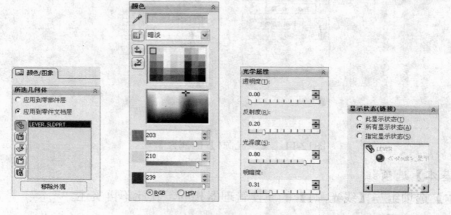

图12-15　【外观】的属性管理器

12.3.1　【颜色/图像】选项卡

1. 【所选几何体】选项组

（1）【应用到零部件层】（仅用于装配体）：选中该单选按钮，在进行设置时，对于所选择的实体，更改颜色以所指定的配置应用到零部件文件中。

（2）【应用到零件文档层】：选中该单选按钮，在进行设置时，对于所选择的实体，更改颜色以所指定的配置应用到零件文件中。

（3）【过滤器】：可以帮助选择模型中的几何实体，包括 ● 【选取面】、 ● 【选择曲面】、 ● 【选择实体】、 ● 【选择特征】。

（4）【移除外观】：单击该按钮可从选择的对象上移除设置好的外观。

2. 【颜色】选项组

可添加颜色到所选实体下的所选几何体中所列出的外观。

（1） ● 【当前颜色1】：单击颜色区域以选择颜色，如图12-16所示，也可以拖动颜色成分滑杆或输入颜色成分数值。

（2）【RGB】：以红色、绿色和蓝色数值定义颜色，包括■【颜色的红色成分】、■【颜色的绿色成分】、■【颜色的蓝色成分】。

（3）【HSV】：以色调、饱和度和数值定义颜色，包括▮【颜色的色调成分】、■【颜色的饱和成分】、■【颜色的数值成分】。

12.3.2　【映射】选项卡

【映射】选项卡如图12-17所示，主要用来设置贴图的映射效果，其属性设置不再详述。

图12-16　选择颜色

图12-17　【映射】选项卡

12.3.3　【照明度】选项卡

【照明度】选项卡如图12-18所示。

在【照明度】选项卡中，可以选择显示其照明属性的外观类型，如图12-19所示，根据所选择的类型，其属性设置发生改变。

图12-18　【照明度】选项卡

图12-19　外观类型选项

（1）【环境光源】：设置光源的强度。在模型的各个方向上，光源强度均等地改变，没有衰减或者阴影。

（2）【漫射度】：设置表面光源的强度，此属性依赖于其与光源的角度而独立于观者的位置。

（3）【光亮】：设置外观反射光线的光泽度因子。增加此数值，可以使反射度更清晰，还可以控制光在表面上的强度，此属性依赖于光源的位置及观者的位置。

（4）【光泽度】：设置表面光源的强度，此属性依赖于光源的位置及观者的位置。

（5）【光泽传播】：设置表面任何高亮显示的大小，也被称为光泽强度。增加此数值，可以使高亮显示范围更广阔且效果更柔和。

（6）【光泽传播/模糊】：设置表面任何高亮显示的大小及反射的模糊性。增加此数值，可以使高亮显示范围更广阔且效果更柔和，反射则更模糊。

（7）【反射度】：设置外观的反射度。如果将数值设置为0，表面将无反射可见；如果将数值设置为最大，外观将模拟完美镜面反射的效果。

（8）【折射指数】：设置光源在通过透明物体时的折弯。增加此数值，可以增加光源的折弯。

（9）【透明度】：设置外观允许光源通过的度数。

12.3.4 【表面粗糙度】选项卡

【表面粗糙度】选项卡如图12-20所示。

在【表面粗糙度】选项卡中，可选择表面粗糙度类型，如图12-21所示，根据所选择的类型，其属性设置发生改变。

图12-20 【表面粗糙度】选项卡

图12-21 表面粗糙度类型选项

1. 表面粗糙度类型

（1）【无】：外观上应用表面粗糙度。

（2）【从文件】：选择图像文件以应用图案。

（3）【铸造】：应用不规则的铸造图案。

（4）【粗糙】：应用粗糙、不均匀的图案。

（5）【防滑沟纹平板】：应用规则的防滑沟纹平板图案。

（6）【酒窝形】：应用规则的酒窝形图案。

（7）【节状凸纹】：应用规则的节状凸纹图案。

（8）【屑片】：应用不规则的屑片图案。

（9）【圆形】：应用重复的圆形图案。

（10）【粗糙/平滑】：应用粗糙和平滑的混合图案。

2. 表面粗糙度参数

（1）【高低幅度】：设置超过中性模型曲面的表面粗糙度高度。正值提高表面粗糙度，负值将表面粗糙度压缩到中性模型曲面以下。

（2）【使用外观比例和映射】：使用属于外观的比例和映射数值。

（3）【比例】：设置表面粗糙度的图案。高比例减少图案的次数，低比例增加图案的次数或元素。

（4）【细节】：设置任何表面粗糙度的颗粒状层次。设置到高细节，表面单元以清晰焦点显示；设置到低细节，表面单元以柔和焦点显示。

（5）【清晰度】：设置影响表面粗糙度的形状。清晰设置（拖动滑杆向左）保留隆起映射的原有形状，平滑设置（拖动滑杆向右）过滤隆起的细节。

（6）【混合】：设置每个隆起和表面之间的边界范围。

（7）【半径】：设置隆起的相对大小和间距。

（8）【高阈值】：设置外观表面隆起的程度。高阈值为距离中性曲面的绝对距离（【高低幅度】＝0）。对于正高低幅度，高阈值平展表面粗糙度的顶峰；对于负高低幅度，高阈值平展表面粗糙度的低谷。

（9）【低阈值】：设置外观表面凹陷的程度。低阈值为距离中性曲面的绝对距离（【高低幅度】＝0）。对于正高低幅度，低阈值平展表面粗糙度的低谷；对于负高低幅度，低阈值平展表面粗糙度的顶峰。

12.4　渲染输出——贴图

贴图是在模型的表面附加某种平面图形，一般多用于商标和标志的制作。

选择【PhotoWorks】|【贴图】菜单命令，在【属性管理器】中弹出【贴图】的属性管理器，如图12-22所示。

12.4.1　【图像】选项卡

1. 【贴图预览】选项组

（1）【图形和掩码组合】：显示贴图预览。

（2）【保存贴图】：单击此按钮，可将当前贴图及其属性保存到文件。

2. 【掩码图形】选项组

（1）【无掩码】：不应用掩码。

（2）【图形掩码文件】：在掩码为白色的位置处显示贴图，在掩码为黑色的位置处贴图被遮盖，其参数如图12-23所示。

【反转掩码】：可将先前被遮盖的贴图区域变为可见区域。

（3）【可选颜色掩码】：在贴图中除去所选的要排除的颜色，其参数如图12-24所示。

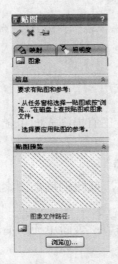

图12-22　【贴图】的属性　　　　图12-23　选中【图形掩码　　　　图12-24　选中【可选颜色
　　　　　　管理器　　　　　　　　　　　　文件】单选按钮　　　　　　　　　掩码】单选按钮

【选择颜色】：可在贴图预览中选择颜色，在贴图中移除该颜色。

12.4.2　【映射】选项卡

【映射】选项卡如图12-25所示。

1. 【映射】选项组

（1）【映射类型】

根据所选类型（如图12-26所示）的不同，其属性设置发生改变。

图12-25　【映射】选项卡　　　　　　　　　图12-26　【映射类型】选项

- 【标号】：也称UV，以一种类似于在实际零件上放置黏合剂标签的方式将贴图映射到模型表面（包括多个相邻非平面曲面），此类型不会产生伸展或紧缩现象。
- 【投影】：将所有点映射到指定的基准面，然后将贴图投影到参考实体。
  - → 【水平位置】：相对于参考轴，将贴图沿基准面水平移动指定的距离。
  - ↑ 【竖直位置】：相对于参考轴，将贴图沿基准面竖直移动指定的距离。
- 【球形】（如图12-27所示）：将所有点映射到球面。
  - ～ 【等距纬度】：指定贴图的角度，环绕球面从零纬度到360°。
  - ↻ 【等距经度】：指定贴图的角度，从零经度到180°（从一极到另一极）。
- 【圆柱形】（如图12-28所示）：将所有点映射到圆柱面。
  - ～ 【绕轴心】：相对于参考轴，以指定角度围绕圆柱移动贴图。
  - ↑ 【沿轴心】：沿参考轴将贴图竖直移动指定的距离。

图12-27 选择【球形】选项

图12-28 选择【圆柱形】选项

（2）□ 【投影方向】（或【轴方向】）（如图12-29所示）：将贴图参考轴的方向指定为【XY】、【ZX】、【YZ】、【当前视图】或【所选参考】。

2. 【大小/方向】选项组（如图12-30所示）

该选项组包含【固定高宽比例】、【将宽度套合到选择】、【将高度套合到选择】三种不同方式。

图12-29 【投影方向】选项

图12-30 【大小/方向】选项组

（1）□ 【宽度】：指定贴图宽度。

（2）□ 【高度】：指定贴图高度。

（3）【高宽比例】（只读）：显示当前的高宽比例。

（4）◇ 【旋转】：指定贴图的旋转角度。

（5）【水平镜向】：水平反转贴图图像。

（6）【竖直镜向】：竖直反转贴图图像。

（7）【重设到图像】：将高宽比例恢复为贴图图像原始的高宽比例。

如果在【映射】选项卡中选择【球形】为【映射类型】，则在【大小/方向】选项组中增加 🔘【轴方向1】、🔘【轴方向2】两个参数。

（1）🔘【轴方向1】：围绕Z轴旋转经度线。

（2）🔘【轴方向2】：围绕Y轴旋转纬度线。

12.4.3 【照明度】选项卡

【照明度】选项卡如图12-31所示。

可以选择贴图对照明度的反应，如图12-32所示，根据选择的选项不同，其属性设置发生改变，在此不再赘述。

图12-31 【照明度】选项卡

图12-32 贴图对照明度的反应的选项

12.5 渲染、输出图像

PhotoWorks能以逼真的外观、布景、光源等渲染SolidWorks模型，并提供直观渲染图像的多种方法。

12.5.1 渲染模型

单击【PhotoWorks】工具栏中的 🔲【渲染】按钮（或选择【PhotoWorks】|【渲染】菜单命令），渲染过程开始，如图12-33所示，图像出现在SolidWorks图形区域。

图12-33 渲染过程开始

12.5.2 渲染部分模型

单击【PhotoWorks】工具栏中的  【渲染区域】按钮（或选择【PhotoWorks】|【渲染区域】菜单命令）。鼠标指针变为 形状，框选需要渲染的区域部分。如果更改了模型及其显示，选择【PhotoWorks】|【渲染上一个】菜单命令渲染同一区域。

12.5.3 渲染所选区域

选择一个实体（如零件上的面或装配体中的零部件），单击【PhotoWorks】工具栏中的 【渲染选择】按钮（或选择【PhotoWorks】|【渲染选择】菜单命令）。

12.5.4 交互渲染模型

选择【PhotoWorks】|【交互渲染】菜单命令。PhotoWorks在进行SolidWorks操作时使用OpenGL渲染模型替换SolidWorks上色模式，即使更改方向或缩放比例，模型仍保持渲染。

12.5.5 打印渲染的模型

选择【PhotoWorks】|【页面设置】菜单命令，打开【页面设置】对话框，如图12-34所示，设置打印参数后，选择 【PhotoWorks】|【打印】菜单命令完成打印。下面介绍一下【页面设置】对话框中的参数设置。

图12-34 【页面设置】对话框

1. 【预览】选项组

【使用渲染的图像品质供打印】（只有最近渲染了模型才可用）：选择此选项，可以使用图形区域中渲染的图像的品质。

2. 【位置和大小】选项组

设置渲染图像的位置和大小。

（1）【固定高宽比例】：在更改【宽度】和【高度】的数值时保持图像比例。

（2）【套合到整页】：将【左边界】的数值设置为0并扩展图像的宽度以套合页面。

（3）【中心】：将图像在页面上置中。

（4）【上边界】、【左边界】、【宽度】、【高度】：将图像在页面上定位。

提示：在预览区域可以查看图像。如果渲染了图像，可将渲染的图像显示预览。

3. 【方向】选项组

在该选项组中可以选择【横向】或【纵向】打印方向。

4. 【品质】选项组

拖动其中的滑杆可以调整打印图像的品质。

12.5.6　渲染模型到图像文件

单击【PhotoWorks】工具栏中的 🖼【渲染到文件】按钮（或选择【PhotoWorks】|【渲染到文件】菜单命令）。

12.5.7　显示渲染的图像文件

选择【PhotoWorks】|【查看图像文件】菜单命令，在【打开】对话框中选择所需的文件，单击【打开】按钮，所选文件出现在【图像文件浏览器】中。

12.6　应力分析

SimulationXpress为SolidWorks用户提供了易于使用的应力分析工具，可以在电脑中测试设计的合理性，无需进行昂贵而费时的现场测试，有助于减少成本、缩短时间。SimulationXpress的向导界面引导完成五个步骤以指定约束、载荷、材料、分析和查看结果。SimulationXpress支持对单实体的分析；对于多实体零件，可一次分析一个实体；对于装配体，可一次分析一个实体的物理模拟效应；不支持曲面实体。

12.6.1　应力分析基础

在SolidWorks中完成设计后，可能会产生一些问题，如，模型会不会断裂？模型会如何变形？能否既使用较少材料又不影响性能？

在缺少分析工具时，要经过昂贵且费时的产品开发周期才能回答这些问题。产品开发周期通常应包括以下步骤：

（1）在SolidWorks CAD系统中生成模型。

（2）制作该设计的原型。

（3）现场测试原型。

（4）评估现场测试的结果。

（5）根据现场测试结果修改设计。

重复此过程，就可以获得满意的解决方案。

使用SimulationXpress工具进行分析，可帮助完成以下工作：

（1）用电脑测试代替昂贵的现场测试从而降低成本。

（2）减少产品开发周期的次数从而缩短面市时间。

（3）快速模拟多个概念与情景，在做出最终决定前有更多思考新设计的时间，从而优化设计。

12.6.2　应力分析的方法

根据材料、约束和载荷，利用应力或静态分析计算出模型中的位移、应变和应力。材料在应力达到某个程度时将失效，不同材料可承受不同程度的应力。SimulationXpress根据有限元法，用线性静态分析计算应力。

1. 有限元法

有限元法（即FEM，以下统称为FEM）是分析工程设计可靠的数学方法，可将一个复杂问题分解为多个简单问题。FEM将模型分为多个形状简单的块，这些块称为元素，如图12-35所示。

 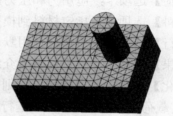

支架的CAD模型　　　　　　　　　　细分为小块（元素）的模型

图12-35　将模型划分为元素

元素的公共点称为节点，如图12-36所示。每个节点的运动都通过 X、Y、Z 方向的位移来确定，称为自由度（即DOF）。使用FEM的分析称为有限元分析（即FEA）。

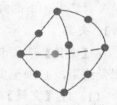

在四面体元素中，点表示元素的节点，元素边线可能是曲线，也可能是直线。SimulationXpress用方程表示每个元素的性能，考虑到每个元素与其他元素的连接，这些方程将位移与已知材料属性、约束及载荷相关联。程序将方程组织为一个大的联立代数方程组，解出各个节点在 X、Y、Z 方向上的位移。程序利用这些位移计算各个方向上的应变，最终用数学表达式计算应力。

图12-36　单元节点

2. 线性静态分析的假定

（1）线性假定

线性假定引起的反应与应用的载荷成正比。例如，如果载荷量加倍，则模型的反应（如位移、应变和应力等）也将加倍。如果满足以下条件，就可做出线性假定：

最大应力在应力和应变曲线的线性范围之内，该线是一条从原点开始的直线。

计算出的最大位移远远小于模型的特性尺寸。例如，板的最大位移必定远远小于其厚度，柱的最大位移也远远小于其横截面的最小尺寸。

如果不满足此假定，则必须使用非线性分析。

（2）弹性假定

如果去掉载荷，模型将回复其原始形状（即非永久变形）。如果不满足此假定，则必须使用非线性分析。

（3）静态假定

逐渐并缓慢地应用载荷直到最大量，突然应用的载荷会产生额外的位移、应力等。如果不满足此假定，则必须使用动态分析。

12.6.3 SimulationXpress设置

【SolidWorks SimulationXpress】对话框将定义材料、约束、载荷、分析模型以及查看结果。每完成一个步骤，SimulationXpress会立即将其保存。如果只是关闭并重新启动SimulationXpress，而不关闭该模型文件，就会改变这个模型的SimulationXpress信息，因此只有保存模型文件才能保存分析数据，这是SolidWorks 2010新增的功能。

选择【工具】|【SimulationXpress】菜单命令，弹出【SolidWorks SimulationXpress】对话框，如图12-37所示。下面介绍一下各选项卡。

（1）【夹具】选项卡：应用约束到模型的面。

（2）【载荷】选项卡：应用力和压力到模型的面。

（3）【材料】选项卡：指定材料到模型。

（4）【运行】选项卡：可选择使用默认设置进行分析或更改设置。

（5）【结果】选项卡：按后面将要介绍的方法查看分析结果。

（6）【优化】选项卡：根据特定准则优化模型尺寸。

如果约束与载荷问题均已解决，则运行SimulationXpress分析。否则，会显示必须解出无效的约束或载荷的提示信息。

使用SimulationXpress完成分析需要五个步骤：应用夹具，应用载荷，定义材料，分析模型，查看结果。下面介绍其具体方法。

1. 夹具

在【夹具】选项卡中，可定义夹具约束。每个夹具可包含多个面，受约束的面在所有方向上都受约束，必须至少约束模型的一个面，以防止由于刚性实体运动导致分析失败。

（1）在【夹具】选项卡（如图12-38所示）中，单击【添加夹具】按钮。

图12-37 【SolidWorks SimulationXpress】对话框

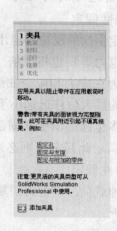

图12-38 【约束】选项卡

（2）在图形区域中单击希望约束的面，如图12-39所示，单击 ✔【确定】按钮。

（3）在屏幕左侧的标签栏中出现夹具的列表，如图12-40所示。

图12-39 选择要约束的面

图12-40 出现夹具的列表

2. 载荷

在【载荷】选项卡中，可应用力和压力载荷到模型的面。可以应用多个力到单个或多个面。首先来介绍力的设置方法。

（1）在【SolidWorks SimulationXpress】对话框中，单击【下一步】按钮，进入【载荷】选项卡。单击【添加力】按钮，如图12-41所示。

（2）此时打开【力】属性管理器，如图12-42所示，在图形区域中单击需要应用载荷的面，选择力的单位，输入力的数值，如果需要，选择【反向】复选框反转力的方向。

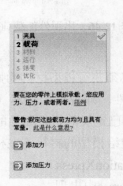

图12-41 单击【添加力】按钮

图12-42 【力】属性管理器

（3）在屏幕左侧的标签栏中出现外部载荷的列表，如图12-43所示。

下面介绍压力的设置方法。可以应用多个压力到单个或多个面，SimulationXpress垂直于每个面应用压力载荷。

（1）单击【添加压力】按钮，如图12-44所示。

（2）打开【压力】属性管理器，如图12-45所示，在图形区域中单击需要应用载荷的面，选择压力的单位，输入压力的数值，如果需要，启用【反向】复选框以反转压力的方向，单击【确定】按钮。

（3）在屏幕左侧的标签栏中出现外部载荷的列表，如图12-46所示。

图12-43　出现外部载荷的列表

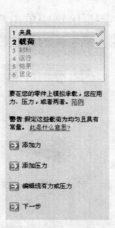

图12-44　单击【添加压力】按钮

图12-45　【压力】属性管理器

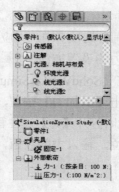

图12-46　出现外部载荷的列表

3. 材料

模型的反应取决于构成模型的材料。SimulationXpress必须获得模型材料的弹性属性。可通过材料库为模型指定材料。SolidWorks中的材料有两组属性，即视觉和物理（机械）属性。SimulationXpress只使用物理属性，SolidWorks包含一个具有已定义的材料属性的材料库，可在使用SimulationXpress时或之前将材料指定给模型。如果指定给模型的材料不在材料库中，退出SimulationXpress，添加所需材料到库，然后重新打开SimulationXpress。

如果在材料库指定材料到模型，材料将在SimulationXpress中出现。

材料可以是各向同性、正交各向异性或各向异性的。SimulationXpress只支持各向同性材料。

（1）【各向同性材料（Isotropic Material）】：如果材料在所有方向上的机械属性均相同，则此材料称为各向同性材料。各向同性材料可以具有均匀或非均匀的微观结构。各向同性材料的弹性属性由弹性模量（即EX）和泊松比（即NUXY）定义。如果不定义泊松比的值，SimulationXpress会视其为0。

（2）【正交各向异性材料（Orthotropic Material）】：如果材料的机械属性是唯一的，并且不受三条相互垂直轴的方向影响，则此材料称为正交各向异性材料。木材、晶体和轧制金属就是典型的正交各向异性材料。例如，木材某点的机械属性以纵向、径向及切向三个方向进行说明，纵向轴与纹理平行，径向轴与年轮垂直，而切向轴与年轮相切。

（3）【各向异性材料（Anisotropic Material）】：如果不同方向上的材料的机械属性不同，则此材料称为各向异性材料。一般而言，各向异性材料的机械属性关于任何平面和轴都不对称。

指定和修改材料的方法如下。

在【材料】选项卡中，单击【选择材料】按钮，如图12-47所示，此时打开【材料】对话框，可以从中选择所需的材料，如图12-48所示。

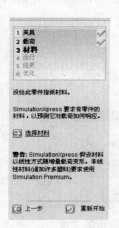

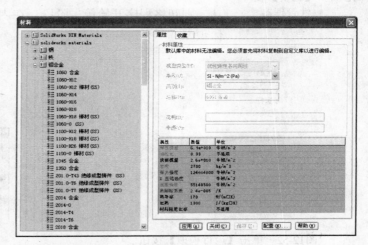

图12-47　【材料】选项卡　　　　　　　　　图12-48　【材料】对话框

选择一种材料，单击【应用】按钮，当前材料显示新的材料名称，在【材料】选项卡中出现选中符号，如图12-49所示。

提示： 如果选择没有屈服力（即SIGYLD）的材料，将出现一个信息，提示所选材料的屈服力未定义。

4．分析

（1）在【SolidWorks SimulationXpress】对话框中，打开【运行】选项卡，如图12-50所示，在其中单击【更改网格密度】按钮。

图12-49　设置后的【材料】选项卡　　　　　　　图12-50　【运行】选项卡

（2）此时打开【网格】属性管理器，如图12-51所示，如果希望获取更精确的结果，可向右（细）拖动滑杆；如果希望进行快速估测，可向左（粗）拖动滑杆。

图12-51 【网格】属性管理器

（3）单击 ✔ 【确定】按钮后关闭【网格】属性管理器，返回【运行】选项卡。如图12-52所示，单击【运行模拟】按钮，进行分析运算。进行分析时，将动态显示分析进度，如图12-53所示。

实体模型的网格化由两个基本阶段组成。在第一阶段，网格程序将节点放置于边界上，此阶段被称为曲面网格化。如果第一阶段成功，则网格程序开始第二阶段，在内部生成节点，以四面体元素填充体积。

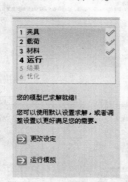

图12-52 单击【运行模拟】按钮

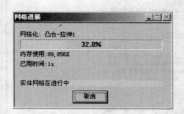

图12-53 分析的进度

这两个阶段都会遭遇失败。SimulationXpress在报告网格化失败之前，会使用几种不同的单元大小自动尝试对模型进行网格化。当模型的网格化失败时，SimulationXpress打开网格失败诊断工具帮助找出并解决网格化问题。网格失败诊断工具可列举出引起失败的面和边线。如果希望高亮显示网格化失败的面或边线，可在其清单中进行选择。

5. 结果

【结果】选项卡如图12-54所示，设置后可查看分析结果。在【结果】列表上显示计算结果，并且可以查看当前的材料、约束和载荷等内容，【结果】列表如图12-55所示。

图12-54 【结果】选项卡

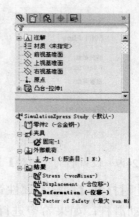

图12-55 【结果】列表

【结果】选项卡可显示模型所有位置的最小安全系数。标准工程规则通常要求安全系数为1.5或更大。对于给定的最小安全系数，SimulationXpress会将可能的安全与非安全区域分别绘制为蓝色和红色，如图12-56所示，根据指定安全系数划分的非安全区域显示为红色（图中浅色区域）。

（1）评估设计的安全性

要查看安全系数小于指定数值的模型区域，在【结果】选项卡的【在以下显示安全系数（FOS）的位置】数值框中输入此数值，然后单击 按钮。SimulationXpress会以红色显示安全系数小于指定数值的模型区域（即非安全区域），以蓝色显示安全系数大于指定数值的区域（即安全区域）。

（2）查看模型中的应力分布

在【SimulationXpress】对话框中，单击 【显示von Mises应力】按钮，此时生成等量应力图解，单击以下按钮可控制动画效果。

　【播放】：以动画显示等量应力图。

　【停止】：停止动画播放。

（3）查看模型中的位移分布

在【SimulationXpress】对话框中，单击 【显示位移】按钮，此时生成位移图解，单击动画控制的相关按钮控制动画的播放和停止。

12.6.4　退出和保存结果

单击【SimulationXpress】对话框中的【关闭】按钮，可退出SimulationXpress分析。SimulationXpress在【结果位置】文件夹中生成名为partname-SimulationXpressStudy.CWR的文件以保存分析结果，材料、约束和载荷均保存在模型文件中。

如果打开已使用过的SimulationXpress的文件，但无法继续以前的分析过程，则在【SimulationXpress】对话框的【欢迎】选项卡中单击【选项】按钮，选择相应选项，然后将【结果位置】设置为相应*.CWR文件所在的文件夹。

1．生成HTML报告

在【SimulationXpress】对话框中，单击【生成HTML报表】按钮，如图12-57所示，可自动生成HTML格式的报表。

图12-56　按安全区域绘图

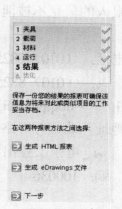

图12-57　单击【生成HTML报表】按钮

2. 生成分析结果的eDrawings文件

eDrawings可查看并动画显示分析结果，也可生成便于发送给他人的文件。

（1）在【SimulationXpress】对话框中，单击【生成eDrawings文件】按钮，弹出【另存为】对话框。

注意：必须在电脑中安装了eDrawings应用程序才可完成此步骤。

（2）在【另存为】对话框中输入eDrawings文件的名称，选择保存的目录，然后单击【保存】按钮。

反侵权盗版声明